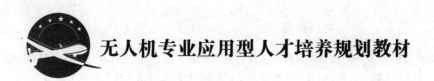

无人机专业应用型人才培养规划教材

无人机飞行与控制

董朝阳　张文强　编著

北京航空航天大学出版社

内 容 简 介

本书从无人机的控制角度入手,侧重不同构型无人机的飞行力学及控制方法介绍,让读者从无人机最核心的飞行原理及控制层面去了解无人机。此外,本书在介绍理论知识的同时,还兼顾无人机的操作实践,以最朴实的语言向读者简单介绍了一架小型四旋翼无人机从拼装制作到控制调试飞行的全过程,力争让读者更直观地了解无人机。全书按照无人机的构型分为三个部分,共12章。

本书适合航空相关专业的本科生学习或具有一定基础的无人机相关行业读者参考。

图书在版编目(CIP)数据

无人机飞行与控制 / 董朝阳,张文强编著. -- 北京：
北京航空航天大学出版社,2019.12
ISBN 978 - 7 - 5124 - 3151 - 5

Ⅰ. ①无… Ⅱ. ①董… ②张… Ⅲ. ①无人驾驶飞机
—飞行控制—高等学校—教材 Ⅳ. ①V279

中国版本图书馆 CIP 数据核字(2019)第 227291 号

无人机飞行与控制
董朝阳　张文强　编著
责任编辑　刘晓明
*
北京航空航天大学出版社出版发行

北京市海淀区学院路 37 号(邮编 100191)　http://www.buaapress.com.cn
发行部电话:(010)82317024　传真:(010)82328026
读者信箱:goodtextbook@126.com　邮购电话:(010)82316936
涿州市新华印刷有限公司印装　各地书店经销
*
开本:787×1 092　1/16　印张:13.5　字数:346 千字
2020 年 9 月第 1 版　2024 年 4 月第 4 次印刷　印数:6 001～7 000 册
ISBN 978 - 7 - 5124 - 3151 - 5　定价:39.00 元

前　言

无人机作为新兴领域,近几年来的发展方兴未艾。无人机从最初的航拍、娱乐用途,逐步向着农业、安保、电力、数字城市、大气监测等方面扩展。可以预见的是,无人机在未来5～10年内会依然是高科技产业发展的热点,其产业规模和标准也将一直处于不断扩展和完善当中。鉴于此,作为一名北京航空航天大学航空科学与工程学院教授,以及在无人机和飞控领域耕耘多年的学者,我深感有责任编写一本教材,让广大无人机爱好者和从业者能够有的放矢,从中获益。

这本教材从无人机的控制角度入手,侧重不同构型无人机的飞行力学及控制方法介绍,让读者从无人机最核心的飞行及控制层面去了解无人机。同时,本书还有实践部分的内容,以最朴实的语言向读者简单介绍了一架四旋翼无人机从拼装制作到调试飞行的全过程。相信初学者通过阅读本书,能够快速对无人机有一个宏观的认知和了解。

全书按照无人机的构型分为三个部分,共12章内容。全书的编写过程有我的朋友及学生参与其中,他们是:张文强、任超、李鹤宇、冯煜捷、隋晗、夏川,在此感谢他们的帮助和付出。同时,还要感谢北京航空航天大学航空科学与工程学院相关同事和领导以及北京商鲲教育控股集团相关人士的大力支持。

董朝阳

2020 年 3 月

目　　录

第1章　绪　论 ··· 1

1.1　无人机的定义、分类、特点及应用 ··· 1

1.1.1　无人机的定义 ··· 1

1.1.2　无人机的分类、特点 ·· 1

1.1.3　无人机的应用 ··· 4

1.2　无人机系统的基本构成及相应作用 ·· 5

1.2.1　无人机 ·· 5

1.2.2　控制站 ·· 6

1.2.3　通信链路 ··· 6

1.2.4　任务载荷 ··· 7

1.2.5　导航系统 ··· 7

1.2.6　发射与回收单元 ··· 8

1.3　无人机发展史简述 ··· 9

1.4　无人机的发展现状及发展趋势 ··· 11

第一部分　固定翼无人机系统

第2章　固定翼无人机飞行原理 ·· 16

2.1　固定翼无人机基本结构组成及其作用 ·· 16

2.1.1　机翼、机身、气动舵面、尾翼 ·· 16

2.1.2　自动驾驶仪 ·· 16

2.1.3　传感器 ··· 17

2.1.4　执行机构 ·· 18

2.1.5　通信系统 ·· 18

2.1.6　动力系统 ·· 18

2.1.7　实用载荷 ·· 18

2.1.8　地面设施 ·· 18

2.2　常规布局固定翼无人机的基本飞行和操纵原理 ······································ 19

2.2.1　常规布局固定翼无人机的基本飞行原理 ·· 19

2.2.2　常规布局固定翼无人机的操纵原理 ·· 21

2.3　非常规布局固定翼无人机简介 ··· 22

小　　结 ··· 23

思考题 ·· 24

第3章　固定翼无人机的基本空气动力学 ·· 25

3.1　升力和阻力 ··· 25

　3.1.1　机翼的几何形状和几何参数 ·· 25

　3.1.2　机翼的升力 ··· 26

　3.1.3　阻　力 ··· 28

3.2　升阻特性 ··· 31

3.3　气动布局的形式及气动特性 ··· 35

　3.3.1　正常式布局 ··· 35

　3.3.2　鸭式布局 ··· 36

　3.3.3　无尾布局 ··· 37

　3.3.4　三翼面布局 ··· 37

小　　结 ·· 38

思考题 ·· 38

第4章　固定翼无人机飞行性能 ··· 39

4.1　平飞、上升、下滑性能 ·· 39

　4.1.1　定常平飞时的运动方程 ··· 39

　4.1.2　最大平飞速度 $V_{\max}$ ··· 42

　4.1.3　最小平飞速度 $V_{\min}$ ··· 43

　4.1.4　平飞速度范围 ··· 44

　4.1.5　定常直线上升运动方程 ··· 45

　4.1.6　定常直线上升运动性能 ··· 45

　4.1.7　定常下滑运动性能 ··· 48

4.2　续航性能 ··· 48

　4.2.1　航程和续航时间的基本关系式 ·· 49

　4.2.2　等高等速巡航时的航程和续航时间 ··· 50

　4.2.3　飞机的最佳续航性能 ··· 53

　4.2.4　最大活动半径 ··· 55

　4.2.5　风对续航性能的影响 ··· 56

4.3　起降性能 ··· 58

　4.3.1　起飞性能 ··· 58

　4.3.2　着陆性能 ··· 61

　4.3.3　单发停车故障的对策 ··· 64

　4.3.4　改善起落性能的措施 ··· 66

　4.3.5　风切变下的起落过程 ··· 67

4.4　机动性能 ··· 68

　4.4.1　铅垂平面内的机动性能 ··· 68

　4.4.2　水平平面内的机动性能 ··· 73

小　结 ……………………………………………………………………………… 82

思考题 ……………………………………………………………………………… 82

第5章　固定翼无人机的基础建模和控制 …………………………………… 83

5.1　常用的坐标轴系及其转换 ………………………………………………… 83

5.1.1　常用的坐标轴系 ……………………………………………………… 83

5.1.2　坐标系转换矩阵 ……………………………………………………… 84

5.1.3　常用坐标系之间的关系 ……………………………………………… 86

5.2　飞行器质心动力学及运动学方程 ………………………………………… 89

5.3　飞行控制基本原理 ………………………………………………………… 95

5.3.1　飞行指令获取 ………………………………………………………… 95

5.3.2　飞行参数的实时感知 ………………………………………………… 97

5.3.3　飞行器的控制方式 …………………………………………………… 98

5.3.4　飞行控制方法 ………………………………………………………… 99

5.4　姿态控制系统的分析与设计 ……………………………………………… 101

5.4.1　姿态控制特征及其性能指标 ………………………………………… 102

5.4.2　姿态控制的方案选择 ………………………………………………… 104

5.4.3　稳定控制回路设计 …………………………………………………… 107

5.4.4　数字式飞行控制系统设计 …………………………………………… 113

小　结 ……………………………………………………………………………… 119

思考题 ……………………………………………………………………………… 119

第6章　无人机控制执行机构 ………………………………………………… 120

6.1　动力系统 …………………………………………………………………… 120

6.1.1　燃油发动机 …………………………………………………………… 120

6.1.2　电池、电机和电调 …………………………………………………… 121

6.2　伺服舵机系统 ……………………………………………………………… 122

6.2.1　电动舵机 ……………………………………………………………… 123

6.2.2　液压舵机 ……………………………………………………………… 123

6.2.3　电动液压复合舵机 …………………………………………………… 123

6.3　刹车系统 …………………………………………………………………… 124

6.3.1　刹车系统的工作原理 ………………………………………………… 124

6.3.2　刹车系统的分类和组成 ……………………………………………… 124

6.4　伞降系统 …………………………………………………………………… 125

6.4.1　无人机伞降系统简介 ………………………………………………… 125

6.4.2　切伞装置 ……………………………………………………………… 126

6.4.3　无人机伞降系统的发展方向 ………………………………………… 126

小　结 ……………………………………………………………………………… 127

思考题 ……………………………………………………………………………… 127

第二部分 多旋翼无人机系统

第7章 旋翼无人机飞行原理 ································ 128

7.1 旋翼无人机的基本结构组成 ························ 128

7.1.1 机械结构 ································ 128

7.1.2 自动驾驶仪 ······························ 130

7.1.3 通信系统 ································ 132

7.1.4 机动化组件 ······························ 132

7.1.5 实用载荷 ································ 134

7.1.6 地面设施 ································ 135

7.1.7 保护措施与安全设备 ·························· 137

7.2 直升机飞行力学及飞行原理 ························ 138

7.2.1 直升机旋翼的作用 ··························· 138

7.2.2 直升机的典型飞行状态分析 ······················ 138

7.2.3 直升机的操纵 ···························· 141

7.3 四旋翼无人机飞行力学及飞行原理 ···················· 142

7.4 其他构型多旋翼无人机简介 ························ 144

7.4.1 四旋翼无人机 ···························· 144

7.4.2 六旋翼无人机 ···························· 145

7.4.3 八旋翼无人机 ···························· 146

7.4.4 同轴多引擎无人机 ··························· 147

7.4.5 H 形无人机 ······························ 147

小 结 ····································· 148

思考题 ····································· 148

第8章 无人直升机的基础建模与控制 ···················· 149

8.1 无人直升机的基础建模 ·························· 149

8.1.1 单旋翼直升机的建模 ························· 149

8.1.2 共轴旋翼直升机的建模 ······················ 153

8.2 无人直升机的控制和稳定性 ······················ 156

8.2.1 单旋翼直升机的控制和稳定性 ···················· 156

8.2.2 共轴旋翼直升机的控制和稳定性 ··················· 157

8.3 无人直升机的控制系统设计 ······················ 159

8.3.1 最优控制 ····························· 159

8.3.2 最优预先控制 ·························· 161

小 结 ··································· 162

思考题 ··································· 162

第9章　多旋翼无人机的基础建模与控制·······163

9.1　多旋翼无人机的基础建模 ·······163

9.1.1　刚体动力学模型 ·······163

9.1.2　气动力和扭矩 ·······164

9.2　多旋翼无人机的控制系统设计 ·······165

9.3　多旋翼无人机的稳定性分析 ·······168

小　　结·······170

思考题·······170

第10章　旋翼飞行器的制导与导航系统 ·······171

10.1　引　言·······171

10.2　旋翼飞行器的嵌入式制导系统 ·······172

10.2.1　任务定义和路径规划 ·······172

10.2.2　飞行模式管理·······172

10.2.3　安全程序和飞行终止系统 ·······173

10.2.4　参考轨迹的实时生成·······173

10.3　旋翼飞行器的传统导航系统 ·······174

10.3.1　姿态和航向参考系统 ·······175

10.3.2　坐标和速度估算·······175

10.3.3　运用压力传感器和惯性导航系统的高度估算·······176

10.4　视觉导航系统在小型旋翼无人机中的应用·······176

10.4.1　导航中的视觉处理·······177

10.4.2　实时视觉导航算法·······178

小　　结·······182

思考题·······182

第11章　小型四旋翼无人机系统的搭建实例·······183

11.1　安全常识·······183

11.2　四旋翼系统工具及零部件准备 ·······183

11.2.1　需要的工具及相关使用方法·······183

11.2.2　四旋翼无人机的组件·······186

11.3　四旋翼系统结构装配·······187

11.3.1　动力系统和飞控系统预调试·······187

11.3.2　机体组装·······189

11.4　整机调试及飞行·······191

11.4.1　飞行准备·······191

11.4.2　试　飞·······192

小　　结·······194

思考题·······194

第三部分　新构型无人机系统简介

第 12 章　旋翼固定翼复合无人机 ·· 195

12.1　旋翼固定翼复合无人机应用需求及性能特点 ·························· 195

12.2　国内外研究概况和发展趋势 ·· 195

　　12.2.1　推力定向类旋翼固定翼复合无人机 ······························ 196

　　12.2.2　推力换向类旋翼固定翼复合无人机 ······························ 198

12.3　两类常见的旋翼固定翼复合飞行器及其控制 ·························· 199

　　12.3.1　复合式高速直升机 ·· 200

　　12.3.2　倾转旋翼式飞行器 ·· 202

小　　结 ··· 204

思考题 ··· 204

参考文献 ··· 205

第1章　绪　论

1.1　无人机的定义、分类、特点及应用

1.1.1　无人机的定义

无人机是从有人驾驶飞机发展而来的一种重于空气的可重复使用无人驾驶航空器。对无人机的定义有一种简化的观点：无人机是一种用计算机和无线链路取代飞机驾驶员的飞机。美国航空航天学会（AIAA）对无人机的定义为：一种设计或改装过的、不搭载飞行员、依靠飞行控制器进行控制，或者依靠机载自动飞行驾驶系统进行控制的飞行器。

1.1.2　无人机的分类、特点

经过几十年的研究与发展，诞生了一系列结构迥异、不同大小、不同性能的无人机，它们可以分别担当某种任务角色。对无人机的分类可以根据无人机尺寸和续航时间来进行，其分类如下：

① 高空长航时无人机（High Altitude Long Endurance，HALE）。飞行高度大于 15 000 m，续航时间大于 24 h。

其主要完成远程的侦察监视任务，代表性飞机是"全球鹰"（见图 1.1）。这种无人机采用常规固定翼布局，使用后置推进装置，采用涡轮风扇发动机或涡轮螺旋桨发动机并携带大量燃油，以保证远程长航时需求；通信系统需通过卫星进行中继。

图 1.1　RQ - 4"全球鹰"无人机

② 中空长航时无人机（Medium Altitude Long Endurance，MALE）。飞行高度为 5 000～15 000 m，续航时间大于 24 h，其作用距离相对 HALE 较短，执行侦察监视任务（距离一般大于 500 km），有的也具有攻击能力，典型的有"捕食者"（见图 1.2）。MALE 无人机与 HALE 布局方式相似，速度较 HALE 慢，由于在较低空飞行，其展弦比和翼载荷也较低。MALE 无

人机成本较 HALE 低,数量也较多。

图 1.2   MQ-1"捕食者"无人机

③ 战术无人机(Tactical Unmanned Aerial Vehicle,TUAV)。其续航时间为 5~6 h,作用距离一般在 100~300 km。战术无人机较 HALE 和 MALE 小,通常装备于陆军和海军,主要完成侦查和炮兵火力控制任务,典型机型为 Hunter(见图 1.3)。战术无人机可采用固定翼、旋翼布局的形式,用于侦查的任务载荷安装在机身前部,或安装在机身前部下方的球状吊塔中。不同于前两种无人机,战术无人机要求在低空存在大气扰流的环境中飞行,因此需要稳定的任务载荷平台,以使任务传感器或武器精确瞄准目标。战术无人机还需要考虑发射回收子系统和控制站的机动。

图 1.3   RQ-5 Hunter 无人机

④ 小型无人机(Mini Unmanned Aerial Vehicle,MUAV)。其质量小于 20 kg 而大于微型无人机,可由弹簧或手抛发射,作用距离可达 30 km,通常装备于战场机动部队或作民用。典型飞机为洛克希德·马丁的"沙漠鹰"(见图 1.4)。小型无人机最多需要两个人就可以完成运输、组装、使用和拆卸工作,起初是用燃油提供动力的,由于电池技术和电机技术的发展,正逐渐向电动力装置发展。

⑤ 微型无人机(Micro Unmanned Aerial Vehicle,MAV)。其尺寸小于 15 cm,主要满足城市应用或室内应用,可飞行和悬停,通常用手抛发射。典型的 MAV 有航空环境公司的 WASP(见图 1.5)。微型无人机虽然尺寸小,但要求携带必要的任务载荷,如摄像机和图传设备。

区分无人机的另一个标准是气动结构特征,分类如下:

① 固定机翼无人机。其主要特点是有机翼,包括传统外形无人机(有方向舵和尾翼)(见

图 1.4　"沙漠鹰"无人机

图 1.5　WASP 无人机

图 1.6)和飞翼无人机(无方向舵和尾翼,见图 1.7),通过跑道滑跑起飞或弹射起飞,续航能力较强,且巡航速度较高。

图 1.6　传统外形无人机

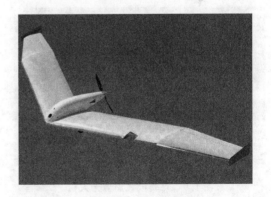

图 1.7　飞翼无人机

　　② 旋转机翼无人机(见图 1.8)。它通过旋转机翼吹动空气向下而产生升力,这种飞行器能够悬停在空中且具有较好的机动性。旋转机翼无人机有两种类型——可变桨距无人直升机:单旋翼带尾桨、共轴双旋翼等;固定桨距旋翼无人机:多旋翼。

(a) 单旋翼带尾桨无人机

(b) 共轴双旋翼无人机

(c) 多旋翼无人机

图 1.8 旋转机翼无人机

③ 可转换式旋翼无人机。这类无人机能够垂直起降,而在巡航状态下通过倾转旋翼可以像固定翼飞机一样飞行,故同时具备了直升机起降性能优越和固定翼飞机高续航能力及高巡航速度的优点,但其系统复杂繁琐,且较难操作(见图1.9)。

④ 微型扑翼无人机。其由鸟类或昆虫启发而来,具有能够扑打的机翼,可垂直起降,能够执行隐秘的监视侦查任务(见图1.10)。

图 1.9 可转换式旋翼无人机

图 1.10 微型扑翼无人机

1.1.3 无人机的应用

一个飞机系统的研制是针对特定任务的,无人机相比有人机,在承担某些任务时具有一定的优势,如枯燥单调的任务、对飞行员健康有危害的任务、危险任务(如对军事重点防护区域的侦察以及隐蔽性要求高的任务),因此,无人机广泛应用于军事和民用领域。

军用无人机主要应用于侦察监控、情报搜集、武装打击，并将逐步能够执行更加细化和专业化的任务，如雷达欺骗、导弹诱饵、反潜战、无线电中继、弹着点定位、地雷探测与销毁、对空作战、目标侦测、辨识与毁灭打击。通过将无人机系统与有人机或其他无人机系统组合成编队协同完成任务，可以提高任务完成能力和效率。

无人机的民用市场正在蓬勃发展，无人机可应用于农作物监测，播种和喷洒，牧群监视与驱赶，海岸警卫与救生，海关缉私，地形、管道、公共设施和建筑的监测，环境监测，消防，通信转播，灾难的搜索、管理和救援，测绘和气象勘测；无人机还可用于娱乐摄影，其航拍的视频和照片令人惊叹（见图 1.11）。

图 1.11 无人机航拍青藏高原

无人机还可以用作城市的持续监视。城市环境复杂，既有高耸的商业楼，又有高低不平的住宅楼和平房，对其监视的手段是使无人机栖息到建筑物上并保证传感器指向所要求的方向。微型无人机由于其体积小、隐蔽性强，能够长期监视而不被发现；垂直起降的旋翼无人机具有高机动性，能够悬停，这保证了其可以精确抵达监视地点并安全降落。用作城市监视的无人机亟需解决两个问题：一是能够抵抗城市空域突发阵风的干扰，在城市复杂的气流环境下实现精确的飞行控制；二是无人机与控制站的通信链接要保持畅通。解决了这两个问题，无人机将在城市监视中发挥重要的作用。

1.2 无人机系统的基本构成及相应作用

无人机系统作为一个完整的系统，其基本组成部分包括无人机、控制站、通信链路、任务载荷、导航系统以及发射与回收单元（见图 1.12）。

1.2.1 无人机

无人机的主要功能是搭载任务载荷至工作地点，完成指定任务。根据所需执行任务的不同，采用不同的无人机。

固定翼无人机可用于执行飞行速度要求较高的任务，如情报搜集、侦察和空中作战；大展弦比的固定翼无人机可用于执行长航时、远程监视任务。

旋翼无人机在军用和民用领域都有广泛的应用，其垂直起降的能力使得无人机的发射与

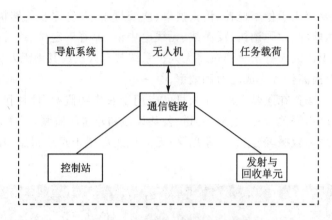

图 1.12   无人机系统的组成要素

回收方便且成本低;旋翼无人机可实现高效的悬停和低速飞行性能,因此在船上或限定区域工作具有独特优势,还可以在固定位置执行监视任务。

1.2.2   控制站

控制站包括陆基(GCS)的、海基(SCS)的,也可能是机载的,是对空中无人机实施人为控制的飞行操控中心。

控制站进行无人机任务预规划,并将指令经上行通信链路发送给飞机,控制飞机飞行和操作任务载荷;飞机通过下行通信链路回传载荷数据、监测数据、位置信息和图像至控制站,使操控人员了解飞机的当前状态、任务状况。

控制站大小不一,所需操控人员数量也不等。简单的小型无人机系统只需一名操控员,而大规模的军用无人机系统则需要多人独立操纵,如"捕食者"无人机地面控制站(见图 1.13)。

图 1.13   MQ-1 无人机控制站

1.2.3   通信链路

无人机通信链路用于在控制站和飞行器之间传输数据,分为上行链路和下行链路。上行链路(从控制站到飞行器)的功能是:发送飞行路径数据、实时发送操控人员的飞行控制指令、发送控制命令到机载任务载荷、发送相关位置信息到飞机惯导/自动飞行控制系统中。下行链路的功能是:发送飞机的位置信息、载荷图像和数据信息、状态信息到控制站。

无人机的操作可分为视距内操作和超视距操作。视距内操作可通过无线电波直接操作无人机,其通信距离受接收机和发射机的功率及两者间障碍的影响;超视距操作须通过卫星或飞机进行通信中继。小型无人机通常在视距内操作;军用无人机通常在发射阶段使用视距内通信,然后转用超视距通信。

1.2.4 任务载荷

任务载荷的类型由所需执行的任务决定,一般与侦察、武器投射、通信、遥感和货物等有关,任务载荷的类型和大小对无人机的设计具有决定作用。

无人机任务载荷主要有两种:

① 传感器、摄像机等,用于侦察任务和传感任务,有的无人机搭载多个不同类型的传感器载荷,可通过处理多个传感器数据来提升数据的获取能力和准确性。此类任务载荷包括光电摄像机、热成像设备、激光测距仪、成像雷达。

光电摄像机在可见光范围内工作(工作波长为 $0.4\sim0.7~\mu m$)。物体反射可见光,通过电子设备驱动玻璃镜头变焦和聚焦到感光元件上,生成可在监视器上播放的活动视频、静止图片等图像信号,发送至控制站用以进行物体识别。光电摄像机受进入镜头的可见光强度影响,故大多在白天使用,以最大可能提高成像质量。如需要在低照度环境下使用光电传感器,可集成光放大环节,利用光纤增大接收光线的区域,然后聚集到镜头上。低照度成像设备可在正常光电摄像机光亮条件 1/10 的情况下工作。

红外或热辐射频率分布在 0.7(近红外)$\sim$1 000 μm(远红外)的谱段上,现有热成像设备工作在 $3\sim5~\mu m$(短红外)和 $8\sim14~\mu m$(长红外)范围内,利用红外或热辐射成像。长波红外对空气的穿透能力强,且受空气中颗粒物的影响小,通过将热辐射经镜头聚焦到锗制探测器上成像。短红外成像设备在性能和制造成本方面远低于长波红外成像设备,因此多用在微型无人机上。红外摄像机的探头通常装在真空密闭盒内,需要制冷设备使其保持在低温(零下 150 ℃)状态。常用制冷方式有冷气瓶和压缩空气制冷,前者需定期更换氧气瓶,使用保障有一定困难;后者需要空气压缩机,通过空气之间的热交换及压缩空气膨胀过程中的制冷作用,使传感器冷却,这种方法降低了保障难度但增加了设备的复杂性。热成像设备也受环境影响,持续的降雨会造成物体温度普遍下降,从而降低热成像设备的对比度。

激光测距仪用来测量无人机到目标的距离。激光指示器发射不可视编码脉冲到目标,脉冲从目标反射至接收机,利用激光往返时间间隔计算到目标的距离。激光测距仪在空气透明度较低的情况下(如下雨、雾霾、烟尘),测距效果较不理想。

② 消耗性任务载荷,军事应用中主要是弹药,民用则包括农业喷洒农药、快递、救援投送货物等。对于这类任务载荷,需要注意其投放或发射后,对飞机的平衡不能产生大的影响;对于某些有腐蚀性或毒性的材料,还需要考虑其装载方式,避免其损坏无人机。

1.2.5 导航系统

导航系统能够提供无人机当前的位置信息给操作人员或无人机自身,使无人机能够全自主飞行。

目前最常用的导航系统为 GPS 系统,接收机利用来自 24 颗 GPS 卫星中的 4 颗或 4 颗以上来计算接收机距各卫星的距离,进而可以完成对接收机地球位置的定位(见图 1.14)。GPS

提供标准和精密两种类型的定位服务,分别用作民用和军用。标准定位服务信号不加密,定位精度为 10 m;精密定位服务使用加密信号(Y 码),定位精度为 3 m,通过差分 GPS 可以提高 GPS 的定位精度。类似的系统还有中国的北斗系统、欧洲的伽利略系统、俄罗斯的 GLO-NASS。

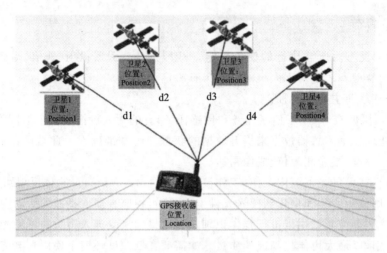

图 1.14 GPS 定位原理

GPS 信号会受地形、环境的影响而被阻断或减弱,此时,可利用惯性导航系统进行位置推算或通过无线电跟踪系统确定无人机相对控制站的距离和方位。

1.2.6 发射与回收单元

对于可垂直起降的无人机,发射、回收是很简单的,只需要一小块适合起降的区域。

而对于固定翼无人机,如果没有合适的跑道,则必须有专门的发射和回收设备。发射通常通过在倾斜滑轨上利用推力加速到飞行所需速度;回收则多采用降落伞回收,如凤凰无人机的回收方式。

波音下属公司因斯图的"扫描鹰",利用高精度的定位系统引导无人机飞入悬挂绳索内,用其翼尖上的钩子抓住绳子,并通过橡皮筋吸收动能(见图 1.15)。

图 1.15 "扫描鹰"无人机回收

对于一些小型无人机,可以直接通过手抛发射。

1.3 无人机发展史简述

　　早期的无人机都是应用于军事的,由军方资助,应军方需求而研发。无人机最初是设计用来防御敌方攻击的,随着微电子、导航与控制技术的不断发展,军用无人机的能力不断增强,能够承担侦察、攻击等任务。

　　下面按照时间顺序,以几个典型时代的代表性机型为例,简要介绍一下无人机的发展简史。

　　第一架无人机诞生于一战期间。1893 年,无线电问世,为遥控驾驶飞机技术的实现奠定了基础。1909 年,美国发明家埃尔默·斯佩里(Elmer Sperry)研制出了一种三轴机械陀螺仪系统,可以用来稳定飞机。在这两项技术的支持下,1916 年,美国海军资助斯佩里研究无人航空鱼雷——一种翼展长 4 m 的无人驾驶小型双翼飞机,可承载 136 kg 炸药。空中鱼雷的制导和轰炸方法很简单,当发动机转动圈数达到抵达目标所要求圈数时,一个相关联凸轮自动开启,使机翼脱落,机身带着炸弹一起落向目标。1918 年,美国陆军资助的"凯特林小虫"轻型双翼飞机成功首飞,可以承载 82 kg 的炸弹,制导方式与航空鱼雷相同(见图 1.16)。尽管由于种种原因,这一批无人机无法达到军事应用的目的,从未服役和投产,也未能在两次世界大战中得到应用,但其标志着一种新技术的确立和无人机系统的诞生,具有重要的意义。

图 1.16　"凯特林小虫"航空鱼雷

　　在一战到二战的间隔期间,世界上绝大多数拥有航空工业的国家都开始发展无人机,此时无人机的研究方向不再是武器平台,而是把无人机做成靶机,服务于各兵种炮手的训练。在美国陆军的支持下,雷金纳德·丹尼设计了无人靶机 MQM-33,这种灵活轻便的无人机大受欢迎,共生产了 48 000 架。20 世纪 30 年代末,美国海军主持研制了"柯蒂斯"N2C-2 无人靶机。英国空军在此期间也研制出了"费尔雷蜂后"无人靶机,具有高可靠性能(见图 1.17)。此时无人机的导航系统有所进步,依据叶轮风速计确定无人机是否飞抵目标,通过陀螺仪和磁罗盘保持航向。由于陀螺仪的漂移作用,这类无人机的制导还很不精确,但对于早期飞控系统的研制具有重要意义。无人靶机的大量生产和应用,有效验证了当时存在争议的各种空战理论,且为航空母舰系统的发展提供了重要数据。

　　二战期间,美国依据其在无人靶机上的经验,研制了一种无人攻击机,并且首次在无人机上集成了电视摄像机作为探测传感器;作战时,有人机通过无线电对其进行控制,在对日作战中取得了一定成绩。德军对于无人机的发展具有举足轻重的作用。德国拥有先进的无人机自动飞行和远程遥控技术,是当时参战各国中唯一能工业化批量生产并在实战中应用"飞行炸弹"的国家。它的 V-1"蜂鸟"飞弹是二战期间最著名的无人机(见图 1.18),生产了 25 000 余架,可携带 1 800 lb(1 lb=0.454 kg)的弹头,航程达 200 km,飞行速度可达 600 km/h,也是世界上第一种喷气动力的无人机。

图 1.17 "费尔雷蜂后"无人靶机

图 1.18 V-1"蜂鸟"飞弹

20 世纪 50 年代末,在冷战的背景下,无人机技术迅猛发展。冷战双方都需要监视对方的动向,在雷达测绘、无线电导航、罗兰型网络、惯性导航系统的技术支持下,无人侦察机应运而生。第一架无人侦察机为 GAM-67,通过在高空靶机上加装相机而来,但因航程太短和成本过高而被放弃。美国随后研制出第一种批量大规模生产的远程无人机,即著名的 AQM-34 "萤火虫"(见图 1.19)。它通过采用低阻机翼,可在高空、低空高速飞行,执行情报搜集、照相侦察等任务,可由有人机投放,通过降落伞回收;它也是无人机最长服役记录的创造者。这一时期还出现了专门用于反雷达欺骗的"弩"无人机,其可由轰炸机携带并释放出来干扰敌方雷达,提高了轰炸机的存活率和完成任务的能力。

图 1.19 AQM-34"萤火虫"无人侦察机

1991 年海湾战争中,美国将无人机投入实战,无人机在现代战场的重要作用显示了出来,得益于军方的肯定和反恐战争的需求,无人机得到了快速发展。这一时期的无人机得益于GPS 和卫星通信的应用,航程不再受无线电通信距离的限制,而导航的精度也大为提高。美国的"捕食者"无人机以长航时和执行侦察任务为指标而设计,可以远程导航,且装备了武器系统,可在发现目标后发动攻击,极大地缩短了处理数据的时间,提高了效率。"捕食者"首先应用于伊拉克战场,并在阿富汗战场成为情报搜集的主要工具。20 世纪 90 年代,日本在民用尤其是农业用无人机领域有了很大发展,开发出了用作播种和喷洒的旋翼无人机 R50 和 Rmax,并大量生产和使用。

进入 21 世纪,军用无人机的性能得到了大幅提升,出现了能在世界范围内完成任务的"全球鹰"无人机。装备涡桨发动机的"捕食者"B 型无人机,其航程和航时较过去均有所提高。小型便携的军用无人机也开始装备部队,如美国天空环境公司的 RQ‐11"渡鸦"无人机(见图 1.20),其质量只有 2 kg,便于组装、拆卸;步兵可通过其侦察周围的情况,预知危险并及时处理。

图 1.20　RQ‐11"渡鸦"无人机

1.4　无人机的发展现状及发展趋势

经过几十年的发展,无人机的使用范围一直在不断扩大,尤其是在军事领域。过去,无人机的发展是借助于其他领域的技术的,现在无人机技术的发展也能够带动其他领域的发展,如生物工程和复合材料。

过去,无人机的主要用途都与防卫相关,军方是无人机项目的主要投资方,世界各国研制出了一批性能优越的无人机(见表 1.1)。

表 1.1　部分正在服役的无人机

名　称	国家和地区	类　型	续航能力/h	活动半径/km	最高速度/$(km \cdot h^{-1})$	最高飞行高度/m
SDTI	法国	战术无人机	5	200	240	3 800
"掠食者"	美国	MALE	40	6 780	222	7 680
"全球鹰"	美国	HALE	40	22 780	635	18 300
"神经元"	欧洲	UCAV	2	2 280	980	14 000

随着西方部队从伊拉克和阿富汗撤军,军用无人机市场在逐渐缩小,但是,军用无人机赋予了年轻的企业家和创业者灵感与动力,激励他们研发生产适于民用的无人机。全球卫星定位技术、微电子机械系统迷你化、高效而安全的数字无线电的应用以及无刷电动机的问世,为民用无人机的发展提供了技术支持。数码摄影和电子云台保证了无人机的航拍质量,为民用无人机开拓了广阔的市场。现在民用无人机正在向专业应用方面发展。日本自 20 世纪 90 年代开始应用无人机喷洒农药,Rmax 无人机可携带 20 L 液体,有效缓解了日本农业劳动力不

足的窘况(见图 1.21)。

图 1.21　雅马哈 Rmax 植保无人机

新技术的研发和成本的降低,使民用无人机呈现爆炸式的发展。表 1.2 列举了近年来无人机的发展企划方案。

表 1.2　无人机发展企划方案数量变化趋势　　　　　　　　　　个

年　份	民　用	军　用	军民两用	研究/试验
2005	55	397	44	254
2006	47	413	77	248
2007	61	491	117	315
2008	115	578	242	347
2009	150	683	260	395
2010	171	631	283	367
2011	175	674	318	379
2012	217	548	353	260
2013	247	564	392	250
2005—2013 年的发展增幅	×4.5	×1.4	×8.9	平稳

注:数据来源于国际无人机协会。

未来无人机的发展将以提升任务完成能力和自身的安全性、可靠性为目标,如提升检查和监测工作、数据中转、空中加油等的能力。未来无人机的主要研究方向如下:

① 编队飞行控制;

② 各种不同大小和规格无人机的综合控制;

③ 超高空、全天候、高精密轨道飞行;

④ 雷达有效载荷的影响预防;

⑤ 智能飞行系统和运营管理;

⑥ 先进的可靠性。

随着技术的发展,未来无人机将有以下发展趋势:

① 小型化。电子技术的发展使得一块小小的芯片就可以集成强大的功能,从而大大减小了有效载荷对空间的需求,同时也得益于材料和处理技术的进步,无人机能够越做越小。未

来,无人机可将现有外部单独的部件(如导航、通信设备等)都集成在一块芯片上,从而大大缩小无人机的尺寸,微型无人机和纳米无人机将成为市场主流。

② 高效率的动力系统。动力系统和燃油占无人机总质量相当大的比例,可达 30% 以上,因此,通过技术手段提高发动机效率及减轻发动机质量,对缩小无人机尺寸、提高无人机运载能力和续航能力具有重要意义。对二冲程和四冲程活塞发动机的改进,通过采用轻质、高强度的材料可减轻发动机的质量;通过改进燃油/空气混合比、分布特性、涡轮增压、燃油喷嘴雾化质量,可以降低油耗。但是,通过提高压缩比和燃油雾化质量对动力系统的改进效果是有限的,因为随之会增加增压器和喷嘴的复杂性,增加整个动力系统的质量,且高压下燃气会产生提前点火的现象。如果能够开发出结构紧凑、安全可靠、轻质且低成本的喷油系统和增压器,通过在高温高压环境下燃烧高热值燃油,则可开发出耗油率低、输出功率高的发动机。另外,涡轮轴发动机具有输出功率平稳、可以使用多重燃油及在垂直起降无人机上表现出色等优点,但其相对活塞发动机的劣势也很明显,其耗油率较高,且质量/功率比也较活塞发动机大。因此,研究怎样提高小型涡轮轴发动机的效率和功重比可能会成为无人机动力系统未来的研究方向之一。

③ 高效、清洁能源。无人机系统小型化的一个主要发展瓶颈是续航能力不足,解决的方法应着力于使用高效能源和改进动力系统,再加上日益提高的对能源经济性和生态友好性的要求,使用高效、清洁的能源将成为未来主要的研究课题。未来可能用来替代燃油的能源包括氢燃料电池、生物燃料、太阳能。生物燃料还在测试当中,其对未来无人机的作用还有待观望。太阳能驱动无人机的主要限制因素是太阳能电池阵列的体积过大,从而限制了有效载荷。氢燃料电池已经在无人机上得到应用,其驱动的“回旋镖”无人机续航时间可达 9 h。使用燃料电池虽然会带来很大的质量/功率比,但其能量转换效率高达 95%,远高于内燃发动机最高所能达到的 35%,足以弥补功重比低这一短板。此外,燃料电池还具有模块化、易于安装的特点,且其几乎不向外界排放工质,振动水平低、噪声小,能够提高无人机的生态友好性和结构可靠性。燃料电池的不足之处在于,其采用的材料和复杂的设计制造工艺使得制造成本高昂、对燃料的纯净度要求很高,需要另外配置过滤器和清洁器。如果能够改进燃料电池的制造工艺,降低其造价,其高效、低能耗的特性将使其在中高空长航时无人机上得到广泛应用。改进当前小型无人机所使用的锂离子电池技术也是未来的一大研究方向(见图 1.22),其质量/功率比与其他类型电池相比有大幅下降。通过为电池延寿、减重和设计符合空气动力学的结构形状,可以有效增加无人机的有效载荷和续航时间。将电池用作无人机动力的最大不足是其体积

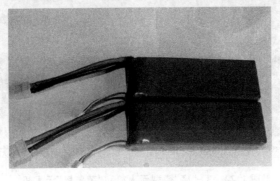

图 1.22　锂离子电池

大,如果要提供相同能量,则电池的体积应是燃油体积的 4 倍。

④ 材料的改进。通过使用复合材料,可以减轻无人机的结构质量,提高可搭载有效载荷,且使无人机更便于制造和维修(见图 1.23)。复合材料的应用主要受材料价格和抗腐蚀能力的限制。

图 1.23 使用复合材料的无人机 Carbon Flyer

⑤ 机体结构布局的发展。中高空长航时无人机经过多年的发展,其机体结构比较完善,逐步缩减到几种较为有效的类型,其性能的提高主要是通过使用新材料及提高动力系统性能来实现的。而小型近程无人机的机体结构布局将会发生很大的变化。垂直起降无人机由于其众多的优点,越来越得到重视,将会在近程无人机领域大放异彩。对于垂直起降无人机,现在已经研究出多种结构布局,各有其特点。单主旋翼带尾桨结构布局的无人直升机得益于单旋翼有人直升机设计技术的成熟,这种结构布局在中小型无人机上将广泛应用。共轴双旋翼无人直升机相比单旋翼布局无人机具有很多优点:结构更加紧凑,安全性更高,效率有所提高;结构的对称性消除了控制模型的交叉耦合,使得飞控系统更容易设计与实现,但其传动机构比单旋翼式复杂得多。综合而言,共轴双旋翼式布局未来将成为近程无人机的一个发展趋势。对于高速旋转的旋翼,其会给操控人员带来危险,而微型无人机进入建筑内或在城市执行任务时,外露的旋翼如果与墙壁或其他物体发生碰撞,会造成无人机的损伤。考虑到上述不利因素,就诞生了采用包围式旋翼结构的无人直升机。目前有两种典型的应用包围式旋翼的无人机——霍尼韦尔的 T-"鹰"微型无人机和 GFS 公司的"范思塔"无人机,前者采用涵道式风扇结构,后者则采用了顶部安装的向心风扇,如图 1.24 所示。

(a) T-"鹰"微型无人机   (b) "范思塔"无人机

图 1.24 T-"鹰"微型无人机和"范思塔"无人机

⑥ 高度的自动化水平和一定程度的自主性。自动化的定义为："行为事先安排好,当满足一定的条件时,不需要决策"。自动化可以显著提高无人机的可靠性:其可以监控发动机的状态,当动力系统出现问题时,能及时向操控人员报警并自动采取应对措施;自动化功能对燃油状态和飞行距离的监控,可以及时提醒操控人员余油量及是否需要返航。高度自动化无人机还具有如下显著优点:减小操控人员的工作强度、减少操控人员可能的失误、减小所需通信带宽。无人机的自主性是指其具有一定智能,对一些未规划的情况,能够代替操控人员快速应对、决策和执行。目前,无人机的自主性还处于较低水平,人工智能的发展也远没有达到人脑的理解和创造水平,在未来也许会有大的发展,到那时无人机系统应用范围将不断扩大,人的作用将更多地体现在使用和宏观操控上,而微观操作则交给无人机自主完成。图 1.25 给出了美国国防部预测的无人机自主性发展趋势。

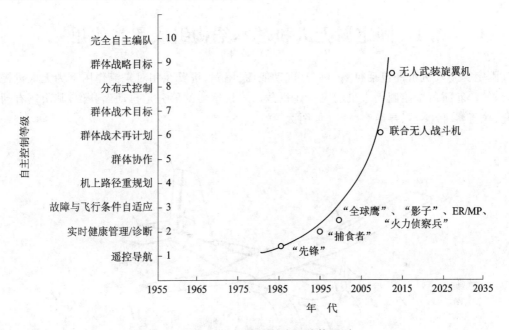

图 1.25 无人机自主性发展趋势预测

未来无人机的发展需要环境与政策的支持。目前增长迅速的无人机行业需要庞大的基础设施来支持市场发展需求,包括机场跑道、通信卫星等。随着无人机应用的普及,对无人机可在国家空域系统内进行常规飞行而无需经过授权证书颁发的要求正日渐增长,常规空域准入需要航空条例等给予规则制定。为了提高无人机系统的性能,为与飞行相关的公众提供一个安全可靠的空中系统,有必要对无人机操作员进行培训和认证,以及对无人机的安全性、可靠性和冗余度进行认证。

第一部分　固定翼无人机系统

第2章　固定翼无人机飞行原理

2.1　固定翼无人机基本结构组成及其作用

固定翼无人机组件包括机翼、机身、气动舵面、尾翼,机翼在相对来流作用下为无人机提供升力,气动舵面负责控制无人机的飞行。机载系统最重要的部分是自动驾驶仪,其次还有动力系统、执行器、传感器、导航系统等(见图2.1)。

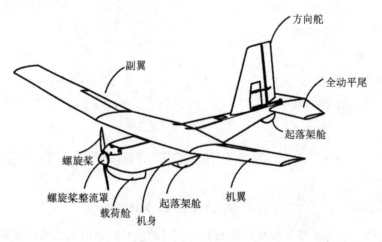

图2.1　固定翼无人机基本结构组成

2.1.1　机翼、机身、气动舵面、尾翼

机翼是固定翼无人机产生升力的主要部件,机身用来安放固定翼无人机的实用载荷。气动舵面包括副翼、升降舵、方向舵,副翼安装在机翼两侧的后缘;升降舵安装在平尾后缘且由铰链与平尾相连;方向舵安装在垂尾后缘,由铰链与垂尾相连。气动舵面的作用是改变固定翼无人机的空中姿态。尾翼分为平尾和垂尾,平尾可视为水平安装在无人机尾部的小型机翼,主要起俯仰姿态安定的作用;垂尾则垂直安装于无人机尾部,可起航向稳定的作用。

2.1.2　自动驾驶仪

无人机相对于普通的遥控飞机具有一定的自主飞行能力,这得益于自动驾驶仪的应用。

自动驾驶仪不但可以保证飞机的基本稳定性,还可以使无人机在完成任务时具有高度的自动化。自动驾驶仪是一块集成了信息处理器、若干传感器、记忆卡的电路板(见图 2.2)。

2.1.3　传感器

传感器是用来测量飞机状态参数的敏感元件。飞机状态参数包括飞机的姿态、线性速度、线性加速度、角速度等,传感器将它们转化为数字信号传输给信息处理器。无人机装备的几种主要传感器如下:

图 2.2　无人机自动驾驶仪硬件

① 高度传感器。其通常是气压传感器,通过感受到的大气压强的变化来表示出飞行高度的变化,可以测量无人机相对出发点的高度。也有使用无线电高度计的,原理为通过测量机上无线电发射机发出的电磁波从发射到返回接收机的时间,来计算无人机相对地面的真实高度。气压传感器测量气压高度的精度低于无线电高度计,且需要根据大气环境的变化调整参数,多用于中高空飞行的水平起降无人机。

② 加速度仪。其测量无人机在机体轴三个坐标上的加速度分量,可用来确定无人机的速度和相对位置。

③ 电子罗盘。广为使用的是三轴捷联磁阻式数字磁罗盘,通过测量地磁场强度和补偿磁偏角,可以指示出正确的航向。

④ 陀螺仪。其测量无人机机体轴三轴线方向的角速度,用于确定无人机的空中姿态和抗气流干扰。

⑤ 空速传感器。其通过"皮托管"测量空气的动压与静压,计算出两者间的压差,进而计算出无人机相对空气的速度。使用空速传感器测量无人机的空速会有较大误差和波动,它还不能测量低于 15 m/s 的空速。可以从 GPS 和加速度计获取速度相关数据。

⑥ GPS 模块。其通过接收卫星信号对无人机的地理位置进行定位,精度可达 10 m,是无人机导航和自动飞行必不可少的组件(见图 2.3)。

图 2.3　无人机用的 GPS 模块

2.1.4 执行机构

执行机构接受自动驾驶仪的命令后,控制舵面或任务载荷执行命令。伺服舵机转动控制舵面,以完成对无人机的飞行控制,其有两个分类标准,即转速和负载。伺服舵机与自动驾驶仪协同工作可保证无人机的稳定飞行(见图2.4)。

图 2.4 固定翼无人机伺服舵机

2.1.5 通信系统

无人机配备了双向通信系统(上行链路和下行链路),分别用来接收地面站指令以控制飞机(见图2.5)和向地面站回传飞机状态数据、图像等信息(见图2.6)。

图 2.5 Futaba 接收机

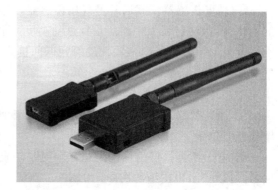

图 2.6 无人机数传模块

2.1.6 动力系统

无人机动力系统包括电池、电调、无刷电机、螺旋桨。电池为无人机动力提供能源,锂离子电池能量密度大,可承受高放电率,故通常选择其为无人机供电。电调能够将电池输出的直流电转换为三相交流电,以供无刷电机运行;电调还能为接收机和舵机提供低压电流。无刷电机用来带动螺旋桨旋转并克服螺旋桨转动的阻力矩,具有效率高、维护费用低等优点。螺旋桨通过旋转为无人机提供推力(安装在机尾)或拉力(安装在机头)。螺旋桨属于易损耗部件,即使电机转速很慢,其还是会严重受损,故需随时检查(见图2.7)。

2.1.7 实用载荷

无人机上实用载荷的作用是执行各种任务。实用载荷包括照相机、摄像机、热成像相机、激光雷达、辐射探测器等。装备在无人机上的实用载荷往往具有体积小、质量轻等特点。固定翼无人机上的成像设备往往隐藏在机身中,不易被发现,但也导致其视野较小。

2.1.8 地面设施

地面设施中最重要的是作为无人机操控中心和任务规划中心的地面控制站。地面控制站的部件包括实施控制的遥控器、接收飞行状态参数的装置以及计算机设备。遥控器须至少包

(a) 锂离子电池

(b) FlyFun系列电调

(c) 无刷电机

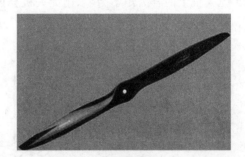

(d) 螺旋桨

图 2.7 固定翼无人机动力系统

含 8 条通道,才可以保证基本的飞行控制和任务载荷操作;通道越多,可实现的操作越细致,无人机也就越专业。飞行状态接收装置可以将无人机回传的飞行数据及实时视频显示在计算机屏幕或视频头盔、眼镜上,使飞行操纵更加直观。计算机设备可用作无人机的驾驶台和分析台。

有的无人机系统的地面设施还包括发射和回收装置。无人机发射可通过手持抛射、弹射起飞和滑跑起飞等方式,分别需要人、弹射器和跑道。无人机的回收则可通过在跑道滑跑降落、打开降落伞降落、用绳或网拦截降落,以及通过预先设定的程序解体降落等方式。

2.2 常规布局固定翼无人机的基本飞行和操纵原理

常规布局固定翼无人机外形酷似滑翔机,组件包括机翼、机身、气动舵面和尾翼,其机翼和机身都设计得比较纤细,因此有较强的续航能力,但结构不够坚固。

2.2.1 常规布局固定翼无人机的基本飞行原理

无人机要在空气中飞行,需要考虑其受力情况。无人机所受外力包括重力、升力、阻力、推力这四个基本要素。对于常规布局固定翼无人机而言,其重力由地心引力产生,升力由相对空气运动的机翼产生,阻力由空气产生,推力由动力系统产生。

下面考虑直线等速平飞情况下固定翼无人机的受力情况,如图 2.8 所示,这是最简单的飞行情况。此时升力与重力大小相等、方向相反,故在竖直方向上无人机受力为零,无人机不会上升或下降。推力也与阻力大小相等、方向相反,故无人机在水平方向上做匀速直线飞行。

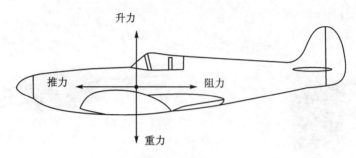

图 2.8　直线等速平飞时无人机受力

如果无人机上的合力矩不为零,则无人机会做旋转运动。将合力矩分解到机体轴的三个轴线上,则 X 方向的分力矩会产生滚转运动,Y 方向的分力矩会产生俯仰运动,Z 方向的分力矩则会导致无人机做偏航运动(见图 2.9)。

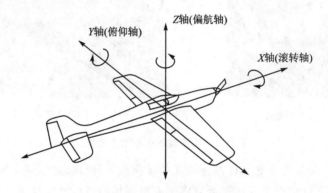

图 2.9　无人机受力矩示意

升力和阻力都是由于无人机相对空气运动而产生的,研究、制造无人机时,总是希望升力尽可能大而阻力尽可能小。机翼之所以能够产生升力,是因为当气流与机翼呈一定攻角相对运动时,流经机翼上表面的气流比流经下表面的气流速度更快。根据伯努利原理,流体速度越大,则静压越小;速度越小,则静压越大,故无人机下表面压力比上表面大,产生向上的升力。机翼的升力主要取决于三个因素:气流相对速度,速度越大,升力越大;机翼表面积,表面积越大,升力越大;攻角,攻角越大,升力越大,但攻角过大会导致机翼上表面气流分离,飞机失速,升力急剧下降(见图 2.10)。

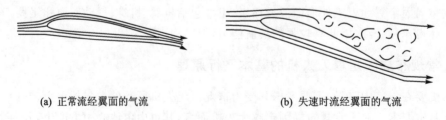

(a) 正常流经翼面的气流　　　　　　　　(b) 失速时流经翼面的气流

图 2.10　正常及失速时流经翼面的气流

无人机若要在一定高度保持水平飞行,其攻角与速度密切相关:高速时,攻角需小,使无人机保持飞行高度,不致上升;低速时,则需大攻角,使无人机不致掉高度,但需注意无人机临界迎角下会失速,速度存在一个最小速度限制,此时的速度称为"失速速度"。固定翼无人机的飞行包线受其失速速度限制。

2.2.2　常规布局固定翼无人机的操纵原理

固定翼无人机在空中的运动情况,取决于其上所受的外力。为了使无人机按一定规律运动,如按指定轨迹飞行或做空中机动,就需要改变作用在无人机上的力。无人机所受的外力中,重力 W 始终竖直向下指向地心,其大小和方向均不能人为改变,属于不可控力;而气动力 A 和推力 T 可以通过操控人员操纵气动舵面和改变油门大小来控制,属于可控力,可合成为合力 N。N 在风轴系下可分解为沿速度方向的切向力 N_τ 和沿垂直速度方向的法向力 N_n,T_n 和 T_τ 分别为推力在速度法向和切向的分量,L 和 C 分别为速度法向的气动力升力和侧力,D 为速度切向的气动力阻力。它们的关系可表达如下:

$$\left.\begin{array}{l} N_n = A_n + T_n, \quad A_n = L + C \\ N_\tau = A_\tau + T_\tau = D + T_\tau \end{array}\right\} \tag{2.1}$$

切向力可用来改变无人机飞行速度的大小,而法向力则可用来改变飞行速度的方向。若将无人机重力 W 也沿速度方向和沿垂直速度方向分解为 W_τ 和 W_n(见图 2.11),则无人机在切向所受的合外力为 N_τ 和 W_τ 的合力,法向所受的合外力为 N_n 和 W_n 的合力。当 $W_\tau = N_\tau$ 时,若 $W_n = N_n$,则无人机将做直线飞行;若 $W_n < N_n$,则无人机将做向上弯曲飞行;若 $W_n > N_n$,则无人机将做向下弯曲飞行;若 $W_\tau < N_\tau$,则无人机将做加速飞行,反之则减速飞行。

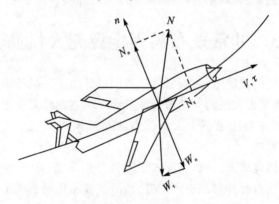

图 2.11　固定翼无人机的可控力和不可控力

常规布局固定翼无人机的操纵机构为升降舵、方向舵、副翼和油门杆。可控切向力的控制要靠操纵油门杆实现,油门杆可控制发动机油门的开闭程度,进而控制推力 T 的大小,来达到增减无人机飞行速度的目的。通过使用减速板或别的反推力装置可以增大阻力,减小飞行速度。可控法向力的控制则是通过操纵升降舵、方向舵、副翼来实现的。通过操纵升降舵,可在无人机纵向产生俯仰力矩,进而改变无人机的俯仰姿态,改变攻角 α 的大小,最终改变升力的大小,使无人机做升降运动。需要注意的是,此时需要配合操纵油门杆,上升时加油门,下降时减油门,以避免速度过低或过高。通过操纵副翼,可以在无人机横向产生滚转力矩,从而改变无人机的倾斜姿态,造成滚转角 ϕ 的变化,进而改变升力方向,升力的水平分力使无人机轨迹改变。通过操纵方向舵,可在无人机航向产生偏航力矩,进而改变无人机的偏航姿态;改变侧滑角 β,最终使侧力 C 改变,在水平方向引起航迹的变化,但通过方向舵来改变航迹效率较低,主要还是使用副翼来改变水平方向的航迹。固定翼无人机转弯时会掉速,为保持飞行速度不变,需加大油门。联合操纵升降舵、副翼、方向舵,可以使无人机在空间做任意姿态的变化,进而实现轨迹的变化(见图 2.12)。

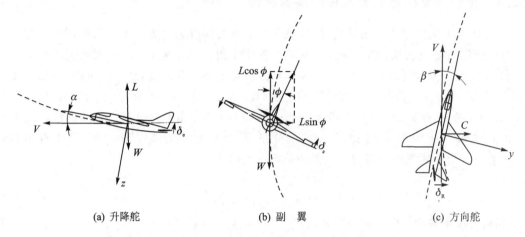

(a) 升降舵   (b) 副　翼   (c) 方向舵

图 2.12　常规布局固定翼无人机操纵原理

　　常规布局固定翼无人机具有很强的续航能力,坚固的机身能够对实用载荷提供充分的保护,通常配备多重控制系统,可在某个控制机构出现故障后通过别的控制机构代替其作用。这类无人机的缺点是操作复杂、布局笨重,方向舵和尾翼较脆弱。

2.3　非常规布局固定翼无人机简介

　　在现有固定翼无人机的基础上,无人机设计者们设计出了一批外形奇特、性能优异的固定翼无人机,通过改变固定翼无人机的气动布局使其满足特定的性能要求,它们不属于新概念无人机,而是被称为非常规布局固定翼无人机。当前非常规布局固定翼无人机主要是飞翼无人机。

　　不同于常规布局的固定翼无人机,飞翼式无人机外形简洁,没有尾翼,大多数机身与机翼融为一体。由于飞机的所有部件都用于产生升力,故飞翼布局的无人机升阻比高,气动效率高(见图 2.13)。

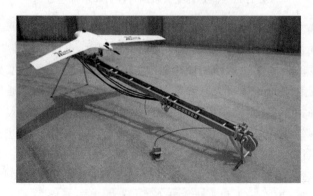

图 2.13　飞翼无人机

　　飞翼无人机取消了方向舵,其飞行控制由导向装置和每侧机翼上的升降副翼来实现。通过操控两个升降副翼分别向上和向下运动,可以实现飞翼无人机的转弯;如果两个升降副翼向相同方向运动,则可以实现飞翼无人机的升降运动。

飞翼无人机具有很好的稳定性,即使在有阵风的情况下也能按给定航迹飞行,且不容易产生机头向下俯冲的趋势,能够实现在倒飞时转弯,在正飞时升降。由于机翼面积大,飞翼无人机具有较低的翼载荷,且机翼内部空间大,可用于安放载荷。飞翼能够大幅度降低雷达反射信号,具有很强的雷达隐身能力。

飞翼无人机也有明显的缺点,其机翼往往设计得很厚,这在低速时没有什么影响,但当飞行速度接近声速时,会产生巨大的阻力作用,因此,其不适合应用于高速飞机。为减小飞翼对阻力的敏感性,可以降低飞翼的厚度,但这样需配备短小机身以安放全部载荷。飞翼无人机的另一个缺点在于其起飞、滑跑距离较长。

飞翼无人机通过操纵副翼来转弯,在转弯时有掉高度的趋势,安装翼尖小翼可防止这种情况的发生(见图 2.14)。

图 2.14　飞翼无人机的翼尖小翼

飞翼无人机结构紧凑,且由于没有尾翼和方向舵,其整体形状扁平,便于收纳和携带,广泛应用于地图绘制领域。

飞翼无人机具有操作简单、控制效率高、结构坚固耐用等优点,其缺点除了上文提到的高速飞行时阻力大、滑跑距离长外,其续航能力也较弱,且由于控制装置单一,其没有多重操作系统。

小　　结

本章对固定翼无人机的飞行原理和操纵原理进行了介绍。首先列举了固定翼无人机的主要组成部件及各部件的作用。固定翼无人机需要机翼产生的升力和发动机产生的推力来克服重力和阻力才能在空中自由飞行。通过操纵气动舵面按一定规律变化,可以改变固定翼无人机的姿态,进而改变固定翼无人机升力的大小或方向,从而使无人机按给定轨迹飞行。通过油门杆可控制固定翼无人机前飞速度的大小。固定翼无人机按气动布局可以分为常规布局固定翼无人机和非常规布局固定翼无人机。机翼为无人机提供升力,是所有固定翼无人机必须有的部件。常规布局固定翼无人机有尾翼、升降舵、方向舵和副翼,通过升降舵控制俯仰姿态,通过方向舵控制偏航姿态,通过副翼控制滚转姿态。非常规布局固定翼无人机的主要气动布局形式是飞翼,其机身与厚机翼融为一体,没有尾翼、方向舵和升降舵,通过机翼后缘面积很大的升降副翼可以实现高效率的升降和转弯控制。

思考题

1. 固定翼无人机的主要组成部件有哪些,分别有什么作用?
2. 试简要分析固定翼无人机飞行过程中的受力情况及飞行原理。
3. 常规布局固定翼无人机与飞翼无人机在气动布局方面有何异同,它们分别有何优缺点?
4. 常规布局固定翼无人机和飞翼无人机的主操纵面分别有哪些,都是用来控制无人机的哪种运动的?
5. 说明常规布局固定翼无人机的飞行操纵过程及其特点,飞翼无人机的飞行操纵过程及其特点又是什么?

第 3 章　固定翼无人机的基本空气动力学

3.1　升力和阻力

3.1.1　机翼的几何形状和几何参数

一个机翼,沿顺流方向形成的剖面呈圆头尖尾状,上下翼面形成闭合的曲线,该剖面称为翼型。图 3.1 给出典型的低速翼型。翼型的最前端点称为前缘点,后端点称为后缘点。翼型主要几何特征的参数有:

- 翼弦长 c,翼型前缘点至后缘点的距离;

- 相对厚度 $\bar{t}$,$\bar{t} = \dfrac{t}{c} \times 100\%$,上下翼面间的最大距离称为翼型的厚度 t;

- 相对弯度 $\bar{f}$,$\bar{f} = \dfrac{f}{c} \times 100\%$,中弧线最高点至翼弦线的距离称为弯度 f。

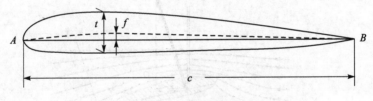

图 3.1　翼剖面图

机翼平面形状特征用如下参数表示:

- 展弦比 A,$A = b^2/S_W$,其中 b 为机翼展长,S_W 为机翼面积;

- 梯形比 λ,$\lambda = c_t/c_r$,其中 c_r 为翼根弦长,c_t 为翼尖弦长;

- 前缘后掠角 A_0;

- 1/4 弦线点后掠角 $A_{1/4}$;

- 平均空气动力弦 c_A,$c_A = \dfrac{2}{S_W} \displaystyle\int_0^{b/2} c^2(y)\,\mathrm{d}y$,其中 $c(y)$ 表示展向坐标 y 处的弦长。

图 3.2 示出了几种不同机翼的平面形状,图 3.3 给出了上述几个参量的物理意义,以便理解。

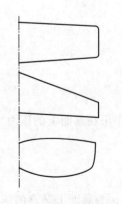

图 3.2　机翼的平面形状图

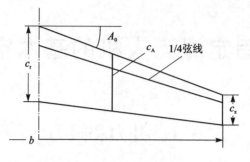

图 3.3 机翼参数的物理意义

3.1.2 机翼的升力

在亚声速流中,当飞机迎角为 α 时,机翼下表面前缘点附近气流产生分离,称为驻点,流线流经此点分开,气流在该点上的流速为零。驻点以上气流绕翼型上表面流过,驻点以下气流绕翼型下表面流过,然后到后缘点附近的驻点汇合成一条流线,该点流速同样为零。绕上表面的气流,由于上表面凸起比下表面明显,路程较长,故上表面流速较快。流经下表面的气流,由于翼型下表面凸起较小,路程较短,故下表面流速较慢。图 3.4 给出气流流过机翼的示意图。按伯努利公式,上表面的压强要小于下表面的压强。

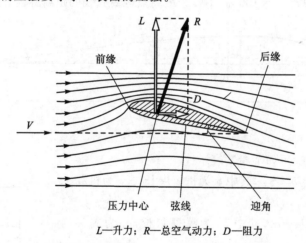

L—升力;R—总空气动力;D—阻力

图 3.4 升力的形成

作用在翼面上的压力用压力系数表示为

$$\bar{p} = \frac{p - p_\infty}{\frac{1}{2}\rho_\infty V_\infty^2} \tag{3.1}$$

式中,p 为翼面上某点的压强,有下标"∞"的参数表示远前方迎面气流的气流参数。压力系数 $\bar{p}$ 是无因次的。$\bar{p}$ 为负值时,该点压强小于远前方迎面气流的压强,称为吸力;$\bar{p}$ 为正值时,该点压强大于远前方迎面气流的压强,称为压力。驻点的压力系数表示为 $\bar{p}_0$,在低速不可压流场中($Ma_\infty < 0.5$),利用伯努利公式可推知 $\bar{p}_0 = 1$,是翼面上最大的压力点。

根据 $\bar{p}$ 作出翼面上各点的压力分布。$\bar{p}$ 值为负表示吸力,则力的方向向外;$\bar{p}$ 为正表示压力,则力的方向指向翼面。由于上下翼面的压力差,压力分布是不均匀的。将压力分布投影到与 V_∞ 垂直的方向上并沿全翼面积分可得到升力系数 C_{LW}。由风洞实验可直接测得迎角与升力系数的关系,升力系数 C_{LW} 随迎角 α 变化的曲线如图 3.5 所示。

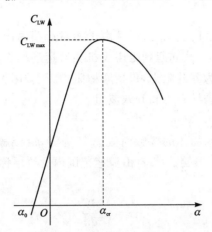

图 3.5　升力系数 C_{LW} 随迎角 α 变化的曲线图

经过建模分析可得,机翼的升力 L_W 与机翼面积 S_W 和动压头 $Q = \dfrac{1}{2}\rho_\infty V_\infty^2$ 成正比。

$$L_W = C_{LW} Q S_W \qquad (3.2)$$

升力系数 C_{LW} 无因次。升力系数 C_{LW} 是迎角 α 的函数,在 C_{LW} 达到最大值 $C_{LW\,max}$ 之前, C_{LW} 随 α 增大而增大。为了适用于低速飞行,翼型弯度 $\bar{f}$ 总是正弯度,当 $\alpha = 0$ 时,上下翼面压力差为正值, $C_{LW} > 0$。当 α 继续减小为某一负值时,才有 $C_{LW} = 0$。使 $C_{LW} = 0$ 的迎角称为零升迎角 α_0,一般为负值。只有翼型对称时,零升迎角 α_0 才为零。随着 α 增加,上翼面逐渐产生气流分离,曲线的斜率逐渐降低,到某一值时, C_{LW} 达到最大值 $C_{LW\,max}$。如果迎角继续增大,则 C_{LW} 下降,使 $C_{LW} = C_{LW\,max}$ 的迎角称为临界迎角 α_{cr},如图 3.5 所示。 $\alpha > \alpha_{cr}$ 时,机翼上表面气流严重分离,形成大旋涡,故升力不再增加,如图 3.6 所示。气流分离就是气流不再沿着翼面流动,而形成许多旋涡。

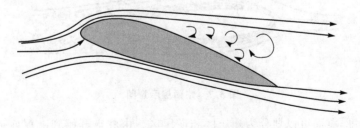

图 3.6　气流分离示意图

经计算,在 $\alpha \leqslant 10°$ 范围内, C_{LW} 与 α 呈线性关系,即

$$C_{LW}^\alpha = \frac{\partial C_{LW}}{\partial \alpha} = \text{const} \qquad (3.3)$$

斜率用 C_{LW}^α 表示,称为机翼升力线斜率,也称为升力迎角导数。在 $\alpha \leqslant 10°$ 范围内, C_{LW} 与 α 的线性关系可表示为

$$C_{\mathrm{LW}} = C_{\mathrm{LW}}^{\alpha}(\alpha - \alpha_0) \qquad (3.4)$$

式中，α_0 为负值。

3.1.3 阻　力

气流作用于物体表面产生的法向力，以及由于相对运动物体表面的切向摩擦力等沿远前方气流方向的分量产生的阻力，共同起到阻碍飞机相对运动的作用。飞机的气动阻力分为两部分，一部分与升力无关，称为零升阻力，包括摩擦阻力、压差阻力和零升波阻；另一部分由升力引起，称为升致阻力，包括诱导阻力和升致波阻。

1. 摩擦阻力

空气是有粘性的。空气与物体的接触面流速 V 为零，沿接触面法向远离物体的方向，流速逐渐增大。从 $V=0$ 到 V 上升至 99% 自由流速范围内的流层称为附面层。由牛顿内摩擦应力公式，有

$$\tau = \mu \frac{\partial V}{\partial n} \qquad (3.5)$$

式中，τ 为切向应力；μ 为空气粘性系数；$\dfrac{\partial V}{\partial n}$ 为沿接触面法向的速度梯度。

附面层很薄，流过机翼表面 1 m 处的附面层厚度只有 $7\sim8$ mm，2 m 处的厚度有 $10\sim20$ mm。附面层有两种类型。一种称为层流附面层，该层中气流各层之间互不混杂。另一种称为紊流附面层，该层内气体流动方向毫无次序，导致该层气体呈一种紊乱状态。沿翼型表面顺流而下，附面层逐渐由层流转变为紊流，紊流附面层的摩擦阻力大于层流附面层；由层流过渡到紊流的过渡区称为转捩点，该点的位置随飞行速度加大或翼面粗糙度增加而前移。附面层内沿物面法向有较大的速度梯度，因此气流对物体表面存在粘性切向应力，沿全翼面积的切向应力就是摩擦阻力。图 3.7 给出附面层气流及转捩点位置的示意图。

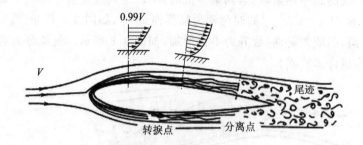

图 3.7　附面层示意图

从压力的角度，翼面可以划分为顺压区和逆压区。由驻点开始到上翼面最小压力点处称为顺压区，该段流速渐增，压力不断降低，流速方向与压力减小方向一致，使得附面层变薄。从最小压力点到后缘这一段的附面层称为逆压区，该段流速不断减小，压力不断升高，流速方向与压力减小方向相反，使得附面层迅速增厚。空气的粘性引起摩擦，气流机械能转化为内能，伯努利公式的机械能守恒关系已不再存在。驻点处的速度为零，因此，位于翼型后缘附近的驻点压力必定小于前缘附近的驻点总压（压力系数 $\bar{p}_0 = 1$）。如果翼型相对厚度大，相对弯度高，迎角较大，或其他因素使最小压力点后的一段翼面上的流管扩散太快，则都会使附面层中气

的动能不能克服逆压的作用,在尚未流到后缘处就已不再沿翼面切线方向流动,产生紊流。开始不沿翼面切线方向流动的地方称为转捩点。附面层分离后形成旋涡区。迎角愈大,分离点愈靠前。当 $a = a_{cr}$ 时,转捩点靠近驻点,上翼面气流几乎全部分离,升力不再随迎角增大而增加。紊流如图 3.8 所示。

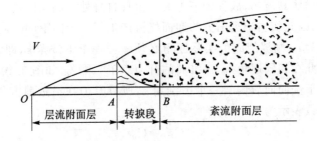

图 3.8　紊流示意图

在附面层外,空气的粘性使得各层气体之间相对速度为零,不存在机械能的损耗,因此伯努利公式在附面层外是成立的。由于附面层是一薄层,故作用于翼面上的静压值与附面层边界处的静压值是相等的。因此,按伯努利公式来解释翼型的升力仍然适用。

2. 压差阻力

当气体为理想流体、空气没有粘性时,不会产生附面层,因此没有机械能转换为内能,根据伯努利公式,在后缘点附近处的驻点其流速为零,压力升高到 $\bar{p}_0 = 1$。但当存在附面层时,静压不能完全恢复,因而前驻点和后驻点压力不同,形成翼型前部与后部的压差,压力作用在机翼上,阻碍飞机的相对运动,即形成压差阻力。但只要附面层不分离,压力恢复就可以大些,因而压差阻力也就可以减小些。附面层分离后形成旋涡使能量损失更大,压力恢复更少,故增加了压差阻力。分离点愈靠前,旋涡区愈大,压差阻力也愈大。

紊流附面层的摩擦阻力比层流附面层的大,但由于紊流附面层中接近物面处的气流动能大,其抗分离的能力强于层流附面层,因此其压差阻力要小些。

3. 零升波阻

飞机做亚声速飞行时,由于气流流经翼面时的路程比直线距离长,因此只要飞行马赫数超过临界马赫数($Ma_{cr} < Ma < 1$),翼面上就会有局部的超声速区。翼面上的气流是从亚声速到超声速,再减速到亚声速的,而气流从超声速减到亚声速时,会产生激波突跃,因此在跨声速飞行段,翼面上有局部激波存在。激波对附面层产生干扰,使附面层分离。此现象在迎角很小甚至 $\alpha = 0$ 时也会出现。附面层分离也就增加了压差阻力。

4. 升致阻力

由于升力的存在而产生的阻力统称为升致阻力。亚声速飞行时,升致阻力主要是诱导阻力。

亚声速飞行时,产生下洗作用,机翼对平尾有下洗作用,翼尖产生的自由涡对机翼也有下洗作用,对平尾的下洗大于对机翼的下洗。为了说明两种下洗的区别,建立二维机翼与三维机翼模型。二维机翼忽略翼尖的影响,是一个等弦长且展长为无限大的直机翼。该模型中,任何一处翼剖面的流态都一样,因为没有翼尖,就没有翼尖自由涡,气流沿展向也就没有分速,因此,用两个坐标就能描述该机翼的流场,故称为二维机翼。设迎角为 α,气动力方向与飞机速度方向重合,可分解成垂直于远前方气流方向的升力和平行于远前方气流方向的阻力。三维翼是展长有限的机翼,也叫有限翼展机翼。由于翼尖自由涡的存在,沿展向不同处翼剖面的流态是不同的,且翼面上存在横向流动分量。正升力情况下,上翼面气流向内偏,下翼面气流向外偏。因此,自由涡不仅存在于翼尖处,而且沿机翼后缘展向也拖出一片涡线。有限翼展机翼需要三个坐标才能描述其流场,故称为三维翼。机翼自身处于涡线的诱导下洗流场之中,因为涡线有向下的分量,因此相当于远前方的迎面气流产生了一个向下的速度,设翼弦线与远前方气流方向间的夹角为 α,则翼剖面的实际迎角必须减去一个下洗角 ε,即 $\alpha - \varepsilon$,气流方向变化如图 3.9 所示。因此在相同迎角下,三维翼的升力小于二维翼,如图 3.10 所示。此外,升力的作用方向也因有了下洗而向后偏斜一个下洗角 ε,所以升力在沿远前方气流方向上也就有了向后的分力。用系数表示为

$$C_{D_i} = C_L \varepsilon \tag{3.6}$$

式中,C_{D_i} 称为诱导阻力系数。展弦比越大,诱导阻力越小。

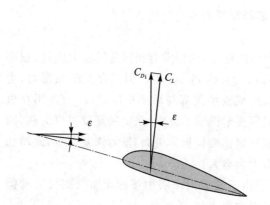

图 3.9 下洗造成气流方向变化

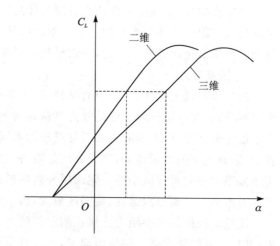

图 3.10 二维机翼、三维机翼 α
随下洗角 ε 变化的曲线图

5. 整个飞行器的阻力,升阻极曲线

综上所述,在亚声速飞行状态下,飞机的阻力系数由零升阻力系数和升致阻力系数构成,可写为

$$C_D = C_{D_0} + C_{D_i} \tag{3.7}$$

式中,C_{D_0} 为零升阻力系数;C_{D_i} 为升致阻力系数。

在迎角较小时,升致阻力系数与升力系数的平方成正比,阻力系数可写为

$$C_D = C_{D_0}(Ma) + A(Ma)C_L^2 \tag{3.8}$$

由上式可以看出,阻力系数与升力系数 C_L 及 Ma 有关。图 3.11 表示迎角 $\alpha = 0$ 时的 C_{D_0} 和 Ma 的关系曲线。图 3.12 表示以 Ma 为参变量的 C_L 和 C_D 的关系曲线,称为升阻极曲线。从图中可以看出二者正相关,为了获得更大的升力,必须克服更大的阻力,其斜率可以表征飞机的气动效率。

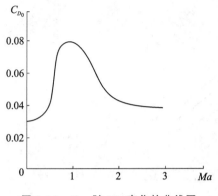

图 3.11　C_{D_0} 随 Ma 变化的曲线图

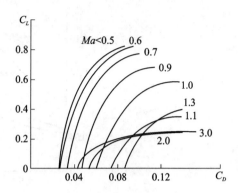

图 3.12　C_L 随 C_D 变化的曲线图

3.2　升阻特性

根据空气动力学原理,升力、阻力和侧力可表示为

$$
\left.\begin{array}{l}
L = \dfrac{1}{2}\rho V^2 S C_L \\[2mm]
D = \dfrac{1}{2}\rho V^2 S C_D \\[2mm]
C = \dfrac{1}{2}\rho V^2 S C_C
\end{array}\right\} \tag{3.9}
$$

式中,C_L、C_D 和 C_C 分别为升力、阻力和侧力系数,取决于马赫数 Ma、雷诺数 Re、迎角 α、侧滑角 β 以及飞机自身特性。由于飞机纵向面对称,侧滑飞行时才产生侧力,侧滑角 β 较小,所以侧力较小。

1. 升力特性

在给定飞行状态下,飞行器的升力由机翼、机身、平尾和升降舵产生。升力系数可表示为

$$
C_L = C_{L.\mathrm{wb}} + C_{L.\mathrm{ht}} + C_{L\delta} \tag{3.10}
$$

式中,$C_{L.\mathrm{wb}}$ 为机翼和机身产生的升力系数;$C_{L.\mathrm{ht}}$ 为平尾升力系数;$C_{L\delta}$ 为升降舵偏转产生的升力系数。舵面偏转产生的 $C_{L\delta}$ 较小,可以忽略,则全机的升力系数在迎角较小时的线性范围内可表示为

$$
C_L = C_{L\alpha}(\alpha - \alpha_0) \tag{3.11}
$$

式中,$C_{L\alpha} = \partial C_L / \partial \alpha$ 为全机升力线斜率,是表征升力特性的一个重要气动参数。α_0 为零升迎角,该迎角下升力为零。图 3.13 为不同后掠角 χ 和展弦比 λ 的飞机,$C_{L\alpha}$ 随 Ma 的变化曲线。

用 α_c 表示临界迎角,其对应的升力系数称为最大升力系数,用 $C_{L.\max}$ 表示,反映升力特性。$C_{L.\max}$ 值与飞机气动布局相关。采用正常式气动布局或鸭式布局,边条翼或鸭翼产生分离涡,形成对主翼的有利干扰,在其外侧流场产生上洗和侧洗,增加主翼的有效迎角和侧滑角,提高了临界迎角 α_c 和 $C_{L.\max}$。上述几种升力系数关系如图 3.14 所示。

实际飞行中,在迎角达到 α_c 以前,由于机翼气流分离,可能出现翼尖下坠或机头下俯等失速现象,通常不会达到 α_c 或 $C_{L.\max}$。产生失速现象时的升力系数称为失速升力系数,用 $C_{L.\mathrm{s}}$

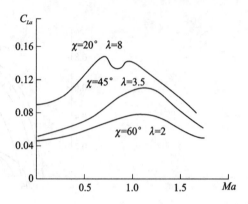

图 3.13　不同后掠角 χ、展弦比 λ 下，C_{La} 随 Ma 变化的曲线图

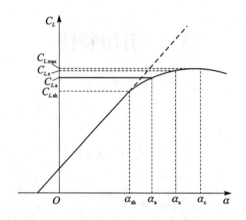

图 3.14　升力系数关系图

表示，它比 $C_{L.\,max}$ 小一些。为保证飞行安全，防止失速现象的发生，允许飞机达到的最大升力系数，称为允许升力系数，用 $C_{L.\,a}$ 表示，它比 $C_{L.\,s}$ 小。飞机在接近失速迎角 α_s 前，机翼处于不稳定的气流分离区内，会引起机翼不规则振动，这种现象称为机翼抖振。此时相应的升力系数称为抖振升力系数，以 $C_{L.\,sh}$ 表示，通常小于 $C_{L.\,s}$。一般情况下，为了提高飞机的过载，短时间内允许出现这种抖振。为此，不用开始出现抖动来限制 C_L 的最大允许值。另外，飞机飞行速度提升，舵面操纵效率降低，升力系数还要受到为保持俯仰平衡所需的舵面极限偏角 $\delta_{e.\,max}$ 的限制，$C_{L\delta.\,max}$ 随 Ma 的增大而减小。图 3.15 表示各种升力系数随马赫数变化的一般规律。

飞机气动布局中的鸭式布局，将尾翼去除，同时增大前翼的面积。在这种情况下，升降舵面积较大，舵面偏转时产生的 $C_{L\delta}$ 不能忽略，通过俯仰力矩近似平衡条件，可以得到舵偏角与迎角之间的关系，公式如下：

$$\delta_e = -\frac{C_{m\alpha}}{C_{m\delta}}\alpha \tag{3.12}$$

式中，$C_{m\alpha}$、$C_{m\delta}$ 分别为俯仰力矩系数对迎角和舵偏角的导数

$$C_{m\alpha} = \frac{C_m}{C_a} = \frac{\partial C_m}{\partial C_L}\frac{\partial C_L}{\partial \alpha} \tag{3.13}$$

$$C_{m\delta} = \frac{C_m}{C_\delta} = \frac{\partial C_m}{\partial C_L}\frac{\partial C_L}{\partial \delta} \tag{3.14}$$

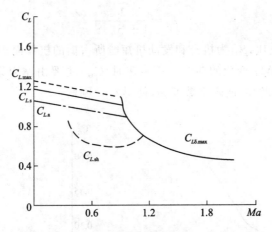

图 3.15　升力系数随马赫数变化的一般规律

飞机的极曲线是按飞机的基本构形给出的。构形改变,如放下起落架或打开减速板,都会改变升力系数和阻力系数。又由于极曲线的计算受飞行高度的影响,故需要基于一定的高度,否则需要加上相应的阻力系数修正量。当需要考虑升降舵偏转产生的升力时,则采用平衡升力系数,以 C_{L*} 表示,其表达式为

$$C_{L*} = C_{L\alpha.*}(\alpha - \alpha_0) \tag{3.15}$$

得出的极曲线称为飞行器平衡极曲线。

显然,对于正常式布局飞行器,$C_{L\alpha.*} < C_{L\alpha}$;而对于鸭式布局飞行器,$C_{L\alpha.*} > C_{L\alpha}$。

2. 阻力特性

飞机的气动阻力分为两部分,一部分与升力无关,称为零升阻力,包括摩擦阻力、压差阻力和零升波阻;另一部分由升力引起,称为升致阻力,包括诱导阻力和升致波阻。在计算飞机所受阻力时,阻力系数的表达式为

$$C_D = C_{D_0} + C_{D_i} = C_{D_0} + AC_L^2 \tag{3.16}$$

上式反映阻力系数与升力系数的关系。式中 C_{D_0} 为零升阻力系数,A 为极曲线弯度系数,二者都是马赫数和雷诺数的函数。在不同马赫数下阻力系数与升力系数的关系称为飞机的极曲线。图 3.16 给出的是一架飞机的极曲线。从图上可见,当马赫数小于 0.6 时,空气压缩性影响不明显。随着马赫数的增大,波阻逐渐增大,压缩性影响逐渐显著,曲线将向右移动。

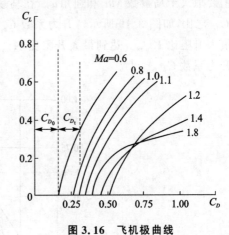

图 3.16　飞机极曲线

图 3.17 为极曲线弯度系数 A 随 Ma 的变化曲线。亚声速时,极曲线弯度系数 A 与机翼有效展弦比 λ_e 成反比,即

$$A = \frac{1}{\pi\lambda_e} \tag{3.17}$$

λ_e 的表达式如下:

$$\lambda_e = \frac{\lambda}{1 + S_b/S} \tag{3.18}$$

式中,λ 为机翼几何展弦比;S_b 为机身和发动机短舱所占据的机翼面积,S 为机翼面积。

图 3.18 为 C_{D_0} 随 Ma 变化的曲线。亚声速时,C_{D_0} 主要由摩阻系数决定,Ma 对其影响较小。随着飞行速度的增加,波阻系数变大,使得 C_{D_0} 剧增。

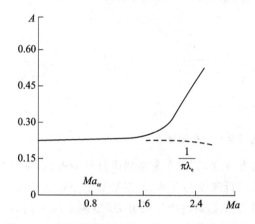

图 3.17 极曲线弯度系数 A 随 Ma 变化的曲线图

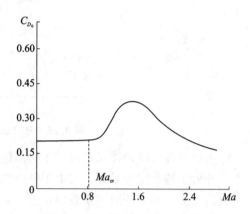

图 3.18 C_{D_0} 随 Ma 变化的曲线图

3. 升阻比

升阻比 K 是反映飞机特性的重要气动参数:

$$K = \frac{C_L}{C_D} \tag{3.19}$$

它主要取决于马赫数 Ma 和迎角 α。在马赫数 Ma 不变时,升阻比 K 是升力系数 C_L 和阻力系数 C_D 之比,如图 3.19 所示。升力系数 C_L 和阻力系数 C_D 之比最大值对应最大的升阻比,称为最大升阻比 K_{max}。达到最大升阻比 K_{max} 时的迎角和升力系数分别称为有利迎角 α_{opt} 和有利升力系数 $C_{L.opt}$。

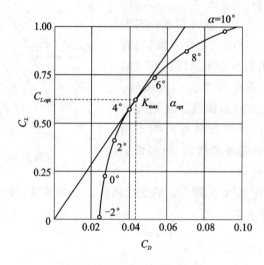

图 3.19 K_{max} 的确定方法

根据极曲线表示式很容易确定 $C_{L.\,\text{opt}}$ 和 $K_{\max}$ 的表示式。将式(3.16)写成倒数的形式,得

$$\frac{1}{K} = \frac{C_D}{C_L} = \frac{C_{D_0}}{C_L} + AC_L \tag{3.20}$$

当 $K = K_{\max}$ 时,C_D/C_L 最小,此时在小区间内其值不随 C_L 变化。对上式求 C_L 的微分,令其值等于零,得

$$\frac{\mathrm{d}}{\mathrm{d}C_L}\left(\frac{C_D}{C_L}\right) = -\frac{C_{D_0}}{C_L^2} + A = 0$$

即

$$C_{D_0} = AC_{L.\,\text{opt}}^2 \tag{3.21}$$

可见,在最大升阻比状态下,零升阻力系数等于升致阻力系数。可以得出

$$C_{L.\,\text{opt}} = \sqrt{\frac{C_{D_0}}{A}} \tag{3.22}$$

$$K_{\max} = \frac{C_{L.\,\text{opt}}}{C_D} = \frac{1}{2\sqrt{AC_{D_0}}} \tag{3.23}$$

由上述两式可看出零升阻力系数变化对 $C_{L.\,\text{opt}}$ 和 $K_{\max}$ 的影响。如取其对数再微分,则可得出其相对变化量的关系

$$\frac{\mathrm{d}C_{L.\,\text{opt}}}{C_{L.\,\text{opt}}} = \frac{1}{2}\frac{\mathrm{d}C_{D_0}}{C_{D_0}} \tag{3.24}$$

$$\frac{\mathrm{d}K_{\max}}{K_{\max}} = -\frac{1}{2}\frac{\mathrm{d}C_{D_0}}{C_{D_0}} \tag{3.25}$$

显然,若 C_{D_0} 增加 20%,则 $K_{\max}$ 减小 10%,而 $C_{L.\,\text{opt}}$ 增大 10%。

为了提高飞机的飞行性能,一般情况下,设计者总是希望 $K_{\max}$ 尽可能大。

3.3　气动布局的形式及气动特性

飞机的气动布局指在考虑空气动力的基础上,飞机外形构造和大部件的布局。气动布局影响飞机的飞行特征及性能,全机的气动特性取决于各承力面的尺寸、形状和之间的相对位置。升力主要由机翼产生,是主要的承力面,方向舵、垂尾等是辅助承力面,主要功能是实现对姿态、航向的操纵,并保证安全性。

不同的飞机需要完成不同的任务,对其性能要求也不同,这必然导致气动布局形态各异。现代作战飞机的气动布局有很多种,主要有正常式布局、鸭式布局、无尾布局、三翼面布局和飞翼布局等。这些布局都有各自的特殊性,其共同特点是对不同的升力值都能进行配平,在给定某一升力值时都能保持安定的运动。

3.3.1　正常式布局

正常式布局是应用范围最广的气动布局。这种布局将水平尾翼和垂直尾翼放置在机翼后的尾部,其典型布局如图 3.20 所示。为了使飞机获得更好的大迎角特性,提高机动性,设计中引入边条机翼。边条机翼能够产生脱体涡,它具有高的涡升力增量,并改善基本翼的外翼分离

流动,从而改善气流使基本翼产生的升力提高。通过实验,可以得出,在大迎角时边条机翼使升力增加,诱导阻力减小,跨声速时边条机翼能够抑制波阻增加,减少超声速的波阻,但易使俯仰力矩发生上仰。由于边条翼所具有的优点,新式战斗机很多都采用这种布局,如 F-16、F/A-18、F-22、米格-29、苏-27 等,该类战斗机强调近距离格斗性能,适合大迎角、大过载机动飞行。

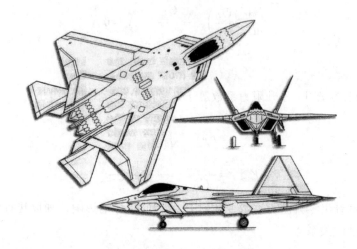

图 3.20　正常式布局飞机三面图

3.3.2　鸭式布局

为了适应超声速空战,出现了鸭式布局。将水平尾翼移除,并使前翼面积较大时,就可以用较小的翼面来达到同样的操纵效能,而且前翼和机翼可以同时产生升力,其布局特点如图 3.21 所示。在大仰角时,前翼和机翼前缘同时产生脱体涡,二者耦合,使涡系更稳定从而产生较大的涡升力。鸭式布局中主翼后掠角大,前翼、主翼同时产生脱体涡,二者产生强有利干扰,属于脱体涡流型;而边条翼仅边条产生脱体涡,主翼是分离流,是混合流型。鸭式布局大迎角特性优越,是一种具有高机动性能的气动布局,典型代表机种为瑞典的 JAS-39、法国的"阵风"、我国的歼-20 等。

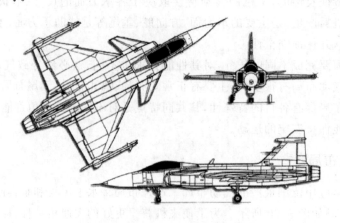

图 3.21　鸭式布局飞机三面图

　　鸭式布局的前翼面积大,升力作用点在重心之前,俯仰力矩在大迎角时上仰严重,由于无平尾,如何保证在大迎角时具有足够的低头操纵力矩成为难题。因此,前翼位置的确定以及大迎角俯仰力矩是鸭式布局的难点。此外,鸭式布局在一定程度上会牺牲隐身性能。

3.3.3　无尾布局

　　无尾布局指飞机没有前翼和平尾,该布局能够有效减轻飞机自身质量;无尾翼后,全机质量更趋合理地沿机翼翼展分布,可以减小机翼弯曲载荷,飞行中阻力可以显著降低。但由于没有平尾,会影响飞机的偏航特性和滚转特性,只能靠机翼的升降舵来实现纵向操纵,机翼受力的作用点离重心较近,且在飞机起降时,升降舵需要下偏来提高升力,由此带来低头力矩,为配平又需上偏,造成矛盾,限制了飞机的气动性能,现代飞机比较少用,仅"幻影"2000 和隐身轰炸机 B-2 采用了飞翼形式,现在进一步发展为无立尾的飞机,如美国的试验机 X-36。无尾布局飞机三面图如图 3.22 所示。

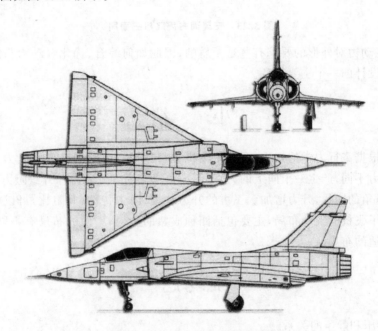

图 3.22　无尾布局飞机三面图

3.3.4　三翼面布局

　　三翼面布局是在飞机主翼前的机身两侧各增加一个鸭翼的布局,其气动布局如图 3.23 所示。首先该布局可减轻机翼上的载荷,减轻结构质量,使得载荷更加平衡;其次它综合了正常布局和鸭式布局的优点,易于实现直接力控制,而非力矩控制,达到对飞行轨迹的精确控制;此外,多个操作组合控制,能够保证大迎角有足够的低头恢复力矩,改善大迎角特性,提高最大升力。F-15、苏-34 都采用了此种布局。

　　综上所述,四种气动布局根据自身结构有不同特点,根据飞机的设计目的、功能实现的不同,选择气动布局形式是一个复杂、全面的过程。对于现代高性能战斗机的设计,除要在亚、超声速,以及大、小迎角全包线范围内都具有满意的气动特性外,还要考虑隐身性能对外形的要

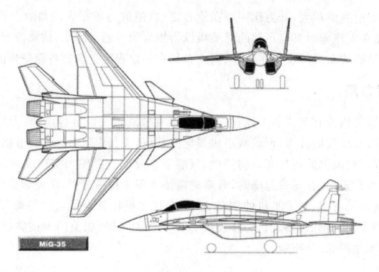

图 3.23　三翼面布局飞机三面图

求,而隐身与气动力对外形的要求有些是矛盾的,因此如何综合、优化气动力与隐身性能就更是总体布置和设计的一个主要任务。

小　　结

　　本章首先根据飞行力学的知识,介绍了飞机飞行过程中所受的升力和阻力。升力主要由于上下翼面压力不同,产生一个向上的力,而阻力可以分为零升阻力和升致阻力两种。在一定范围内,随着迎角的增加,升力增加。飞机的升力特性、阻力特性、升阻比,可以反映飞机的特性。最后介绍了飞机的气动布局,主要包括四种成熟的布局,不同的布局有不同的特点,应根据需要选择合适的布局。

思考题

1. 叙述动压和静压的关系。
2. 研究飞行器飞行性能时,什么情况下可以把飞行器视为可控质点?
3. 飞行过程中,飞行器所受阻力主要受哪些因素的影响?
4. 迎角变化如何影响飞机所受的升力?
5. 有哪些因素影响飞机的升力系数?
6. 如何确定最大升阻比?
7. 三翼面布局飞机的优缺点各是什么?

第4章 固定翼无人机飞行性能

4.1 平飞、上升、下滑性能

等速水平直线飞行是飞机平飞运动中的主要运动,运动中飞机运动参数随时间变化较小,又称定常平飞运动。一次飞行中绝大多数时间都是定常平飞运动,研究它具有重要的意义。飞机平飞性能的好坏通常用飞机最大平飞速度 V_{max}、最小平飞速度 V_{min} 和可能平飞速度的范围来评价。

4.1.1 定常平飞时的运动方程

定常平飞时,运动参数变化率为 0, $\mathrm{d}V/\mathrm{d}t = 0$, $\mathrm{d}\gamma/\mathrm{d}t = \gamma = 0$,其相应的运动方程为

$$\begin{cases} T\cos(\alpha + \varphi) = D \\ L + T\sin(\alpha + \varphi) = mg = W \end{cases}$$

假设推力矢量与飞机机身纵向轴线重合,考虑到迎角是一个小量,$\cos\alpha \approx 1$,上述方程可简化为

$$\begin{cases} T = D \\ L = W \end{cases} \tag{4.1}$$

可以得出,当推力等于阻力,升力等于重力时,飞机处于平衡状态,保持先前状态,做定常水平飞行。

为维持飞机在某一高度以某一速度做等速直线平飞所需的推力称为定常平飞需用推力,用 T_R 表示。飞机在不同高度、不同速度下做定常平飞,定常平飞需用推力不同。

由式(4.1)可知,等速直线平飞时,平飞需用推力实际上等于飞机受到的迎面阻力,即

$$T_R = D = C_D \frac{1}{2}\rho V^2 S \tag{4.2}$$

其相应的升力为

$$W = L = C_L \frac{1}{2}\rho V^2 S \tag{4.3}$$

式(4.2)除以式(4.3),得到

$$\frac{T_R}{W} = \frac{D}{L} = \frac{C_D}{C_L} = \frac{1}{K}$$

故平飞需用推力为

$$T_R = \frac{W}{K} \tag{4.4}$$

式中,升阻比 K 在飞行迎角 α 一定时是马赫数 Ma 的函数,升阻比越高,平飞需用推力越小。因此,在给定飞机质量和飞行高度且飞行迎角是一个小量的平飞条件下,用飞行速度 V 和马

赫数 Ma 即可求出平飞需用推力。不同飞行速度 V 和马赫数 Ma 下的需用推力形成的曲线称平飞需用推力曲线。

具体的平飞需用推力曲线,在质量和高度给定时可按如下步骤计算得出。

① 给定计算高度 H,查表得相应密度 ρ、声速 c;

② 根据给定空速 V,求马赫数,$Ma = V/c$;

③ 求升力系数:

$$W = C_L \frac{1}{2}\rho V^2 S$$

$$C_L = \frac{2W}{\rho V^2 S} = \frac{2W}{\rho Ma^2 c^2 S} = \frac{C}{Ma^2}$$

式中,$C = 2W/\rho Sc^2$ 为常数;

④ 根据飞机极曲线图,由 C_L 求出相应马赫数 Ma 对应的阻力系数 C_D,计算出相应的升阻比 $K = C_L/C_D$;

⑤ 依据公式 $T_R = W/K$ 求得对应马赫数 Ma 的 T_R。以 Ma 为横坐标、T_R 为纵坐标,画出平飞需用推力曲线,如图 4.1 所示。

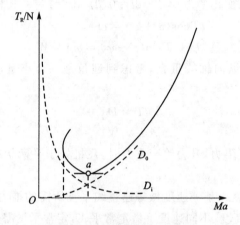

图 4.1　平飞需用推力曲线

1. 平飞需用推力曲线的组成

T_R 的变化规律可以通过研究飞机平飞时阻力 D 的变化规律得到。飞机阻力由零升阻力和升致阻力两部分构成:

$$T_R = D = D_0 + D_i = C_{D_0}\frac{1}{2}\rho V^2 S + AC_L^2 \frac{1}{2}\rho V^2 S$$

式中,C_L 应满足平飞条件 $C_L = \dfrac{2W}{\rho V^2 S}$,并考虑到 $Ma = \dfrac{V}{c}$,$c^2 = \dfrac{kp}{\rho}$(k 为比例常数,p 为空气压强)后,代入上式得

$$T_R = C_{D_0}\frac{1}{2}\rho V^2 S + \frac{AW^2}{\frac{1}{2}\rho V^2 S} = K_0 C_{D_0} Ma^2 + K_i \frac{A}{Ma^2} \tag{4.5}$$

式中,系数 $K_0 = \dfrac{1}{2}kpS$,$K_i = \dfrac{W^2}{\frac{1}{2}kpS}$。对于给定飞机,$W$、$S$ 为定值,则系数 K_0、K_i 仅是飞行

高度 H 的函数。

由式(4.5)可见,平飞需用推力除直接与马赫数 Ma 有关外,还与飞行高度 H、零升阻力系数 C_{D_0} 和升致阻力因子 A 有关。所以,在计算平飞需用推力时,要给定飞行速度和飞行高度。

2. 平飞需用推力随飞行速度的变化

假设飞机飞行高度保持不变,低速飞行时,C_{D_0} 和 A 基本上不随 Ma 变化,因而零升阻力 D_0 与 Ma 的平方成正比,升致阻力 D_i 与 Ma 的平方成反比。飞机阻力是两者之和,其随 Ma 变化规律如图 4.1 所示。当 D_0 与 D_i 相等时,平飞需用推力最小。

其变化原因可解释如下:当 Ma 较低时,由于升力系数 C_L 较大,升致阻力 D_i 在平飞阻力中占主要地位。随着 Ma 的增加,C_L 逐渐降低,升致阻力 D_i 也逐渐减小,而零升阻力 D_0 则越来越大,在某个 Ma 下,两者恰好相等,此时飞机所受阻力最小,即平飞需用推力最小($T_{R,min}$),升阻比最大(K_{max}),见图 4.1 中 a 点状态。该平飞状态称为有利状态,相应的飞行速度和迎角分别称为有利速度 V_{opt} 和有利迎角 α_{opt}。当飞行速度超过有利速度后,零升阻力大于升致阻力。

当 Ma 超过临界马赫数 Ma_{cr} 进入跨声速范围($Ma_{cr}<Ma<1.2\sim1.3$)后,出现波阻,使零升阻力系数 C_{D_0} 急剧增加,造成 T_R 曲线的斜率陡增,这种现象通常称为声障。Ma 继续增加,零升阻力系数 C_{D_0} 随 Ma 增加而减小,于是平飞需用推力增加又比较平缓。

3. 平飞需用推力随飞行高度的变化

图 4.2 给出了跨声速飞机需用推力曲线随高度的变化,当飞行速度不变时,飞行高度增加,平飞推力曲线中 D_0 与 D_i 交点向右平移。

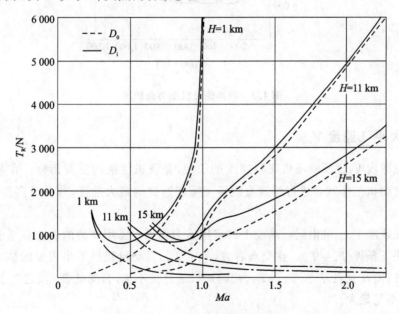

图 4.2　推力曲线随高度变化图

当其他变量一定时,随着飞行高度的增加,K_0 减小,K_i 增大,这样零升阻力降低,升致阻力升高,从而导致平飞需用推力曲线最低点($T_{R,min}$)向右移动,相应的有利速度将随高度增加而增大。在亚声速范围内飞行时，C_{D_0} 与 A 基本不随马赫数变化，所以 $T_{R.min}$ 基本上不随高度变化而变化。随着高度的增加，Ma_{opt} 逐渐增加，到达某一高度时，有利马赫数可能大于临界马赫数，即 $Ma_{opt} > Ma_{cr}$。在此情况下，飞机出现了波阻，使得总阻力增加，K_{max} 降低，$T_{R.min}$ 增大，因此超声速飞机的平飞需用推力曲线最低点上移。

发动机能够提供的推力达到需用推力时，飞机实现定常平飞运动，发动机能实际提供并用以推动飞机前进的推力称为发动机的可用推力 T_a。它同样随飞行速度和高度变化，且还与发动机的工作状态有关。飞机实现定直平飞时，必须使可用推力 T_a 等于平飞需用推力 T_R，即

$$T_a = T_R \tag{4.6}$$

按上述条件，就可确定飞机的平飞性能。工程上常把可用推力曲线和需用推力曲线作为包络线，闭合曲线范围内是飞机平飞时可以达到的状态，如图 4.3 所示。

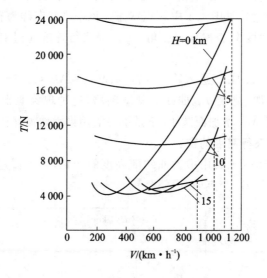

图 4.3 跨声速飞机推力曲线图

4.1.2 最大平飞速度 V_{max}

最大平飞速度 V_{max} 反映飞机飞行速度的快慢，是飞机性能的主要指标。在某高度上，以某一质量和发动机工作状态进行等速直线平飞所能达到的最大速度，称为该高度上的最大平飞速度 V_{max}。

最大平飞速度 V_{max} 可由同一高度上的可用推力和平飞需用推力的右交点来确定，此时满足实现定常平飞条件 $T_a = T_R$。在交点右方，$T_a < T_R$，发动机提供不出需要的推力，飞机不能维持定常平飞；而在交点左方，$T_a > T_R$，此时可以通过关小油门，降低 T_a 使之等于 T_R 来实现平飞，但速度不是最大。

如果飞机在飞行中使用发动机加力状态，则可用推力 T_a 加大，T_a 和 T_R 两条曲线的交点向右移动，V_{max} 随之增大，如图 4.4 所示。对于跨声速飞机，在声速附近，飞机阻力随飞行速度急剧增加；打开加力状态后，V_{max} 增加不多。

找出不同高度下的 V_{max}，画出其随 H 的变化曲线，如图 4.5 所示。其变化原因可由实现

定常平飞条件的关系式(4.6)得出。

$$V_{max} = \sqrt{\frac{2T_a}{C_D \rho S}} \qquad (4.7)$$

式中,除 S 外,其他三个参数 T_a、C_D、ρ 均随高度变化。对于跨声速飞机,当速度接近声速并保持不变时,随高度增加,声速 c 减小,Ma 增加,波阻系数较大,加上 T_a 随高度增加而减小,因而 V_{max} 随高度增加一直减小。

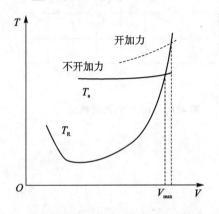

图 4.4　V_{max} 随 T_a 变化的曲线

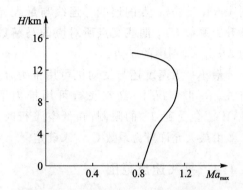

图 4.5　Ma_{max} 随 H 变化的曲线

实际 V_{max} 还要受到其他一些因素的限制。如飞机结构温度可能会超过允许承受能力,必须限制温度,通常可通过限制 Ma_{max} 来实现;低空大速度飞行时,气动载荷过大会造成飞机结构强度受损,必须受到限制,通常可通过限制 q_{max} 来实现。

4.1.3　最小平飞速度 V_{min}

最小平飞速度是指飞机在某一高度上能做定直平飞的最小速度,可由同一高度上的可用推力和平飞需用推力的左交点来确定。出于对飞行安全的考虑,V_{min} 会受到其他一些因素的限制,比如飞机在低速飞行时,要求迎角较大,此时的升力系数应满足平飞的要求。因此理想最小平飞速度受 $C_{L.max}$ 的限制:

$$V_{min} = \sqrt{\frac{2W}{C_{L.max} \rho S}} \qquad (4.8)$$

最小允许使用平飞速度受允许升力系数 $C_{L.a}$ 的限制:

$$V_a = \sqrt{\frac{2W}{C_{L.a} \rho S}} \qquad (4.9)$$

受抖动升力系数限制的抖动最小平飞速度:

$$V_{sh} = \sqrt{\frac{2W}{C_{L.sh} \rho S}} \qquad (4.10)$$

受最大平尾偏角限制的最小平飞速度:

$$(V_{min})_{\delta_{max}} = \sqrt{\frac{2W}{C_{L.\delta_{max}} \rho S}} \qquad (4.11)$$

确定最小平飞速度时只能采用图解法。具体步骤是:对于给定飞行高度,取一系列 Ma ,计算出平飞需用升力系数,由公式

$$C_{L.R} = \frac{2W}{\rho Sc^2 Ma^2} \qquad (4.12)$$

得 $C_{L.R}$ 和 Ma 的关系曲线,随后绘制在上述升力系数限制值随 Ma 变化曲线图上,如图 4.6 中 a、b、c 点的连线。连线与最大允许升力系数 $C_{L.a}$ 曲线交点所对应的马赫数为 Ma_{min} ,即图中的 d 点。

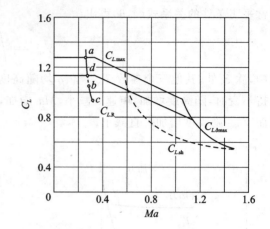

图 4.6 Ma_{min} 的图解确定

最小平飞速度还与发动机可用推力 T_a 有关。一般情况下,高空飞行可用推力下降,V_{min} 会受到 T_a 的限制;在低空飞行时,V_{min} 由最大允许升力系数 $C_{L.a}$ 来确定。

4.1.4   平飞速度范围

各高度最大平飞速度和最小平飞速度的区间构成定常平飞速度范围。定常平飞的速度-高度边界称为飞行包线。

确定定常平飞的边界图,首先将实现定直平飞条件式(4.4)改写成

$$\frac{T_R}{W} - \frac{1}{K} = \frac{T_R - D}{W} = n_x = 0 \qquad (4.13)$$

式中,n_x 称切向过载系数,为飞机上的切向可控力与质量之比。

然后按式(4.13)计算出飞机在每一个高度上不同 Ma 时的 n_x 值,绘成曲线如图 4.7 所示。再令 $n_x = 0$,得出 n_x 曲线与横轴交点,将这些点的坐标标在纵轴为 H、横轴为 Ma 的坐标系内,且连成曲线,即是飞行包线,如图 4.8 所示。最后将 V_{max} 和 V_{min} 限制条件附加上,就得出飞机的可用飞行包线。

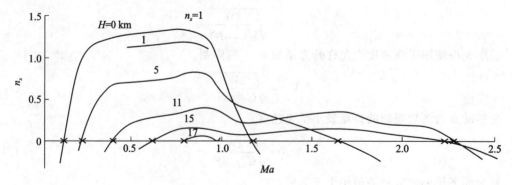

图 4.7   飞机的 $n_x = f(Ma, H)$ 曲线

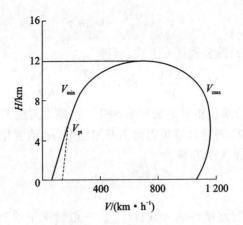

图 4.8 飞机的飞行包线

4.1.5 定常直线上升运动方程

此时速度的大小和方向不变,即 $\mathrm{d}V/\mathrm{d}t=0,\mathrm{d}\gamma/\mathrm{d}t=0$,运动方程式为

$$\begin{cases} T=D+W\sin\gamma \\ L=W\cos\gamma \end{cases}$$

显然,定常直线上升飞行时的升力比定常直线平飞时所需升力小,因而定常直线上升时的阻力 D 也小于定直平飞需用推力 T_R。考虑到定直上升时 γ 角较小,$\cos\gamma\approx1$,为实现定常直线上升,上式可改写成

$$\left.\begin{array}{l} T_a=T_R+W\sin\gamma \\ L=W \end{array}\right\} \tag{4.14}$$

这样就可利用推力曲线图来确定飞机的定常直线上升性能。

4.1.6 定常直线上升运动性能

工程中用上升角 γ、上升率 V_V、升限 H_{max}、上升时间 t_c 和上升水平距离 R_c 来反映定常直线上升运动性能。

1. 上升角 γ 和最大上升角 γ_{max}

由方程式(4.14)可得

$$\gamma=\arcsin\frac{T_a-T_R}{W}=\arcsin\frac{\Delta T}{W}=\arcsin\left(\frac{T_a}{W}-\frac{1}{K}\right) \tag{4.15}$$

式中,$\Delta T=T_a-T_R$ 称为剩余推力。由推力曲线图可得,不同飞行速度下剩余推力不同。飞机用最大剩余推力 ΔT_{max} 爬升,可以获得最大上升角 γ_{max}:

$$\gamma_{max}=\arcsin\frac{\Delta T_{max}}{W}$$

实现最大上升角时的飞行速度称为最陡上升速度 V_γ,该速度与有利速度 V_{opt} 接近。

2. 上升率 V_V 和最大上升率 V_{Vmax}

上升率是指在一定重量和给定发动机工作状态下,飞机进行定常直线上升时在单位时间内上升的高度,也称上升垂直速度,以 V_V 表示。

$$V_v = \frac{\mathrm{d}H}{\mathrm{d}t} = V\sin\gamma$$

将上升角 γ 与剩余推力 ΔT 的公式代入上式,可得

$$V_v = \frac{\Delta T V}{W} = \mathrm{SEP} = \left(\frac{T_a}{W} - \frac{1}{K}\right)V \qquad (4.16)$$

飞机的上升率 V_v 即为单位重量剩余功率 SEP。由推力曲线图上两条曲线的差值可得到某一 Ma 下的剩余推力 ΔT,通过计算可得出上升率随 V、H 的变化规律。每一条曲线最高点代表该高度下能够达到的最大上升率:

$$V_{V.max} = \frac{(\Delta T V)_{max}}{W} \qquad (4.17)$$

实现最大上升率的飞行速度称快升速度 V_{qc}。一般情况下快升速度大于最陡上升速度,即 $V_{qc} > V_\gamma$。

显然,上升率是一项重要的性能指标,尤其是军用飞机。上升率高,表明飞机在空战中能获得高度优势。

由于剩余推力 ΔT 与飞行速度和飞行高度有关,最大上升率 $V_{V.max}$ 一般由曲线的最高点求取,故在工程计算中同样采用图解分析法计算剩余推力。

3. 静升限

理论静升限是指飞机在给定质量和发动机工作状态下维持直线平飞的最大高度,此时最大上升率 $V_{V.max}$ 等于零。理论静升限以 $H_{max.a}$ 表示。

由推力曲线图可知,当高度增加时,发动机可用推力曲线下移,平飞需用推力曲线右移。飞机上升至某一极限高度,可用推力曲线恰与需用推力曲线在某点相切。当相切点达到理论静升限时,剩余推力 $\Delta T = 0$,无机动能力,缺乏实际意义,飞机只能维持等速直线平飞,此时速度在通常情况下接近有利速度 V_{opt}。

由上升率公式可见,若改写成 $\Delta t = \Delta H / V_v$,则当飞机接近理论静升限时,由于 V_v 接近零,上升某一段高度所需时间 Δt 趋于无穷大,这是不现实的。为此又定义实用静升限。

实用静升限定义为飞机以一定的质量和给定的发动机工作状态做等速直线平飞时,歼击机和运输机还分别具有最大上升率为 5 m/s 或 0.5 m/s 时的飞行高度,以 $H_{max.s}$ 表示。

若已给出了如图 4.9 所示的 $V_{V.max}$ 随 H 的变化曲线,则理论静升限 $H_{max.a}$ 和实用静升限 $H_{max.s}$ 根据横坐标即可确定。

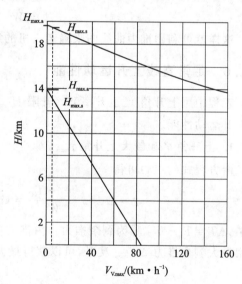

图 4.9 $V_{V.max}$ 随 H 变化的曲线图

4. 上升时间

如果飞机以每个高度上的最大上升率 $V_{V.max}$ 上升,到达预定高度,则上升时间最短。显然上升时间越短,飞机的机动性越好。飞机从海平面($H = 0$)上升到预定高度的最短上升时间可由下式得出:

$$t_{\text{c.min}} = \int_0^H \frac{\mathrm{d}H}{V_{\text{V.max}}} \qquad (4.18)$$

式中，$V_{\text{V.max}}$ 是飞行高度的函数，一般由图解法求出。因此最短上升时间 $t_{\text{c.min}}$ 无解析解，同样采用数值或图解积分法求解。

数值积分法与普通的积分相同，先将 $V_{\text{V.max}}(H)$ 转换成 $1/V_{\text{V.max}}(H)$，如图 4.10 所示，再将高度分成若干个小区段 ΔH，则第 i 个区段上升时间为

$$\Delta t_i = \left(\frac{\Delta H}{V_{\text{V.max}}}\right)_i$$

式中，$1/V_{\text{V.max}}$ 取 i 区段的平均值。当小区段个数趋于无穷多时，各区段 ΔH_i 的梯形面积与式(4.18)的精确积分(图 4.10 曲线与横轴之间的面积)相近，最短上升时间可以用近似各区段上升时间之和代替，即

$$t_{\text{c.min}} = \sum_{i=1}^n \Delta t_i = \sum_{i=1}^n \left(\frac{\Delta H}{V_{\text{V.max}}}\right)_i \qquad (4.19)$$

在工程计算时，只要取有限个区段进行计算就可得到满意的结果。最后可画出上升时间 t 随 H 的变化曲线，如图 4.11 所示。图中直线即为理论静升限。

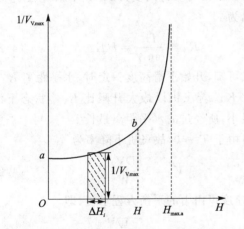
图 4.10　$1/V_{\text{V.max}}$ 随 H 变化的曲线

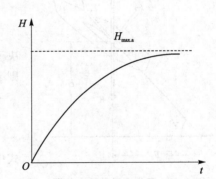
图 4.11　上升时间 t 随 H 变化的曲线

由确定的最短上升时间 $t_{\text{c.min}}$ 可知，飞机应按每个高度的 $V_{\text{V.max}}$ 上升，而与其相对应的飞行速度即快升速度 V_{qc} 也是随高度变化的。因此飞机在上升过程中，有速度梯度存在，即

$$\frac{\mathrm{d}V_{\text{qc}}}{\mathrm{d}H} = \frac{\mathrm{d}V_{\text{qc}}}{\mathrm{d}t}\frac{\mathrm{d}t}{\mathrm{d}H} = \frac{1}{V_{\text{V.max}}}\frac{\mathrm{d}V_{\text{qc}}}{\mathrm{d}t} \qquad (4.20)$$

这就意味着上升过程中有加速度 $\mathrm{d}V_{\text{qc}}/\mathrm{d}t$ 存在，动能不是固定不变的。而确定 $t_{\text{c.min}}$ 时，为了简化计算，$V_{\text{V.max}}$ 按照定常假设确定。对于低亚声速飞机来说，其快升速度 V_{qc} 随高度变化很小，按定常假设确定最短上升时间具有较高的可信度。

5. 上升水平距离

飞机从海平面以最大上升率上升至预定高度所经过的水平距离，称为上升水平距离，用 R_{c} 表示。由运动学方程可得

$$R_{\text{c}} = \int_0^H \cot \gamma \mathrm{d}H \qquad (4.21)$$

式中,上升角 γ 由剩余推力 ΔT 决定,ΔT 随飞行高度改变而改变,所以 γ 也是飞行高度的函数。上升水平距离只能用数值或图解积分求解。

4.1.7 定常下滑运动性能

飞机做倾斜度不大的飞行轨迹向下的飞行,称为下滑,该运动近似于直线。下滑过程中飞行的水平距离、下滑角和下滑时间等变量,能够反映飞机的续航性能和着陆性能。此时的轨迹倾角 $\gamma < 0$。

这里假设飞机的定常下滑是等速直线运动,下滑角不变,此时发动机推力近于零,处于慢车状态,不考虑发动机推力。其运动方程可简化为

$$\left.\begin{array}{l} D = W\sin\gamma \\ L = W\cos\gamma \end{array}\right\} \tag{4.22}$$

即气动力刚好与重力平衡,即 $R = W$,如图 4.12 所示。由图可知下滑角 γ 为

$$\gamma = \arctan\frac{D}{L} = \arctan\frac{C_D}{C_L} = \arctan\frac{1}{K} \tag{4.23}$$

假设开始下滑时飞行高度为 H,则下滑过程中飞行的水平距离为

$$R_d = \frac{H}{\tan\gamma} = HK \tag{4.24}$$

由公式可知,开始下滑高度一定时,水平距离 R_d 取决于升阻比 K。若飞机以最大升阻比 K_{max} 状态下滑,则下滑角最小,所经过的水平距离最长。

下滑时由于 $T_a \approx 0$,故飞机下降率为

$$V_V = -\frac{DV_d}{W} \tag{4.25}$$

式中,下滑速度可由力的平衡方程求得,即

$$V_d = \sqrt{\frac{2W}{C_R\rho S}} \tag{4.26}$$

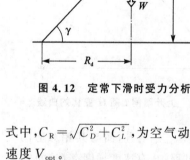

图 4.12 定常下滑时受力分析

式中,$C_R = \sqrt{C_D^2 + C_L^2}$,为空气动力系数。当飞机实现最大升阻比 K_{max} 时,其下滑速度为有利速度 V_{opt}。

计算下滑时间可通过矢量分解,转化为下滑速度水平分量除下滑时经过的水平距离求得

$$t_d = \frac{R_d}{V_d\cos\gamma} \tag{4.27}$$

如果下滑时要考虑发动机推力,则可近似地用 C_D' 代替上述各式中的 C_D 进行计算,即

$$C_D' = C_D - C_T$$

式中,$C_T = 2T_a/\rho V^2 S$。

4.2　续航性能

飞机的续航性能包括航程和续航时间两个方面。对于民用飞机,这两个指标主要反映飞

机能够飞行的距离和时间,影响飞机使用的经济效益。对于军用飞机,航程表示飞机活动范围的大小及远程作战能力的强弱,航程远,则威胁大;续航时间表示飞机一次性空中活动时间的长短,续航时间长,便于空中机动,减少反应时间,降低出动架次。因此续航性能是飞机的重要性能之一,是用于评价飞机性能好坏的主要指标。

4.2.1　航程和续航时间的基本关系式

航程 R 是指飞机携带有效装载,在平静大气中沿给定方向耗尽其可用燃料所飞过的水平距离。

续航时间 t 是指飞机携带有效装载,在平静大气中沿给定方向耗尽其可用燃料所能持续飞行的时间。

飞机沿给定方向航行,包括上升、巡航和下滑三个阶段,如图 4.13 所示。因此航程和续航时间应是三段分别的航程和续航时间之和。巡航段占总数的绝大部分,上升段和下滑段航程、续航时间只占总航程和总续航时间的较少部分,这里仅介绍巡航段的续航性能。

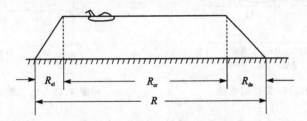

图 4.13　典型的飞机巡航飞行轨迹

计算航程和续航时间时,要明确有关燃油的两个概念,包括可用燃油量和燃油耗油量。首先确定可用燃油量 $Q_{f.a}$,其计算公式为

$$Q_{f.a} = Q_f - (Q_1 + Q_2 + Q_3 + Q_4)$$

式中,Q_f 为飞机总燃油量;Q_1 为地面试车和飞机滑行所消耗的燃油量;Q_2 为着陆航线和着陆时消耗的燃油量;Q_3 为因油箱构造原因不能用尽的剩余燃油量;Q_4 为保证飞行安全的备用燃油量,占总燃油量的 $5\%\sim10\%$。这些燃油量均为质量,故以 kg 计。若涉及副油箱,则耗尽燃料包括副油箱燃料;计算 $Q_{f.a}$ 时,同样考虑副油箱。

此外,确定燃油耗油量,包括小时耗油量和千米耗油量两个数据。小时耗油量 $C_{f.t}$(kg/h)公式为

$$C_{f.t} = c_f i T_i \tag{4.28}$$

式中,i 为飞机上发动机的台数;c_f 为发动机的耗油率[kg/(N·h)];T_i 为每台发动机的推力(N)。

千米耗油量 $C_{f.R}$(kg/km)的公式为

$$C_{f.R} = \frac{C_{f.t}}{V} = \frac{c_f i T_i}{V} \tag{4.29}$$

式中,V 为飞机的飞行速度。

飞机飞行过程中消耗燃油,飞机质量不断减轻,但由于燃油减少的质量相对于飞机的质量很小,所以可以忽略质量的变化,认为飞机做定常水平飞行,即满足升力等于重力,推力等于阻力的条件。又因 $T_a = \eta i T_i$,η 为发动机效率系数,于是 $C_{f.t}$ 和 $C_{f.R}$ 又可表示为

$$C_{f.t} = c_f i T_i = \frac{c_f T_a}{\eta} = \frac{c_f W}{\eta K} \tag{4.30}$$

$$C_{f.R} = \frac{C_{f.t}}{V} = \frac{c_f T_a}{\eta V} = \frac{c_f W}{\eta V K} \tag{4.31}$$

上式表明 $C_{f.t}$ 和 $C_{f.R}$ 将随飞行状态、发动机工作状态和飞机质量的变化而改变。图 4.14 为某发动机的 $C_{f.t}$ 随 H、Ma 变化的曲线,图 4.15 为 $C_{f.R}$ 随 H、Ma 变化的曲线。

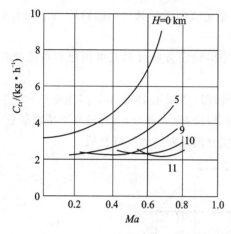

图 4.14 $C_{f.t}$ 随 H、Ma 变化的曲线

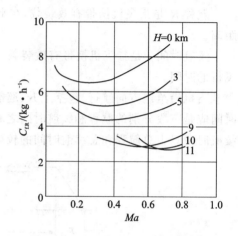

图 4.15 $C_{f.R}$ 随 H、Ma 变化的曲线

可用燃油量及小时耗油量 $C_{f.t}$、千米耗油量 $C_{f.R}$ 决定了飞机巡航段的航程和续航时间。用 V(km/h)表示飞机的飞行速度,将飞行过程划分为诸多小段,则在 dt 时间内消耗燃油量 $dQ_f = C_{f.t} dt$,相应的飞机质量减轻了 dm,即 $dm = -dQ_f$。于是可得在某一小段 dt 的表达式为

$$dt = \frac{dQ_f}{C_{f.t}} = -\frac{dm}{C_{f.t}} = -\frac{dW}{gC_{f.t}} \tag{4.32}$$

飞机经过的水平距离为

$$dR = V dt = -\frac{V dW}{gC_{f.t}} = -\frac{dW}{gC_{f.R}} \tag{4.33}$$

令巡航段开始时飞机重量为 W_1,巡航结束时重量为 W_2,将式(4.30)、式(4.31)代入上式,并在 $W_1 \sim W_2$ 范围内积分,得到巡航段航程和续航时间的基本公式为

$$R_{cr} = -\int_{W_1}^{W_2} \frac{dW}{gC_{f.R}} = \int_{W_2}^{W_1} \frac{\eta V K}{gc_f} \frac{dW}{W} \tag{4.34}$$

$$t_{cr} = -\int_{W_1}^{W_2} \frac{dW}{gC_{f.t}} = \int_{W_2}^{W_1} \frac{\eta K}{gc_f} \frac{dW}{W} \tag{4.35}$$

式中,K、c_f、η 与飞行状态有关,c_f、η 还与发动机的工作状态有关。因此飞行状态和发动机的工作状态会影响巡航段航程的大小和续航时间的长短。

4.2.2 等高等速巡航时的航程和续航时间

1. 给定高度与速度的航程和续航时间

在高度 H 和速度 V 都给定时,发动机效率系数 η 是 Ma、H 的函数,不会随着燃油的消耗而发生改变;但燃油消耗降低飞机的质量,为满足定常平飞要求,升阻比 K 和耗油率 c_f 应随质

量的变化而改变。此时基本关系式(4.34)、式(4.35)无法通过解析法求得,通常采用数值积分或图解积分法。

图解积分法的具体步骤如下:

① 将飞行重量由 $W_1 \sim W_2$ 分成若干区间,对每一区间重量采用平均重量 W_{av} 计算;

② 从标准大气表查得给定高度上的密度 ρ 和声速 c,计算 $Ma = V/c$;

③ 按 $W = C_L \frac{1}{2} \rho V^2 S$ 确定每一个 W 值下的 C_L;

④ 利用飞机极曲线,确定与 C_L 和 Ma 对应的 C_D,计算 $K = C_L/C_D$;

⑤ 计算平飞需用推力 $T_R = W/K$;

⑥ 根据发动机的工作状态,利用推力有效系数曲线确定 η,计算发动机推力 $T = T_R/\eta$;

⑦ 由发动机油门特性曲线(见图 4.16),查出对应 H、Ma,推力的耗油率 c_f 和相应的转速 n;

⑧ 画出每一个 W 值下的 $\dfrac{\eta VK}{g c_f W}$ 和 W 曲线,见图 4.17;

⑨ 按比例近似估算图 4.17 中阴影线内面积,即得所求航程 R_{cr};

⑩ 由于飞行速度 V 为常值,比较式(4.34)和式(4.35)可知,巡航段的续航时间可直接由公式 $t_{cr} = R_{cr}/V$ 算出。

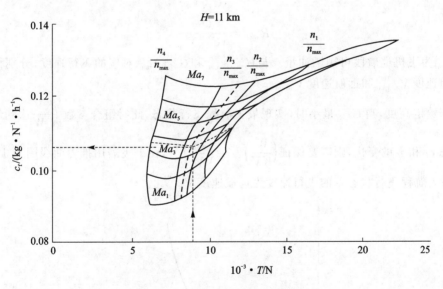

图 4.16 某发动机油门特性曲线

图 4.17 给出了 $\dfrac{\eta VK}{g c_f W}$ 和 W 的关系曲线图。

为了实现给定高度、给定速度的巡航飞行,随燃油消耗,飞行质量不断减轻,为了满足定常直线平飞,升阻比 K 和耗油率 c_f 需要不断变化,驾驶员应缓慢地推杆减小迎角,同时逐渐降低发动机转速以减小推力,使飞机保持力的平衡。因此严格保持给定高度、速度飞行,是比较困难的。

2. 久航速度和远航速度

上述方法求得的航程和续航时间并不是最大值,而最大航程和续航时间能够更准确地反映飞机的飞行性能,由此涉及到飞行高度和飞行速度的最优解。从图 4.14 和图 4.15 可见,每

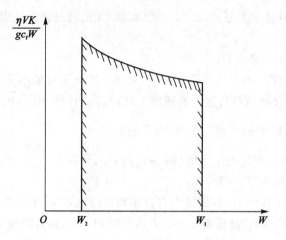

图 4.17　确定巡航段航程示意图

一个飞行高度小时耗油量 $C_{f.t}$ 和千米耗油量 $C_{f.R}$，都有一个最小量 $(C_{f.t})_{min}$ 和 $(C_{f.R})_{min}$。给定高度上的最久续航时间(h)和最大航程(km)，可以近似按下式确定，即

$$t_{max} = \frac{Q_{f.a}}{(C_{f.t})_{min}} \tag{4.36}$$

$$R_{max} = \frac{Q_{f.a}}{(C_{f.R})_{min}} \tag{4.37}$$

式中，$Q_{f.a}$ 为飞机巡航段可用燃油量。与 $(C_{f.t})_{min}$ 和 $(C_{f.R})_{min}$ 对应的飞行速度，分别称为该高度的久航速度 $V_{t.max}$ 和远航速度 $V_{R.max}$。

对于给定高度，当 $C_{f.R}$ 最小时，实现最大航程飞行状态，此时组合参数 $\frac{\eta KV}{gc_f W}$ 达到最大。如果不考虑 c_f 和 η 的变化，则需要保证 $\left(\frac{W}{KV}\right)_{min} = \left(\frac{T_R}{V}\right)_{min}$，在平飞需用推力曲线图 4.18 上对应 a 点。最大航程飞行状态下的飞行速度为远航速度 $V_{R.max}$。

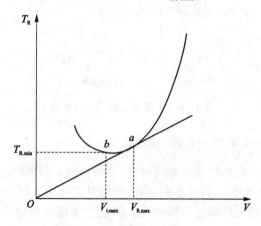

图 4.18　平飞需用推力曲线上对应久航和远航速度

对于给定高度，当 $C_{f.t}$ 最小时，实现最久续航时间飞行状态，此时组合参数 $\frac{\eta K}{gc_f W}$ 达到最

大。如果不考虑 c_f 和 η 的变化,则需使得 K 为最大值,对应的 W/K 最小,即平飞需用推力 T_R 为最小($T_{R.min} = W/K_{max}$),见图 4.18 上的 b 点。可见飞机的最久续航时间飞行状态就是有利飞行状态,久航速度 $V_{t.max}$ 即为有利速度 V_{opt}。

3. 久航高度和远航高度

由图 4.14 和图 4.15 可知,$C_{f.R}$ 和 $C_{f.t}$ 在不同高度下的变化曲线最低点 $(C_{f.R})_{min}$ 和 $(C_{f.t})_{min}$ 的值不同。同样,不同的高度下,R 和 T 的最大值 R_{max} 和 T_{max} 也不相同。因此在求取一定高度和速度下的最大可能航程和最大可能续航时间时,首先要计算 R_{max} 和 T_{max} 随高度的变化曲线,然后求出最大值,如图 4.19 所示。图中 E、F 两点为两条曲线对应横轴的最大值,两点的横坐标即为最大可能航程 $R_{max.max}$ 和最大可能续航时间 $T_{max.max}$,纵坐标分别为远航高度 $H_{R.max}$ 和久航高度 $H_{t.max}$。

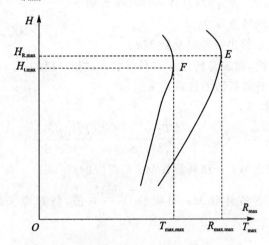

图 4.19　确定给定高度、速度下的最大航程

4.2.3　飞机的最佳续航性能

为了实现最大航程和最久续航时间,飞机的飞行高度和速度需要保持为远航高度和久航速度。同时,为了满足巡航飞行时的平衡条件,需要实时改变发动机的转速和飞机的升阻比,以抵消燃油消耗改变飞机质量带来的影响。此时航程和续航时间基本公式中的组合参数 $\dfrac{\eta K V}{c_f}$ 和 $\dfrac{\eta K}{c_f}$ 不可能始终保持最大值,飞机气动效率和发动机经济效益会相应降低,飞机不能实现最有利状态。因此,根据质量变化调整巡航飞行中飞机的高度,同时选取最有利的飞行速度,可能获得更大的航程和续航时间。

对于安装涡轮喷气发动机的飞机,一般的巡航高度超过 11 km,此高度为同温层,空气温度不随高度变化而改变,发动机耗油率 c_f 和发动机效率系数 η 只受转速 n 和马赫数 Ma 的影响,即

$$c_{f.H} = c_{f.11} = f_1(n, Ma) \tag{4.38}$$

$$\eta_H = \eta_{11} = f_2(n, Ma) \tag{4.39}$$

根据巡航飞行时等速平飞的条件,由于 T_R 和 L 均与密度 ρ 成正比,故飞机升阻比也只受转速 n 和马赫数 Ma 的影响,即

$$K = \frac{L}{T_R} = f_3(n, Ma) \tag{4.40}$$

通过积分,可以得出在给定转速 n 和马赫数 Ma 时,航程和续航时间的基本关系式

$$R = \frac{\eta_{11} KMa}{g c_{f.11}} c_{11} \ln \frac{W_1}{W_2} \tag{4.41}$$

$$t = \frac{\eta_{11} K}{g c_{f.11}} \ln \frac{W_1}{W_2} \tag{4.42}$$

当组合参数 $\frac{\eta_{11} KMa}{c_{f.11}}$ 和 $\frac{\eta_{11} K}{c_{f.11}}$ 取最大值时,达到最佳航程和续航时间。转速 n 和马赫数 Ma 影响该组合参数的大小,因此可以将计算最大航程和续航时间问题转化为选取最有利转速 n 和最有利马赫数 Ma,二者等效,具体的计算步骤如下:

① 给定一组发动机的转速 n。

② 对应每一个转速 n 给出一组马赫数 Ma。

③ 由发动机特性曲线,确定与转速 n 和马赫数 Ma 相对应的 $T_{i.11}$ 和 $c_{f.11}$。

④ 估算或利用推力有效系数曲线确定 η_{11}。

计算 C_D,计算公式如下:

$$C_D = \frac{2T_{a.11}}{\rho_{11} c_{11}^2 Ma^2 S} = \frac{2i T_{i.11} \eta_{11}}{\rho_{11} c_{11}^2 Ma^2 S} \tag{4.43}$$

利用飞机极曲线,确定与 C_D 和马赫数 Ma 相对应的 C_L,用 C_L 与 C_D 相除,计算 K。

计算每一个转速 n 下马赫数 Ma 对应的 $\frac{\eta_{11} KMa}{c_{f.11} g}$ 值,将对应关系用曲线族 $\frac{\eta_{11} KMa}{c_{f.11} g} = (n, Ma)$ 表示(见图4.20)。

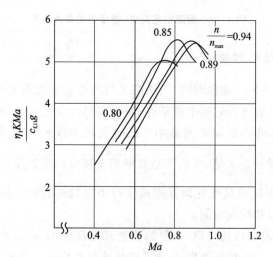

图 4.20 $\dfrac{\eta_{11} KMa}{c_{f.11} g}$ 和 Ma 的关系曲线图

找出每一个转速 n 在 $\frac{\eta_{11} KMa}{c_{f.11} g}$ 和 Ma 关系曲线上的最大值 $\left(\dfrac{\eta_{11} KMa}{c_{f.11} g}\right)_{max}$ 和相应的远航马赫数 $Ma_{R.max}$,并绘制 $\left(\dfrac{\eta_{11} KMa}{c_{f.11} g}\right)_{max}$ 和 $\dfrac{n}{n_{max}}$ 的关系曲线,以及 $Ma_{R.max}$ 和 $\dfrac{n}{n_{max}}$ 的关系曲线(见图4.21)。

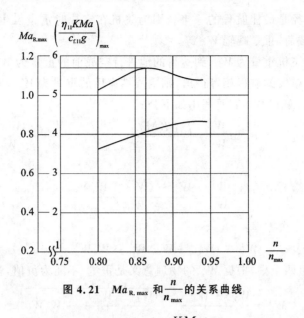

图 4.21　$Ma_{\text{R.max}}$ 和 $\dfrac{n}{n_{\text{max}}}$ 的关系曲线

由 $\left(\dfrac{\eta_{11}KMa}{c_{\text{f.11}}g}\right)_{\max}$ 和 $\dfrac{n}{n_{\max}}$ 的关系曲线,求出 $\left(\dfrac{\eta_{11}KMa}{c_{\text{f.11}}g}\right)_{\max,\max}$ 的值和对应的转速 $n_{\text{R.max}}$。该转速为远航转速,即为实现最佳航程所选定的转速。

再由 $Ma_{\text{R.max}}$ 和 $\dfrac{n}{n_{\max}}$ 的关系曲线,按选定的 n 求出 $Ma_{\text{R.max}}$ 的值。该马赫数 Ma 就是实现最佳航程的 Ma。

求解巡航段最佳航程,计算公式如下:

$$R_{\max,\max}=\left(\frac{\eta_{11}KMa}{c_{\text{f.11}}g}\right)_{\max,\max}c_{11}\ln\frac{W_1}{W_2} \tag{4.44}$$

飞机在最佳远航 $Ma_{\text{R.max}}$ 和 $n_{\text{R.max}}$ 下巡航飞行,飞行高度不受限制,随着燃油的消耗,飞机质量逐渐减轻,某一时刻的飞行高度可按平衡条件升力等于重力确定,即

$$\rho_H=\frac{2W}{C_L c_{11}^2 Ma_{\text{R.max}}^2 S} \tag{4.45}$$

根据 C_D 和 $Ma_{\text{R.max}}$ 的值,可以从极曲线上确定 C_L 的值。根据 ρ_H,通过查询记录密度和高度关系的标准大气表,可得到该时刻的飞行高度。由于燃油消耗,使总质量减轻,使得 ρ_H 逐渐减小,密度越低,对应的高度越高。飞行员在不进行任何操作时,飞机将做等速变高的飞行。

类似地,可求得最佳航时为

$$t_{\max,\max}=\left(\frac{\eta_{11}K}{c_{\text{f.11}}g}\right)_{\max,\max}\ln\frac{W_1}{W_2} \tag{4.46}$$

对应的转速 $n_{\text{t.max}}$ 称为久航转速,对应的 $Ma_{\text{t.max}}$ 称为最佳久航马赫数。

4.2.4　最大活动半径

在无风的情况下,飞机加足燃油起飞,沿给定航线飞行,中途不着陆,不进行空中加油,完成任务后飞回原机场,所能达到的最远单程距离称为最大活动半径。最大活动半径体现了飞机远航作战范围的大小,军用战机从机场起飞,到达目的地完成任务后还需返回机场,但这并

不意味着最大活动半径是最佳航程的一半。因为飞机在空战时重量发生了变化：消耗燃油，重量减轻 $W_{f.c}$；投掷载荷，重量减轻 W_b 等。

设巡航段开始时飞机重量为 W_1，到达目的地进行空战前的重量为 W_x，该重量未知，可由出航巡航段和返航巡航段的航程相等得出，则空战结束后的重量为 $W_x-(W_{f.c}+W_b)$，返航巡航段结束重量为 W_2。求解 W_x 需要利用如下公式：

$$\left(\frac{\eta_{11}KMa}{c_{f.11}g}\right)_{max.max} c_{11}\ln\frac{W_1}{W_x}=\left(\frac{\eta_{11}KMa}{c_{f.11}g}\right)_{max.max} c_{11}\ln\frac{W_x-(W_{f.c}+W_b)}{W_2} \tag{4.47}$$

因此有

$$\frac{W_1}{W_x}=\frac{W_x-(W_{f.c}+W_b)}{W_2} \tag{4.48}$$

由此得到关于 W_x 的二次方程：

$$W_x^2-(W_{f.c}+W_b)W_x-W_1W_2=0$$

解此方程，会得到正负两个根，根据 W_x 的物理意义是重量，不能为负值，舍去负根，得

$$W_x=\frac{W_{f.c}+W_b}{2}+\sqrt{\frac{(W_{f.c}+W_b)^2}{4}+W_1W_2} \tag{4.49}$$

由上式可得最大活动半径为

$$r_{max}=\left(\frac{\eta_{11}KMa}{c_{f.11}g}\right)_{max.max} c_{11}\ln\frac{W_1}{W_2}=$$
$$\left(\frac{\eta_{11}KMa}{c_{f.11}g}\right)_{max.max} c_{11}\ln\frac{W_1}{\frac{W_{f.c}+W_b}{2}+\sqrt{\frac{(W_{f.c}+W_b)^2}{4}+W_1W_2}} \tag{4.50}$$

当 $W_{f.c}+W_b=0$ 时，r_{max} 恰为航程的一半。

按上式算出的结果，是巡航段的活动半径，最大实际活动半径还应考虑上升段和下滑段飞行的水平距离。

4.2.5 风对续航性能的影响

有风时，设风速为 V_w，地速为 V，空速 V_a 与地速之间的夹角为 φ，风速与地速之间的夹角为 χ，则地速和空速的关系如图4.22所示。地速 V 等于空速 V_a 和风速 V_w 的矢量和，即

$$V=V_a+V_w$$

作用在飞机上的气动力和推力受空速的影响。

航程反映飞机相对地面所飞过的水平距离，航程大小与地速有关。由于地速 V 等于空速 V_a 和风速 V_w 矢量相加，即使飞行高度 H 和飞行马赫数 Ma 保持不变，发动机工作状态一定，顺风、逆风时的航程也不一样。

续航时间反映的是飞机在空中飞行的时间，不涉及飞机相对地面的运动。风速对续航时间不产生影响，只要飞机飞行高度 H 和飞行马赫数 Ma 保持不变，并且发动机工作状态一定，航时就不会改变。

有风时的千米耗油量由下式确定，即

$$(C_{t.R})_w=\frac{C_{f.t}}{V}$$

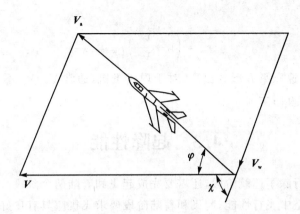

图 4.22　有风时空速 V_a 和地速 V 之间的关系

式中,地速 $V = V_a \cos \varphi + V_w \cos \chi$。顺风飞行时,风向与飞行方向一致,即 $V = V_a + V_w$;逆风飞行时,风向与飞行方向相反,即 $V = V_a - V_w$。

有风时的航程一般表达式为

$$R_w = \int_{w_2}^{w_1} \frac{dW}{(C_{f.R})_w} = \int_{w_2}^{w_1} \frac{V dW}{C_{f.t}} \tag{4.51}$$

显然,与无风情况相比,顺风时地速比空速大,相应的航程比无风时大。同理,逆风时的航程相对较小。

下面讨论风速对活动半径 r 产生的影响。假设飞机出航和返航时,风的速度大小和方向保持不变,同为顺风或逆风,并认为无风时的千米耗油量仅与飞行重量成正比,即 $C_{f.R} = AW$,其中 A 为常数,则有风时的飞机千米耗油量在出航和返航时应分别为

$$(C_{f.R})_{hw} = \frac{C_{f.t}}{V_a - V_w} = C_{f.R} \frac{V_a}{V_a - V_w} = \frac{AW}{1 - \frac{V_w}{V_a}} \tag{4.52}$$

$$(C_{f.R})_{tw} = \frac{C_{f.t}}{V_a + V_w} = C_{f.R} \frac{V_a}{V_a + V_w} = \frac{AW}{1 + \frac{V_w}{V_a}} \tag{4.53}$$

根据飞机活动半径定义,出航和返航航程相等。不考虑耗油重量 $W_{f.c}$ 和投掷载荷重量 W_b 的影响,则

$$\int_{W_x}^{W_1} \frac{dW}{(C_{f.R})_{hw}} = \int_{W_2}^{W_x} \frac{dW}{(C_{f.R})_{tw}} \tag{4.54}$$

将式(4.52)和式(4.53)代入,并积分得

$$W_x = W_1^{\frac{1}{2}\left(1 - \frac{V_w}{V_a}\right)} W_2^{\frac{1}{2}\left(1 + \frac{V_w}{V_a}\right)} \tag{4.55}$$

于是有风时的飞机活动半径为

$$r_w = \frac{0.5}{A}\left(1 - \frac{V_w^2}{V_a^2}\right) \ln \frac{W_1}{W_2} \tag{4.56}$$

在同样假设条件下,无风时的飞机活动半径为

$$r_{w=0} = \frac{0.5}{A} \ln \frac{W_1}{W_2}$$

由此可得

$$r_{\mathrm{w}} = \left(1 - \frac{V_{\mathrm{w}}^2}{V_{\mathrm{a}}^2}\right) r_{\mathrm{w}=0} \qquad (4.57)$$

上式表明,由于风速以平方形式出现,对于现代飞机,通常 $V_{\mathrm{w}}/V_{\mathrm{a}}$ 不大,故风对活动半径的影响较小,且与风的方向无关。

4.3 起降性能

飞机完成一次飞行除了巡航阶段,还需要完成起飞和着陆两个阶段。因此,如同巡航阶段要求飞机具有良好的空中飞行性能,起飞和着陆阶段要求飞机应具有良好的起飞和着陆性能,否则将会给飞机的飞行带来安全隐患。

飞机的起落性能包括起飞性能和着陆性能。其中起飞性能主要包括起飞距离、起飞时间和离地速度;着陆性能主要包括着陆距离、着陆时间和接地速度。起落性能是飞机的主要性能指标之一,能够反映飞机起降条件和对机身的要求。若起飞和着陆距离过长,则要求机场范围变大;同时,离地速度、接地速度太高,也会导致飞机起飞滑跑距离增加,这两个速度还对起落架结构有要求,速度过快不利于安全起降。特别是现代飞机飞行速度快、翼载 W/S 的增大,使得飞机起落距离和接地速度大大增加,起落性能趋于恶化。

影响飞机起落阶段的因素与飞机空中运动时不同。在地面滑跑时,飞机与地面相互作用,运动受到地面的影响,机轮受到地面的支撑力和摩擦力;整个运动是接地或贴近地面飞行,地面效应和飞机构形如起落架、襟翼带的存在,会影响气流的形状,进而飞机气动力发生改变。

4.3.1 起飞性能

起飞阶段是指飞机从静止准备离开地面,到开始滑跑,上升至某一安全高度的过程。该过程所经过的水平距离和所需时间称为起飞距离和起飞时间。安全高度应根据机场四周的障碍物来选取,一般为 15 m 或 25 m。

现代飞机由于推重比 T/W 较大,能够提供较大的过载,飞机能够经过地面滑跑离地后直接加速上升,因此起飞过程分为地面加速滑跑和空中加速上升两个阶段,如图 4.23 所示。开始时飞机三轮着地滑跑,速度由零逐渐增大,当速度增大到 $0.7\sim0.9$ 倍的离地速度 V_{lo} 时,驾驶员操纵飞机抬起前轮,然后保持两主轮着地继续加速滑跑,此时迎角 α 变大,升力增加,地面的支撑力降低。随着速度的增加,飞机升力迅速增加,当速度达到离地速度 V_{lo} 时,升力等于飞机重力,地面与飞机虽然接触,但支撑力为零,主轮离开地面,飞机加速滑跑阶段结束,进入空中加速阶段;当离地一定高度时,收起落架以减小阻力;继续加速上升至安全高度,收起襟翼,起飞过程结束。

1. 地面滑跑距离和时间

飞机在地面滑跑中的受力分解如图 4.24 所示。根据牛顿力学定律,可以写出滑跑时的运动方程

$$\left.\begin{array}{l} \dfrac{W}{g}\dfrac{\mathrm{d}V}{\mathrm{d}t} = T_{\mathrm{a}} - D - F \\ N = W - L \end{array}\right\} \qquad (4.58)$$

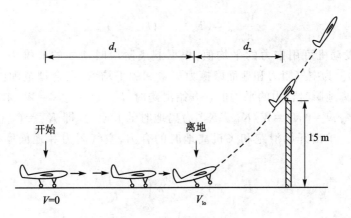

图 4.23　飞机的起飞过程

式中，N 为地面支撑力；F 为地面摩擦力，$F = fN$。

根据上述关系式，可将方程式（4.58）中的第一式改写为

$$\frac{1}{g}\frac{\mathrm{d}V}{\mathrm{d}t} = \frac{T_a}{W} - f - \frac{\rho V^2 S}{2W}(C_D - fC_L)$$

（4.59）

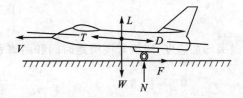

图 4.24　起飞滑跑时飞机的受力情况

积分上式，可以得到起飞滑跑时间 t_1：

$$t_1 = \frac{1}{g}\int_0^{V_{lo}} \frac{\mathrm{d}V}{\dfrac{T_a}{W} - f - \dfrac{\rho V^2 S}{2W}(C_D - fC_L)}$$

（4.60）

因为 $\mathrm{d}d = V\mathrm{d}t$，所以起飞滑跑距离 d_1 为

$$d_1 = \frac{1}{2g}\int_0^{V_{lo}} \frac{\mathrm{d}V^2}{\dfrac{T_a}{W} - f - \dfrac{\rho V^2 S}{2W}(C_D - fC_L)}$$

（4.61）

在式（4.60）和式（4.61）中，滑跑时间 t_1 和滑跑距离 d_1 是以速度为自变量的函数，无法求出解析解，只能用图解积分法或数值积分法求解。摩擦系数 f 的大小，主要取决于跑道表面的情况。一般数值见表 4.1。

表 4.1　地面摩擦系数数值表

表面状况	最小值 $f_{\min}$	平均值 f_{av}
干水泥地面	0.02	0.03～0.04
湿水泥地面	0.03	0.05
干硬草地面	0.035	0.07～0.10
湿草地面	0.060	0.10～0.12
覆雪覆冰地面	0.02	0.10～0.12

为了简化计算，在误差允许的范围内，近似认为整个滑跑过程为匀加速运动。平均加速度 a_{av} 可用作用在飞机的合力平均值沿速度方向的分量确定，即

$$\frac{W}{g} a_{av} = (T_a)_{av} - (D + F)_{av} \tag{4.62}$$

式中，$(T_a)_{av}$ 为发动机可用推力的平均值，根据起飞阶段时地面的静推力 T_0 确定，一般取 $0.9T_0$。$(D + F)_{av}$ 为空气阻力和地面摩擦力矢量和的平均值，在合理范围内，可取开始滑跑瞬时合力和飞机离地瞬时合力的平均值。开始滑跑时，$L = D = 0，N = W$，则 $F = fW$；飞机离地时，$L = W，F = fN = 0，D = W/K_{lo}$。$K_{lo}$ 为离地时的升阻比，即 $K_{lo} = C_{L.lo}/C_{D.lo}$ 可由起飞状态极曲线确定。求出开始滑跑和飞机离地时的合力，空气阻力和地面摩擦力合力的平均值为

$$(D + F)_{av} = \frac{1}{2} W \left(f + \frac{1}{K_{lo}} \right) \tag{4.63}$$

将上式代入式(4.62)，并令 $f' = \frac{1}{2} \left(f + \frac{1}{K_{lo}} \right)$，则平均加速度为

$$a_{av} = \left[\frac{(T_a)_{av}}{W} - f' \right] g \tag{4.64}$$

根据平均加速度，飞机起飞滑跑时间和距离表达式如下：

$$t_1 = \frac{V_{lo}}{a_{av}} = \frac{1}{g} \frac{V_{lo}}{(T_a)_{av}/W - f'} \tag{4.65}$$

$$d_1 = \frac{V_{lo}^2}{2a_{av}} = \frac{1}{2g} \frac{V_{lo}^2}{(T_a)_{av}/W - f'} \tag{4.66}$$

考虑到现代高速飞机，由于推重比 T/W 和翼载荷 W/S 较大，可以忽略式(4.61)和式(4.62)中的气动力部分，使用发动机可用推力平均值，则滑跑时间和距离的表达式为

$$t_1 = \frac{1}{g} \frac{V_{lo}}{(T_a)_{av}/W - f} \tag{4.67}$$

$$d_1 = \frac{1}{2g} \frac{V_{lo}^2}{(T_a)_{av}/W - f} \tag{4.68}$$

2. 离地速度 V_{lo}

在离地时，飞机的法向平衡方程为

$$W = L + T_a \sin(a_{lo} + \varphi) \tag{4.69}$$

由上式可得离地速度为

$$V_{lo} = \sqrt{\frac{2[W - T_a \sin(a_{lo} + \varphi)]}{\rho S C_{L.lo}}} \tag{4.70}$$

离地速度与可用推力 T_a 有关，而后者是速度的函数，所以只能用图解积分法或数值积分法求解。当飞机迎角不大时，推力沿法向的分量较小，可近似认为离地时重力与升力平衡，则上式可简化为

$$V_{lo} = \sqrt{\frac{2W}{\rho S C_{L.lo}}} \tag{4.71}$$

式中，$C_{L.lo}$ 为离地时飞机的升力系数。对于一般飞机可取 $\alpha_{lo} = \alpha_{sh}$，$\alpha_{sh}$ 为飞机抖动迎角，这时 $C_{L.lo} = C_{L.sh} = (0.8 \sim 0.9)C_{L.max}$。对于大迎角飞机，$\alpha_{sh}$ 会增加，为保证飞机的安全，离地迎角 α_{lo} 不应大于护尾迎角 α_{pt}。护尾迎角 α_{pt} 定义为保证飞机机尾距离地面 $0.2 \sim 0.3$ m 高时的飞机的迎角，如图 4.25 所示。

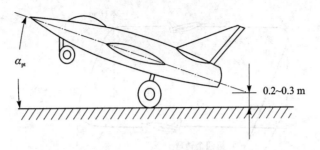

图 4.25　飞机护尾迎角的确定

3. 加速上升段距离和时间

飞机离地后加速上升的运动认为近似于直线运动,且轨迹倾角 γ 不大,$\cos \gamma \approx 1$,故可认为水平距离近似等于空中飞行轨迹的长度。上升过程中剩余推力 $\Delta T = T_a - D$ 变化量较小,用平均值替代。根据能量守恒定律,飞机在 15 m 高度上具有的总能量应等于飞机离地时的动能加上平均剩余推力 $(\Delta T)_{av} = (T_a - D)_{av}$ 在上升过程所做的功,即

$$\frac{W}{2g}V_H^2 + 15W = \frac{W}{2g}V_{lo}^2 + (\Delta T)_{av}d_2 \tag{4.72}$$

式中,V_H 为上升至安全高度时飞机的瞬时速度。由此可分别求加速上升段距离和时间为

$$d_2 = \frac{W}{(\Delta T)_{av}}\left(\frac{V_H^2 - V_{lo}^2}{2g} + 15\ \text{m}\right) \tag{4.73}$$

$$t_2 = \frac{d_2}{V_{av}} \tag{4.74}$$

式中,$(\Delta T)_{av} = \frac{1}{2}\left[(T_{a.lo} - D_{lo}) + (T_{a.H} - D_H)\right]$,$V_{av} = \frac{1}{2}(V_H + V_{lo})$。其中 $T_{a.lo}$ 和 $T_{a.H}$ 由可用推力曲线确定;D_{lo} 由考虑地面效应的起飞极曲线确定;D_H 则由不考虑地面效应的起飞极曲线确定。

飞机的起飞距离和时间应分别为地面滑跑段和加速上升段距离的和以及时间的和,即

$$d_{to} = d_1 + d_2$$
$$t_{to} = t_1 + t_2$$

4.3.2　着陆性能

飞机临近机场为了防止碰撞,不能随意降落,着陆前,必须飞一个被称作起落航线的矩形状航线,起落航线包括五部分:离场边、侧风边、下风边、基线边、进场边,如图 4.26 所示。

一般在第二至第三转弯间放下起落架,在第三至第四转弯间飞机以一定速度下降并放下襟翼。飞机改出第四转弯后的高度一般不低于 200 m,然后对准跑道着陆点,下滑至安全高度。由此开始着陆。

飞机从安全高度处下滑过渡到地面滑跑,直到完全停止运动的整个减速运动过程,称为着陆。

着陆过程和起飞过程相似,也划分为两个阶段,包括下滑减速阶段和着陆滑跑阶段,如图 4.27 所示。飞机下降至安全高度开始下滑减速阶段,发动机以慢车工作状态直线下滑,至离地 5~8 m,驾驶员通过操纵杆将飞机改平,至机轮离地 1 m 左右,保持减速平飞,升力随着

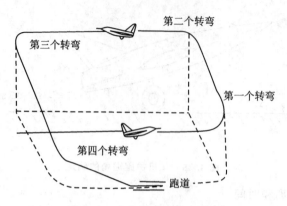

图 4.26 飞机着陆的四个转弯

速度降低而减小,直到升力不能维持飞行状态,飞机自行飘落,以主轮接地结束下滑减速阶段。着陆滑跑阶段,飞机接地后首先保持两点滑跑状态,当速度减到一定程度时,驾驶员推杆使前轮着地,进行三点滑跑,同时使用刹车减速,直到飞机速度降为零。

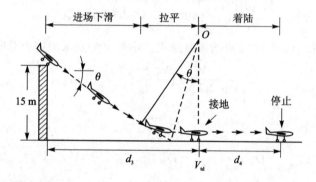

图 4.27 飞机的着陆过程

一般将飞机着陆过程经过的水平距离和时间,称为着陆距离和着陆时间,用来衡量、评价飞机的着陆性能。

1. 进场速度和接地速度

进场速度是指飞机着陆前下滑至安全高度处的瞬时速度。一般比接地速度 V_{td} 大 $20\%\sim30\%$,即

$$V_H = (1.2 \sim 1.3)V_{td} \tag{4.75}$$

接地速度 V_{td} 是指着陆过程中飞机主轮接地时的速度。该速度要比升力平衡重量所需速度略小一些。可用下式表示,即

$$V_{td} = K_1 \sqrt{\frac{2W}{\rho S C_{L.td}}} \tag{4.76}$$

式中,K_1 为速度修正系数,一般为 $0.9 \sim 0.95$;$C_{L.td}$ 为接地时升力系数。

在同等加速度下,接地速度 V_{td} 越小,着陆距离越短,为此 $C_{L.td}$ 应尽可能大。但 $C_{L.td}$ 要受到防止抖振的 $C_{L.sh}$、护尾迎角的 $C_{L.pt}$ 和平尾最大上偏角的 $C_{L.\delta max}$ 条件的限制,为安全起见,应取三者中的最小值。

2. 下滑减速段距离和时间

整个下滑减速段下滑角 γ 不大,可将下滑减速段的水平距离近似等于飞机所经过的路

程。此时发动机处于慢车工作状态，可取 $T_a \approx 0$。气动阻力取平均值 $D_{av} = \dfrac{1}{2}(D_{td} + D_H)$，其中 D_H 为安全高度处的阻力。按能量守恒定律有

$$\frac{W}{2g}V_H^2 + 15W = \frac{W}{2g}V_{td}^2 + D_{av}d_3 \tag{4.77}$$

由上式解得下滑减速段的水平距离为

$$d_3 = \frac{W}{D_{av}}\left(\frac{V_H^2 - V_{td}^2}{2g} + 15 \text{ m}\right) \tag{4.78}$$

考虑到下滑轨迹角 γ 不大，则 $L \approx W$，故 $\dfrac{W}{D_{av}} = \dfrac{L}{D_{av}} \approx K_{av}$。由此可得下滑减速距离和时间为

$$d_3 = \frac{W}{D_{av}}\left(\frac{V_H^2 - V_{td}^2}{2g} + 15 \text{ m}\right) \tag{4.79}$$

$$t_3 = \frac{d_3}{V_{av}} \tag{4.80}$$

式中，$K_{av} = \dfrac{1}{2}(K_H + K_{td})$，$V_{av} = \dfrac{1}{2}(V_H + V_{td})$。其中 K_H 和 K_{td} 分别为 $H = 15 \text{ m}$ 处的升阻比和飞机主轮接地时的升阻比。

3. 着陆滑跑距离和时间

着陆滑跑距离和时间主要由摩擦力决定，假设整个着陆滑跑阶段的合力相等。该假设主要是因为着陆滑跑段分为主轮滑跑和三轮滑跑两部分，主轮滑跑时间很短，在同样速度下，主轮滑跑时迎角大，相应的阻力也大；三轮滑跑时，迎角小，阻力也小。但主轮滑跑不使用刹车，摩擦力较小，三轮滑跑使用刹车，摩擦力较大。故可认为这两段的阻力加上摩擦力之和近似相等。因此可把整个滑跑过程近似为三轮滑跑。飞机在着陆滑跑中的受力情况与起飞滑跑状态相同，着陆时可用推力可近似为 $T_a = 0$。相应的运动方程为

$$\left.\begin{array}{l} \dfrac{W}{g}\dfrac{dV}{dt} = -D - F \\[2mm] N = W - L \end{array}\right\} \tag{4.81}$$

式中，N 为地面支撑力；F 为地面摩擦力，$F = fN$。

类似于起飞滑跑，上式中第一式可改写为

$$\frac{1}{g}\frac{dV}{dt} = -\left[f + \frac{\rho V^2 S}{2W}(C_D - fC_L)\right] \tag{4.82}$$

积分上式，可得着陆滑跑时间：

$$t_4 = \frac{1}{g}\int_0^{V_{td}} \frac{dV}{f + \dfrac{\rho V^2 S}{2W}(C_D - fC_L)} \tag{4.83}$$

因 $dd = Vdt$，故相应的着陆滑跑距离为

$$d_4 = \frac{1}{2g}\int_0^{V_{td}} \frac{dV^2}{f + \dfrac{\rho V^2 S}{2W}(C_D - fC_L)} \tag{4.84}$$

若进一步假设滑跑过程为匀减速运动，其平均减速度可以类似于起飞滑跑做匀加速运动

时的处理方法,得出

$$a_{\text{av}} = -\frac{g}{2}\left(f + \frac{1}{K_{\text{td}}}\right) \tag{4.85}$$

式中,K_{td} 为接地时飞机的升阻比。着陆滑跑距离和时间的求解公式为

$$d_4 = -\frac{V_{\text{td}}^2}{2a_{\text{av}}} = \frac{V_{\text{td}}^2}{g\left(f + \frac{1}{K_{\text{td}}}\right)} \tag{4.86}$$

$$t_4 = -\frac{V_{\text{td}}}{a_{\text{av}}} = \frac{2V_{\text{td}}}{g\left(f + \frac{1}{K_{\text{td}}}\right)} \tag{4.87}$$

由上式可见,减小 V_{td} 和 K_{td},并增大 f,使得摩擦力增大,可以缩短着陆滑跑距离和时间。具体到工程实际,减小 V_{td} 和 K_{td} 的方法是通过打开飞机襟翼和减速板,增大接地时的升力系数,同时增加迎面阻力。利用刹车,可增大 f。此外,着陆时还可使用减速伞以增大阻力。

飞机着陆距离和时间应分别为下滑减速段和滑跑段距离的和以及时间的和,即

$$d_{\text{td}} = d_3 + d_4, \quad t_{\text{td}} = t_3 + t_4$$

4.3.3 单发停车故障的对策

多发动机飞机在起飞滑跑时,当有一台发动机因发生故障而停车时,驾驶员要在中断起飞还是继续起飞中选择。进行这种决断的依据,主要取决于发动机出现故障时的飞行速度,以及发动机停车时的跑道长度。

1. 中断起飞所需距离

中断起飞所需距离是指在起飞滑跑过程中,一台发动机停车,驾驶员决定中断起飞,松开油门,停止加速,放下各种减速机构,飞机从滑跑起点到完全停止所经过的距离。中断起飞所需距离由三段组成。

第一段:飞机从速度为零,加速滑跑至一台发动机停车时刻的速度 V_{ef} 所经过的距离。

第二段:从一台发动机停车至驾驶员开始进行停止飞行操作所经过的距离。该段所需时间按规范规定为 3 s,飞行速度保持 V_{ef} 不发生变化。

第三段,收油门,放减速机构至飞机速度降为零时所经过的距离。

中断起飞过程的第一段是起飞滑跑的过程,第三段是着陆滑跑的过程,故中断起飞所需距离可近似求得

$$d_{\text{at}} = \frac{V_{\text{ef}}^2}{2g\left(\frac{(T_{\text{a}})_{\text{av}}}{W} - f\right)} + 3V_{\text{ef}} + \frac{V_{\text{ef}}^2}{g\left(f + \frac{1}{K_{\text{ef}}}\right)} \tag{4.88}$$

式中,K_{ef} 为 V_{ef} 时的升阻比。

图 4.28 中 A 组曲线为某机不同起飞重量下中断起飞所需距离 d_{at} 随 V_{ef} 的变化规律。V_{ef} 愈大,所需的 d_{at} 愈长。

2. 继续起飞所需距离

继续起飞所需距离是指一台发动机停车后继续起飞时,从滑跑起点到上升至安全高度所经过的水平距离。继续起飞所需距离由两段组成。

第一段是继续起飞所需的滑跑距离,包括所有发动机工作时加速滑跑阶段;一台发动机停

车,其余发动机工作下加速滑跑阶段。其近似估算如下式:

$$d_{ct.1} = \frac{V_{ef}^2}{2g\left(\frac{(T_a)_{av}}{W} - f\right)} + \frac{V_{1o}^2 - V_{ef}^2}{2g\left(\frac{(T'_a)_{av}}{W} - f\right)}$$

(4.89)

式中,$(T_a)_{av}$ 为所有发动机工作下滑跑时的可用推力平均值;$(T'_a)_{av}$ 为一台发动机停机后滑跑时的可用推力平均值。

第二段:从离地速度 V_{1o} 开始至安全高度的加速上升段距离 $d_{ct.2}$。其计算公式如下:

$$d_{ct.2} = \frac{W}{(\Delta T')_{av}}\left(\frac{V_H^2 - V_{1o}^2}{2g} + 15\ \text{m}\right)$$

(4.90)

因此继续起飞所需距离为

$$d_{ct} = d_{ct.1} + d_{ct.2} \qquad (4.91)$$

图 4.28 中 B 组曲线为一飞机在不同起飞重量下,继续起飞所需距离 d_{ct} 和停车时刻速度 V_{ef} 的关系。停车时刻速度越大,继续起飞所需距离越短。

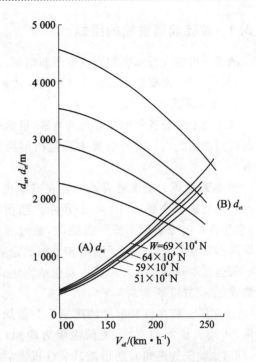

图 4.28 某机中断起飞和急需起飞性能

3. 决策速度 V_1 和平衡场地长度 L_{bf}

多发动机飞机在起飞滑跑过程中若有一台发动机失效,飞机无论继续起飞还是中断起飞都需要同样的距离。发动机失效时的速度称为决策速度 V_1。可以通过图解法求取决策速度,继续起飞所需距离 d_{ct} 曲线与中断起飞所需距离 d_{at} 曲线交点所对应的速度即为决策速度,如图 4.29 所示。

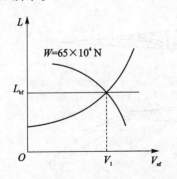

图 4.29 决策速度和平衡场地长度的确定

决策速度时为继续起飞所需距离 d_{ct} 等于中断起飞所需距离 d_{at},此时的场地长度称为平衡场地长度 L_{bf},即图 4.29 中交点对应的距离。

从图 4.29 可见,当实际场地长度 L_{rf} 等于平衡场地长度 L_{bf} 时,若一台发动机停车时速度为 V_1,则飞机可以继续起飞,也可中断起飞;若发动机停车时速度大于 V_1,中断起飞所需距离 d_{at} 超出实际场地长度 L_{rf},则飞机只能继续起飞;若发动机停车时速度小于 V_1,继续起飞所需距离 d_{ct} 超出实际场地长度 L_{rf},则飞机只能中断起飞。

决策速度是决定临界发动机停车后是继续起飞还是中断起飞的分界速度。为了保证飞行安全,实际场地长度一般应在以下三种距离中取最大值:单发停车后继续起飞距离、单发停车后中断起飞距离和正常状态下起飞距离的 115%。

4.3.4 改善起落性能的措施

随着飞机的飞行速度和翼载荷不断增加,起飞和着陆滑跑距离逐渐变长。因此,为了提高性能、节约空间,需要缩短起落滑跑距离。改善起落性能的措施如下。

1. 增升装置

在飞机上安装各种增加升力的装置,机翼升力提高,可以减小飞机离地速度和接地速度,从而缩短滑跑距离。增升装置主要包括前缘缝翼、襟翼、附面层控制装置、推力矢量控制装置等。

① 前缘缝翼。前缘缝翼是安装在基本机翼前缘的一段或者几段狭长小翼,如图4.30所示。当前缘缝翼打开时,它与机翼前缘表面形成一道缝隙,通过缝道的机翼下表面高速气流大大地抑制了缝翼和主翼的边界层分离,提高了失速迎角和最大升力。其主要包括固定式缝翼、两位置缝翼、三位置缝翼。

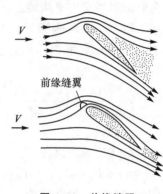

图 4.30 前缘缝翼

② 襟翼。装在机翼前缘的襟翼称为前缘襟翼。襟翼下偏,可增大机翼的弯度,使前缘吸力增加,从而提高升力,同时也使失速迎角有所增加。装在机翼后缘的称为后缘襟翼,是通过既改变翼型弯度又增大机翼面积来增加升力(见图4.31)。

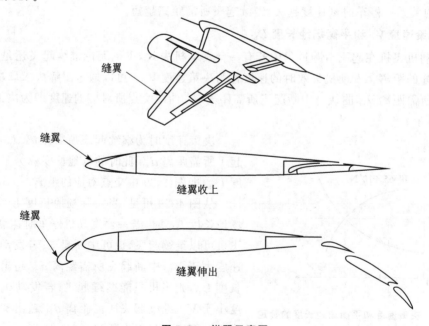

图 4.31 襟翼示意图

③ 附面层控制。空气流过飞机机身时会产生紊流,这种附面层一旦进入发动机,就会影响发动机的工作效率。附面层控制系统利用气流吹除或用泵吸取机翼上的附面层,防止气流分离,达到提高临界迎角、增大 $C_{L.max}$ 的效果。

④ 推力矢量控制。推力矢量控制是指发动机推力通过喷管或尾喷流的偏转产生的推力

分量来替代原飞机的操纵面或增强飞机的操纵功能,对飞机的飞行进行实时控制的技术。该技术将力矩控制改为直接力控制,轴向推力损失小,动态响应快并可提供较大的控制作用。

为了提高增升效果,在设计飞机时,上述几种增升装置通常一起使用。

2. 合理的构型参数

机翼载荷 W/S 越大,离地速度 V_{1o} 和接地速度 V_{td} 也会随着上升,起落性能变差,对跑道长度要求变高。为了降低机翼载荷,提高起落性能,可以减轻飞机重量 W,或者增加机翼面积 S。减轻飞机重量能够同时降低离地速度和接地速度,并减小支撑力,使摩擦力变小,在发动机推力不变的情况下,加速度提高,可以缩短起飞滑跑距离。增加机翼面积 S,能够改善起落性能,但会对巡航阶段的性能指标造成不利影响,故较少改变机翼面积。

推重比 T/W 增大,起飞过程中发动机提供的推力大,在摩擦力不变的情况下,加速度变大,能够缩短起飞滑跑距离。因此,在起飞时发动机处于最大工作状态或加力工作状态,甚至有的还安置小的火箭起飞加速器。

3. 减速机构

采用各种减速机构,主要用于飞机的着陆阶段,使飞机具有更大的加速度,在尽可能短的距离内速度降为零。其主要原理是增加与速度相反方向的力,刹车是通过摩擦力来减速;减速板、减速伞通过增加气动阻力来减速;反推力装置则是改变喷流方向,使其产生与运动方向相反的推力分量,达到减速的目的。

4.3.5 风切变下的起落过程

风切变是一种大气现象,通常是由雷暴雨、锋面和喷气流引起的风向和风速在空中水平或垂直距离上的变化。水平风速变化影响空速,垂直风速变化影响飞行轨迹角。起落过程中飞机速度较低,如果出现风切变,会产生安全隐患。接近地面高度上出现的风切变,称为低空风切变。

据不完全统计,1970—1985 年的 16 年间,在国际定期和非定期航班飞行以及一些任务飞行中,至少发生了 28 起与低空风切变有关的事故。通过对这 28 起飞行事故的分析,发现风切变飞行事故都发生在飞行高度低于 300 m 的起飞和着陆阶段,其中着陆为 22 起,最多,约占78%。低空风切变已成为危及飞行安全的因素之一。

微下冲暴流是一种典型的风切变。微下冲暴流是指一种雷暴云中局部性的强下沉气流,到达地面后会产生一股直线形大风,越接近地面,风速会越大,最大地面风力可达 15 级,这种物理现象的核心区有 2～3 km 宽,典型的微下冲暴流能维持 5～15 min。

飞机飞经微下冲暴流,会在短时间内出现多种复杂的情况。在这期间它将遇到顺风、微下冲暴流和逆风等不同现象,如图 4.32 所示。顺风使飞机的相对速度增加,升力相应提高,飞机开始爬升,此时通常的处理方法是:驾驶员减小油门,降低推力以保持原有的航迹角。但微下冲暴流中,顺风消失后是下降气流,导致飞机快速下降,驾驶员通常增加油门,提升推力以稳定飞机的高度。但当出现逆风时,空速减小,会出现失速的危险。由于在下降过程中遇到微下冲暴流,完成上述降低油门、升高油门的操作后已没有空间进行后续操作,继而失速撞击地面。

为了能成功地穿越风切变,航空界对其进行了大量的研究,提出了机上和地面建立风切变探测系统、对乘务人员的告警、飞行方面管理和模拟以及驾驶技术的评估等措施。

最好的防御风切变的方法是完全地回避。如回避不了,目前的建议是,在识别了可能遇到

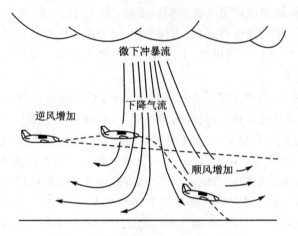

图 4.32 起落过程中微下冲暴流示意图

的风切变后,驾驶员应将推力加至最大,并转动飞机至最初姿态,主要是调整至指标俯仰角。对于运输机,建议指标俯仰角调整至约 15°。随后驾驶员应保持这种姿态,直到飞出低空风切变范围。

机载风切变告警/探测系统是在 1980 年后期引入的反应型系统。该系统主要应用红外辐射计、微波多普勒雷达和激光多普勒雷达,红外线对于温度敏感,能够探测风切变中的温度场变化;微波多普勒雷达主要用于探测水滴的速度,适用于伴有雨的风切变;激光能够检测低空大气中的悬浮物质,适用于无雨的情况。机载风切变系统按是否提供预警时间主要分为现状式和前视式两大类。现状式风切变系统是在飞机进入风切变后,沿飞行航迹实时测量由于风造成的飞机性能损失,并根据飞机能量损失程度确定是否报警。该系统不能给飞行员提供提前告警时间。而前视式风切变告警系统可提前探测前方风切变的信息,从而为飞行员提供足够的反应时间,所以目前国外大型客机上主要安装这种系统。

4.4 机动性能

4.4.1 铅垂平面内的机动性能

飞机的对称平面始终与飞行速度矢量所在的铅垂平面相重合的飞行称为铅垂平面内的机动飞行,主要包括只改变飞行速度大小的平飞加速和减速状态,同时还包括改变速度和高度的跃升、俯冲及筋斗等机动动作,如图 4.33 所示。

1. 平飞加减速

平飞加减速性能,反映飞机改变速度大小的能力。现代飞机的最大速度不断提高,平飞速度范围日益扩大,加减速幅度也随之增大,对飞机的速度机动性能提出了更高的要求。

飞机水平直线飞行时,$\mathrm{d}\gamma/\mathrm{d}t=0$,$\gamma=0$,方程式可简化为

$$\left.\begin{array}{l} \dfrac{\mathrm{d}V}{\mathrm{d}t}=\dfrac{g}{W}(T-D)=\dfrac{g}{W}\Delta T=n_xg \\[2mm] L=W \quad (n_x=1) \end{array}\right\} \tag{4.92}$$

由上式可见,飞机加减速 $\mathrm{d}V/\mathrm{d}t$ 的大小,主要取决于切向过载 n_x 或剩余推力 ΔT 的大

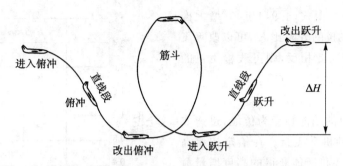

图 4.33　飞机在铅垂平面内的主要机动飞行

小。此时飞机保持水平飞行,位能不变,故 ΔT 将全部用于改变飞机的动能,改变飞行速度。加速时,必须加大油门,甚至使用发动机加力工作状态,以增加推力,使 $\Delta T > 0$;减速时,必须减小油门以减小推力,或同时打开减速板增大阻力,使 $\Delta T < 0$。

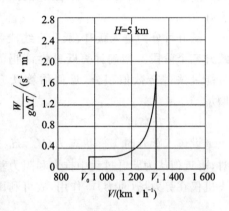

常用从一平飞速度加速(或减速)到另一个平飞速度所需的时间作为衡量平飞加减速的指标。亚声速飞机,由 $0.70V_{max}$ 加速到 $0.97V_{max}$ 的时间作为加速性指标;由 V_{max} 减速到 $0.70V_{max}$ 的时间作为减速性指标。ΔT 只能用图解法求出,如图 4.34 所示。

同一架飞机,在不同的高度其加减速性能是不一样的。表 4.2 列出了某歼击机的加速性能计算结果。

图 4.34　确定飞机加减速性能的图解法

表 4.2　某歼击机的加速性能

高度/m	增速范围/$(m \cdot s^{-1})$	平均剩余推力 $\Delta T/N$		加速时间/s	
		最大状态	加力状态	最大状态	加力状态
5 000	222~250	5 880	12 260	23.6	11.3
15 000	222~250	690	2 940	201.0	47.0

从表 4.2 可见,对于同样的加速范围,在相同的发动机工作状态下,飞机高度在 15 000 m 比在 5 000 m 所需加速时间长得多。其原因是剩余推力不仅随速度而变,还随高度而变。由于发动机可用推力随高度升高而降低,ΔT 随之减小,从而使高空加速性能恶化。

除加减速时间指标外,有些情况下还要确定在相应时间内的飞行距离。注意到 $dL = Vdt$,故相应的飞行距离可积分得出:

$$L = \frac{W}{g} \int_{v_0}^{v_1} \frac{V dV}{\Delta T} = \frac{W}{2g} \int_{v_0^2}^{v_1^2} \frac{dV}{\Delta T} \qquad (4.93)$$

采用数值积分或图解积分对上式进行求解。图 4.35 为函数 $WV/(g\Delta T)$ 对 V 的关系曲线。曲线下的面积即为所求的从 $V_0 \sim V_1$ 加速所经过的飞行距离。

飞机加减速性能与飞机的基本参数之间的关系,可由如下方程式表示:

$$\frac{dV}{dt} = g\left(\frac{T}{W} - \frac{1}{K}\right) \qquad (4.94)$$

式中,K 为升阻比。由式(4.94)可知,增大推重比 T/W,提高飞机的升阻比 K,可以改善飞机的加速性能;若与此相反,则可改善飞机的减速性能。

2. 跃升

跃升是将飞机的动能转变为位能,迅速取得高度优势的一种机动飞行。在给定初始高度和初始速度下,飞机所能获得的高度增量愈大,完成跃升所需时间愈短,则它的跃升性能愈好。

跃升可分为进入跃升、跃升直线段和改出跃升三个阶段。精确计算跃升性能仍需要通过能量法进行数值积分,近似估算跃升高度增量。

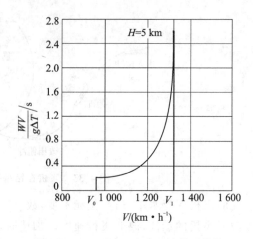

图 4.35 $WV/(g\Delta T)$ 对 V 的关系曲线

(1)跃升高度

设进入跃升时飞行状态为(V_0,H_0),改出跃升时飞行状态为(V_1,H_1)。计算跃升高度时,可近似认为跃升过程中推力和阻力基本相等$(T=D)$,升力 L 又始终与运动轨迹相垂直,飞机仅在势力场(重力)下作用,故可利用能量守恒定律得

$$\Delta H = H_1 - H_0 = \frac{1}{2g}(V_0^2 - V_1^2) \tag{4.95}$$

可见,初始速度 V_0 愈大,跃升终了时的速度 V_1 愈小,则跃升高度增量 ΔH 愈大。但为保证飞行安全,改出跃升时速度不得小于最小允许使用速度 V_a。为此,在给定初始飞行状态下,可得最大跃升高度增量为

$$\Delta H_{max} = \frac{1}{2g}(V_0^2 - V_a^2) \tag{4.96}$$

式中,V_a 为飞机最小允许使用速度,由下式确定,即

$$V_a = \sqrt{\frac{2W}{\rho S C_{L.a}}} \tag{4.97}$$

由于 V_a 与待求高度上的空气密度 ρ 和允许升力系数 $C_{L.a}$ 有关,因此 ΔH_{max} 只能迭代求得。其具体步骤如下:

① 给定 H_0 和 V_0,先估计一个 V_a',由式(4.95)计算出 $\Delta H'$;

② 按 $H_1' = H_0 + \Delta H'$ 查得声速 c',并算出 $Ma_a = V_a'/c'$,再由该机的升力特性曲线查得 $C_{L.a}'$;

③ 由 H_1' 和 $C_{L.a}'$ 按式(4.97)确定一个新的 V_a'';

④ 用 V_a'' 重复步骤①～步骤③,直到先后两次所得的 V_a 的变化很小为止;

⑤ 将最后得到的 V_a 代入式(4.96),求得跃升高度增量 ΔH_{max}。

(2)动升限

动升限是利用飞机的动能通过跃升可能达到的最大高度。因为飞机在实用静升限附近飞行时,能保持定直平飞的条件,而此时的飞行速度远大于最小允许速度 V_a,还有相当大的速度

裕量,故可以通过跃升获得比静升限更高的高度,如图 4.36 所示。动升限的具体计算由下式导出:

$$H_{\max} = \left(H_0 + \frac{V_0^2}{2g} \right)_{\max} - \frac{V_a^2}{2g} \tag{4.98}$$

式中,V_a 为动升限 $H_{\max.d}$ 高度上的最小允许飞行速度。右端第一项为飞机最大能量高度 $H_{e.\max}$,表明飞机在跃升起始高度 H_0 上所具有的最大能量,其中 V_0 应取高度 H_0 上的最大平飞速度 $V_{\max}$。

动升限高度与进入跃升时的总能量有关,即与能量高度 H_e 有关。为求得飞机的动升限,首先应确定总能量最大的飞行状态,也就是求最大能量高度 $H_{e.\max}$ 的状态。根据飞机飞行包线,可以算出能量高度 $H_e = H + V_{\max}^2/2g$ 随 H 变化的曲线,如图 4.37 所示。从图 4.37 中找到最大能量高度 $H_{e.\max}$ 和相对应的起始跃升高度 H_0,再从飞行包线上查得起始跃升的速度 $V_{\max}(H_0)$。随后利用式(4.95)和式(4.97)按迭代法求得改出跃升时的最小允许飞行速度 V_a。最后,由式(4.98)算得动升限 $H_{\max.d}$。这时的跃升起始高度低于飞机的理论静升限,这是因为当飞机接近静升限时,往往随高度增加,最大平飞速度迅速减小,因而能量高度反而减小。

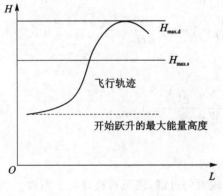

图 4.36　动升限示意图

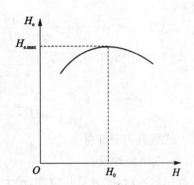

图 4.37　最大能量高度的确定

动升限与静升限是两个不同的概念,前者是通过跃升而获得的最大高度,在该高度上飞机的可用推力小于需用推力,飞机不能做等速平飞。而后者是等速直线平飞的最大高度,在该高度上,飞机的可用推力等于需用推力。动升限和静升限之间的高度范围叫作动力高度飞行范围。飞机在动力高度飞行范围内,可以保持一定时间的减速平飞。

3. 俯　冲

俯冲是飞机用位能换取动能,迅速降低高度、增加速度的机动飞行。利用俯冲可以实施追击、攻击地面目标或进行俯冲轰炸等。俯冲的航迹分成进入俯冲、俯冲直线段和改出俯冲三段,如图 4.33 所示。

俯冲性能一是要求有较好的直线俯冲加速性;二是要求改出俯冲时不应有太大的高度损失。

(1) 直线俯冲段

直线俯冲时,由于 $\dfrac{\mathrm{d}\gamma}{\mathrm{d}t} = 0$,可得方程式

$$\left.\begin{array}{l} \dfrac{\mathrm{d}V}{\mathrm{d}t}=\dfrac{g}{W}(T-D-W\sin\gamma) \\ L=W\cos\gamma \end{array}\right\}\qquad(4.99)$$

因俯冲时航迹倾角 γ 为负值,故重力分量$(-W\sin\gamma)$为正值,在俯冲时起加速作用。当 $T-W\sin\gamma>D$,$\dfrac{\mathrm{d}V}{\mathrm{d}t}>0$ 时,飞机加速俯冲,随着高度降低,空气密度增加和飞行速度加快,飞机阻力显著增加。当俯冲至某一高度和速度时,$T-W\sin\gamma=D$,$\dfrac{\mathrm{d}V}{\mathrm{d}t}=0$,此时的飞行速度称为俯冲极限速度。其值为

$$V_{\mathrm{d.1}}=\sqrt{\dfrac{2(T-W\sin\gamma)}{C_D\rho S}}$$

在飞机设计中,俯冲极限速度 $V_{\mathrm{d.1}}$ 小于该高度上的最大容许速度。最大容许速度由飞机结构强度所限制的 $q_{\max}$ 确定。为了保持直线俯冲,在达到极限速度以前,必须使升力系数 C_L 或迎角 α 随动压 q 的增加而减小。

飞机的俯冲速度随飞行高度的变化规律,可通过 $\dfrac{\mathrm{d}V}{\mathrm{d}t}$ 作如下变换:

$$\dfrac{\mathrm{d}V}{\mathrm{d}t}=\dfrac{\mathrm{d}V}{\mathrm{d}H}\dfrac{\mathrm{d}H}{\mathrm{d}t}=V_{\mathrm{V}}\dfrac{\mathrm{d}V}{\mathrm{d}H}=V\sin\gamma\dfrac{\mathrm{d}V}{\mathrm{d}H}\qquad(4.100)$$

代入式(4.99)中的第一式,得

$$\dfrac{\mathrm{d}V}{\mathrm{d}H}=-\dfrac{g}{V}\left(1-\dfrac{T_{\mathrm{a}}-C_D\dfrac{1}{2}\rho V^2 S}{W\sin\gamma}\right)\qquad(4.101)$$

经对上式数值积分即得。

（2）改出俯冲段

改出俯冲时,驾驶员将拉杆,增大迎角,以获得较大的过载,使飞行轨迹向上弯曲。当轨迹接近水平时,再推杆,减小迎角,使飞机转入平飞状态。改出俯冲是一种飞行速度、高度、轨迹倾角和迎角都在变化的非定常曲线运动。

改出俯冲时高度损失的近似公式如下:

近似估算时,认为改出过程中发动机的推力与飞机阻力基本相等,则运动方程式(4.99)可简化为

$$\left.\begin{array}{l} \dfrac{\mathrm{d}V}{\mathrm{d}t}=-g\sin\gamma \\ \dfrac{\mathrm{d}\gamma}{\mathrm{d}t}=\dfrac{g}{V}(n_z-\cos\gamma) \end{array}\right\}\qquad(4.102)$$

上两式相除,可得

$$\dfrac{\mathrm{d}V}{\mathrm{d}\gamma}=-\dfrac{V\sin\gamma}{n_z-\cos\gamma}$$

或

$$\dfrac{\mathrm{d}V}{V}=-\dfrac{\sin\gamma}{n_z-\cos\gamma}\mathrm{d}\gamma\qquad(4.103)$$

改出俯冲开始时的速度和轨迹倾角分别为 V_1 和 γ_1，结束时的速度和轨迹倾角分别为 V 和 γ，其中 $\gamma = 0$，并认为改出俯冲过程中 n_z 为常数，则对式(4.103)积分，得出改出俯冲结束时的飞行速度为

$$V = \frac{n_z - \cos \gamma_1}{n_z - 1} V_1 \tag{4.104}$$

发动机推力和飞机阻力基本相等。改出俯冲过程中的高度损失可用能量守恒定律求得

$$\Delta H = \frac{1}{2g}(V^2 - V_1^2) \tag{4.105}$$

将式(4.104)代入上式，可得改出俯冲高度损失计算公式为

$$\Delta H = \frac{V_1^2}{2g} \left[\left(\frac{n_z - \cos \gamma_1}{n_z - 1} \right)^2 - 1 \right] \tag{4.106}$$

只要知道开始改出俯冲时的速度 V_1、轨迹倾角 γ_1 和平均过载 n_z，即可求得改出俯冲时的高度损失。

高速飞机改出俯冲时的高度损失是比较大的。增大过载，可以减小改出俯冲的高度损失，但过载受飞机结构强度和驾驶员生理条件的限制。为了保证安全，开始改出俯冲时飞机应具有足够的高度储备。

4.4.2　水平平面内的机动性能

飞机在水平平面内的机动性能反映了飞机的方向机动性，最常见的机动动作是盘旋，即飞机在水平平面连续转弯不小于 360° 的机动飞行。当转弯小于 360° 时，常称为"转弯"。

盘旋可分为定常盘旋和非定常盘旋。前者其运动参数如飞行速度、迎角、倾斜角以及盘旋半径等都不随时间而改变，是一种匀速圆周运动；后者其运动参数中有一个或数个随时间而改变。盘旋时飞机可以带侧滑或不带侧滑。无侧滑的定常盘旋称为正常盘旋。

由于正常盘旋具有一定的代表性，常作为典型的水平机动动作，评价指标是盘旋一周所需时间和盘旋半径。

1. 正常盘旋

正常盘旋时，飞机是在水平面内做匀速圆周运动，故 $\dfrac{dV}{dt} = 0$，$\dfrac{d\gamma}{dt} = 0$，$\gamma = 0$，且将法向惯性力的形式改写为

$$mV \frac{d\chi}{dt} = m \frac{V^2}{R} \tag{4.107}$$

式中，R 为正常盘旋半径。运动方程可简化为

$$\left. \begin{array}{l} T = D \\ L \cos \mu = W \\ \dfrac{W}{g} \dfrac{V^2}{R} = L \sin \mu \end{array} \right\} \tag{4.108}$$

式中，第一式表示为了保持速度大小不变，发动机可用推力应与飞机阻力相平衡；第二式表示为了保持飞行高度不变，升力在铅垂方向的分量 $L \cos \mu$ 应与飞机的重力相平衡；第三式表示为了保持盘旋半径 R 不变，按动静法，向心力 $L \cos \mu$ 应与离心力平衡。飞机上所受力的关系如图 4.38 所示。

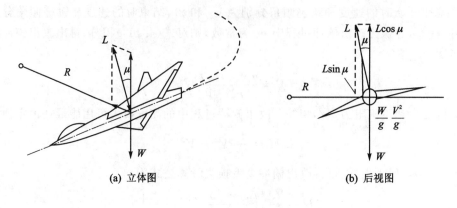

(a) 立体图　　　　　　　　　　(b) 后视图

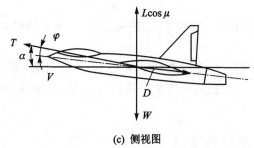

(c) 侧视图

图 4.38　正常盘旋飞机受力分析

由方程式(4.108)可求得正常盘旋半径为

$$R = \frac{1}{g}\frac{V^2}{n_n \sin\mu} = \frac{1}{g}\frac{V^2}{\sqrt{n_n^2 - 1}} \tag{4.109}$$

正常盘旋角速度为

$$\dot{\chi} = \frac{V}{R} = \frac{g\sqrt{n_n^2 - 1}}{V} \tag{4.110}$$

正常盘旋一周的时间为

$$t_{2\pi} = \frac{2\pi R}{V} = \frac{2\pi V}{g\sqrt{n_n^2 - 1}} \tag{4.111}$$

由式(4.109)和式(4.111)可见,减小飞行速度 V 和增加过载 n_n,可以减小盘旋半径 R 和盘旋一周的时间 $t_{2\pi}$,提高飞机的方向机动性。但 V 减小和 n_n 增加均会受到一些因素的限制。根据这些限制条件可以确定飞机实现正常盘旋的飞行范围。

(1) 正常盘旋的飞行范围

限制因素主要有三方面:

① 过载增加受到飞机结构强度和人生理条件的限制,故有 $n_{n.max}$ 存在。

② 速度减小,为了保持盘旋时的 $L\cos\mu = W$,必须增加 C_L;但为了飞行安全,C_L 要受到最大允许升力系数 $C_{L.a}$ 的限制。

③ C_L 增加,阻力随之增加,为了满足 $T = D$ 的条件,要求可用推力 T_a 增加,但这会受到发动机特性 $T_{a.max}$ 的限制。

根据这些限制条件,可以画出飞机在某个高度能实现正常盘旋的飞行范围,称为正常盘旋界限图,如图 4.39 所示。绘制该图的步骤是首先绘出给定高度上发动机的最大可用推力曲线;然后绘制 $n_n=1$ 到 $n_n=n_{n.max}$ 的盘旋需用推力 $(T_R)_t$ 曲线族;最后在曲线族上标出该高度上由 $C_{L.a}$ 所决定的最小允许盘旋速度 V_a 随 n_n 的变化曲线(见图上 AB 线)。由这些限制线和 $n_n=1$ 的需用推力曲线构成的区域,即为正常盘旋飞行范围。

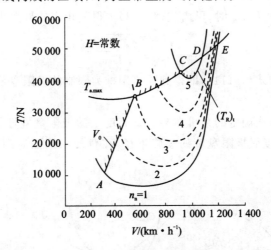

图 4.39　正常盘旋界限图

(2) 极限盘旋

处于上述三种限制条件之一的盘旋称极限盘旋。极限盘旋性能可通过这三个限制因素,分别算出相应的极限盘旋半径 R、盘旋一周的时间 $t_{2\pi}$ 和相应的法向过载 n_n 随飞行速度变化的曲线,谓之极限盘旋性能图。

① 按飞机结构强度或人生理条件的限制。应根据不同类型的飞机,确定相应的最大法向过载。如歼击机,按驾驶员较长时间能承受的过载,可取 $n_{n.max}=5$。然后将其代入式(4.109)和式(4.111),即得到受飞机结构和驾驶员生理限制的极限盘旋半径 R 和盘旋一周的时间 $t_{2\pi}$。

② 按飞机升力系数 C_L 的限制。为了飞行安全,飞机升力系数增大受到失速升力系数 $C_{L.a}$ 和平尾最大偏角时的升力系数 $C_{L.\delta max}$ 的限制,可确定盘旋时相应的允许升力系数 $C_{L.a}$,求得

$$n_{n.max}=\frac{L}{W}=\frac{\rho S V^2 C_{L.a}}{2W} \tag{4.112}$$

再代入式(4.109)和式(4.111),得到受升力系数限制的极限盘旋半径 R 和盘旋一周的时间 $t_{2\pi}$。

③ 按发动机最大可用推力 $T_{a.max}$ 的限制。正常盘旋时,飞机的升力为 $L=n_n W$,相应的升力系数由上式得

$$C_L=\frac{n_n W}{\frac{1}{2}\rho V^2 S} \tag{4.113}$$

飞机的阻力为

$$D=C_D \frac{1}{2}\rho V^2 S=(C_{D_0}+A C_L^2)\frac{1}{2}\rho V^2 S=$$

$$\left[C_{D_0}+A\left(\frac{n_n W}{\rho V^2 S/2}\right)^2\right]\frac{1}{2}\rho V^2 S=D_{0.1f}+n_n^2 D_{i.1f} \tag{4.114}$$

式中,$D_{0.1f}$ 和 $D_{i.1f}$,分别为同样高度、速度下平飞时的零升阻力和升致阻力。

由上式可见,飞机在给定高度、速度下盘旋时的阻力,比同样高度、速度下平飞时的阻力大。实现正常盘旋时,必须满足 $T_a = D$ 的要求。如果盘旋所需过载 n_n 过大,则可能盘旋阻力超过发动机提供的可用推力,飞机将只能减速盘旋。

因此,当可用推力为 $T_{a.max}$ 时,可由式(4.114)求得其相应的最大法向过载裁为

$$n_{n.max} = \sqrt{\sqrt{\frac{T_{a.max} - D_{0.H}}{D_{i.H}}}} \qquad (4.115)$$

再代入式(4.109)和式(4.111),即得到受可用推力限制的极限盘旋半径 R 和盘旋一周时间 $t_{2\pi}$。

图 4.40 为按上述方法确定的某机在某飞行高度上的极限盘旋性能图。从图上可以确定该高度上用各种不同速度做极限盘旋的盘旋半径 R、盘旋一周的时间 $t_{2\pi}$ 以及最大的法向过载 $n_{n.max}$。

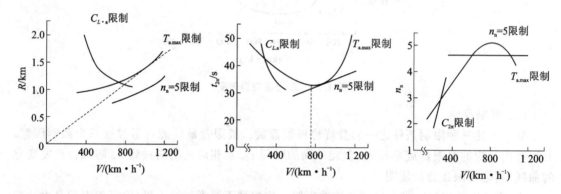

图 4.40 某机的极限盘旋性能图

2. 最优盘旋

为了取得空中优势,战斗机应具有最快的盘旋(转弯)角速度和最小盘旋(转弯)半径。通常这两种情况是不可能同时出现的。在近距空战格斗中,快速转弯的能力比急剧转弯的能力更重要。现代高性能战斗机,如美国的 F-15、F-16 能以高于 20(°)/s 的角速度转弯。

在给定发动机推力、翼载和飞机阻力特性的条件下,来确定飞机转弯速度和转弯半径的最佳值,将受过载 n_n 和升力系数 C_L 的限制,是一个比较复杂的非线性优化问题。下面采用简单解析方法来估算飞机的最优盘旋(转弯)性能。

在水平面内的正常盘旋(亦称协调转弯)可有多种形式。下面介绍最大转弯速率的盘旋、急剧转弯或最小转弯半径的盘旋、最大可能过载下的盘旋三种情况。随后,介绍允许飞行高度损失的协调转弯的情况,确定飞机最大瞬态速率的转弯性能。

为简化推导公式,采用原有的无因次量过载 n_n 和升阻比 K,引入新的无因次变量。

无因次推力 K_T 定义为

$$K_T = \frac{TK_{max}}{W} \qquad (4.116)$$

无因次速度 μ 定义为

$$\mu = \frac{V}{V_{opt}} \qquad (4.117)$$

式中,有利速度 $V_{\text{opt}} = \sqrt{\dfrac{2W}{\rho S}\sqrt{\dfrac{A}{C_{D_0}}}}$ 。

相应的飞机阻力 D 可表示为

$$D = \frac{1}{2}\rho V^2 S(C_{D_0} + AC_L^2) = \frac{1}{2}\rho V^2 S\left[C_{D_0} + A\left(\frac{2n_n W}{\rho V^2 S}\right)^2\right] \tag{4.118}$$

将 $V = \mu V_{\text{opt}}$ 代入,归纳后得

$$D = \frac{W}{2K_{\max}}\left(\mu^2 + \frac{n_n^2}{\mu^2}\right) \tag{4.119}$$

于是正常盘旋运动方程式(4.108)中的第一式,可用无因次参数表示,即

$$\frac{K_T W}{K_{\max}} - \frac{W}{2K_{\max}}\left(\mu^2 + \frac{n_n^2}{\mu^2}\right) = 0 \tag{4.120}$$

或表示为

$$\mu^4 - 2K_T\mu^2 + n_n^2 = 0$$
$$n_n = \sqrt{2K_T\mu_2 - \mu^4}$$

盘旋(转弯)半径公式和盘旋(转弯)角速度公式的无因次参数表示式为

$$R = \frac{\mu^2 V_{\text{opt}}^2}{g\sqrt{\mu^2(2K_T - \mu^2) - 1}} \tag{4.121}$$

$$\dot\chi = \omega = \frac{g\sqrt{2K_T\mu^2 - \mu^4 - 1}}{\mu V_{\text{opt}}} \tag{4.122}$$

(1) 最大持续转弯速率

飞机保持常值高度的最大持续转弯速率的条件,可由转弯速率公式对 μ 求导得出。将式(4.122)改写成

$$\left(\frac{\omega V_{\text{opt}}}{g}\right)^2 = 2K_T - \mu^2 - \frac{1}{\mu^2} \tag{4.123}$$

上式对 μ 求导并令其值等于零,即

$$2\omega\left(\frac{V_{\text{opt}}}{g}\right)^2\frac{d\omega}{d\mu} = -2\mu + \frac{2}{\mu^3} = 0 \tag{4.124}$$

通常 $\omega \neq 0$,故可得

$$\mu = 1 \tag{4.125}$$

即 $V = V_{\text{opt}}$。在该条件下飞机最大持续转弯速率的盘旋性能可表示为

$$n_n = \sqrt{2K_T - 1} \tag{4.126}$$

$$V = V_{\text{opt}} = \sqrt{\frac{2W}{\rho S}\sqrt{\frac{A}{C_{D_0}}}} \tag{4.127}$$

相应的升力系数可由阻力式(4.119)导出,其诱导阻力与零升阻力比为

$$\frac{AC_L^2}{C_{D_0}} = \frac{n_n^2}{\mu^2}\bigg/\mu^2 = n_n^2 = 2K_T - 1 \tag{4.128}$$

则

$$C_L = \sqrt{\frac{(2K_T - 1)C_{D_0}}{A}} = \sqrt{2K_T - 1}\,C_{L.\text{opt}} \tag{4.129}$$

最大持续盘旋速率和相应的盘旋半径由式(4.121)和式(4.122)可得

$$\omega_{\max} = \frac{g\sqrt{2K_T - 2}}{V_{\mathrm{opt}}} \tag{4.130}$$

$$R = \frac{V_{\mathrm{opt}}^2}{g\sqrt{2K_T - 2}} = \frac{2W}{\rho SG}\sqrt{\frac{A}{2(K_T - 1)C_{D_0}}} \tag{4.131}$$

实现最大持续转弯速率盘旋时,由式(4.126)求得的过载 n_n 应小于或等于极限过载 $n_{n.1}$;由式(4.129)求得的升力系数应小于或等于 $C_{L.\max}$。如果这两个条件不能满足,则飞机就不具备最大持续转弯速率盘旋的能力,上述分析也是无效的。

(2) 最急剧持续转弯

最急剧持续转弯是指飞机在水平面内等速最小半径的盘旋($R = R_{\min}$)。保持常值高度的最急剧持续转弯的条件可由盘旋半径公式对 μ 求导得出。式(4.121)对 μ 求导,并令其为零,得

$$\frac{\mathrm{d}R}{\mathrm{d}\mu} = \left(\frac{V_{\mathrm{opt}}^2}{g}\right)\left[\frac{2\mu\sqrt{\mu^2(2K_T - \mu^2) - 1} - \mu^2(4K_T\mu - 4\mu^4)/2\sqrt{\mu^2(2K_T - \mu^2) - 1}}{\mu^2(2K_T - \mu^2) - 1}\right] = 0 \tag{4.132}$$

从上式可解得

$$\mu = \frac{1}{\sqrt{K_T}} \tag{4.133}$$

即 $V = \dfrac{1}{\sqrt{K_T}}V_{\mathrm{opt}}$。在该条件下飞机最急剧持续转弯的盘旋性能可表示为

$$n_n = \frac{\sqrt{2K_T^2 - 1}}{K_T} \tag{4.134}$$

$$V = \frac{1}{\sqrt{K_T}}V_{\mathrm{opt}} = \sqrt{\frac{2W}{\rho S K_K}}\sqrt{\frac{A}{C_{D_0}}} \tag{4.135}$$

$$C_L = \sqrt{\frac{(2K_T^2 - 1)C_{D_0}}{A}} = \sqrt{2K_T^2 - 1}\,C_{L.\mathrm{opt}} \tag{4.136}$$

$$\omega = \frac{g}{V_{\mathrm{opt}}}\sqrt{\frac{K_T^2 - 1}{K_T}} \tag{4.137}$$

$$R_{\min} = \frac{V_{\mathrm{opt}}^2}{g\sqrt{K_T^2 - 1}} \tag{4.138}$$

同样,此时应满足 $n_n \leqslant n_{n.1}$ 和 $C_L \leqslant C_{L.\max}$ 的要求,否则由式(4.138)得出的 $R_{\min}$ 不能实现,上述的分析也是无效的。

(3) 最大可能过载转弯

在水平面内以最大过载转弯的条件,可由过载公式对 μ 求导,并令其等于零得

$$2n_n\frac{\mathrm{d}n_n}{\mathrm{d}\mu} = 4\mu(K_T - \mu^2) = 0 \tag{4.139}$$

很明显 $\mu \neq 0$,故可得

$$\mu = \sqrt{K_T}$$

即 $V = \sqrt{K_T} V_{opt}$。在该条件下，飞机以最大可能过载转弯的盘旋性能可表示为

$$n_{n.max} = K_T \tag{4.140}$$

实际飞行过程中法向过载应 $n_{n.max} \leqslant n_{n.1}$，上式可表示为

$$T \leqslant \frac{n_{n.1} W}{K_{max}} \tag{4.141}$$

发动机的可用推力必须满足上述条件，否则过载会超过极限过载，转弯时造成结构损坏。
其他的性能指标为

$$V = \sqrt{K_T} V_{opt} = \sqrt{\frac{T K_{max}}{W} \frac{2W}{\rho S}} \sqrt[4]{\frac{A}{C_{D_0}}} = \sqrt{\frac{T}{\rho S C_{D_0}}} \tag{4.142}$$

$$C_L = \frac{2 n_{n.max} W}{\rho S V^2} = \sqrt{\frac{C_{D_0}}{A}} = C_{L.opt} \tag{4.143}$$

$$\omega = \frac{g}{V_{opt}} \sqrt{\frac{K_T^2 - 1}{K_T}} \tag{4.144}$$

$$R = \frac{K_T V_{opt}^2}{g \sqrt{K_T^2 - 1}} \tag{4.145}$$

可见，水平面内最大过载进行协调盘旋，飞机是处在最有利飞行状态（$C_L = C_{L.opt}$，$D = D_{min}$，$K = K_{max}$）下飞行。

上述的飞机在水面内最优盘旋性能，是在给定发动机推力的条件下得出的。随着无因次推力 K_T 的变化，其盘旋性能如图 4.41 所示。通过对 R、ω、n_n 公式的分析，表明增加推重比 T/W、升阻比 K_{max} 和减小翼载 W/S，能改善上述的优化盘旋性能。

（4）最大瞬态转弯速率

如果允许飞机在转弯时的高度损失，那么利用高度（位能）改变可产生更大的转弯速率，超过最大的持续转弯速率，称为最大瞬态转弯速率或最大可达转弯速率。最大瞬态转弯速率是衡量战斗机空战优势的一个最好指标，它反映了在近距空战中驾驶员获得首次指向目标的能力，以取得胜利。但由于机动时高度急剧损失，所以要求驾驶员在开始机动时有足够的高度储备。下面以侧滑角为零、飞行速度近似为常值的情况，讨论最大瞬态转弯时的性能。

此时飞机运动方程为

$$\left. \begin{array}{c} T = D + W \sin \gamma \\ L \cos \mu = W \cos \gamma \\ \dfrac{W V^2 \cos^2 \gamma}{g R} = L \sin \mu \end{array} \right\} \tag{4.146}$$

式中

$$D = \frac{W}{2 K_{max}} \left(\mu^2 + \frac{n_n^2}{\mu^2} \right) \tag{4.147}$$

由方程式（4.146）可得出相应的性能

$$n_n = \frac{\cos \gamma}{\cos \mu} \tag{4.148}$$

$$V = \sqrt{\frac{2 n_n W}{\rho S C_L}} = \sqrt{\frac{2 W \cos \gamma}{\rho S C_L \cos \mu}} \tag{4.149}$$

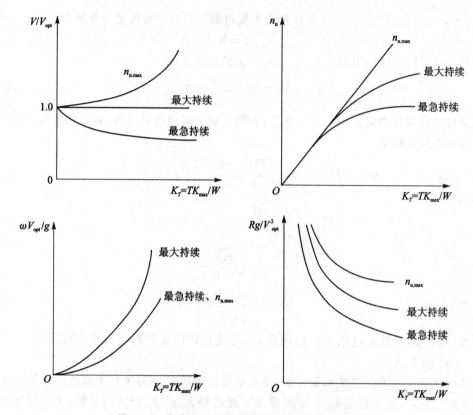

图 4.41　各类盘旋性能参数随无因次推力的变化

$$\tan \mu = \frac{V^2 \cos \gamma}{Rg} = \frac{\sqrt{n_n^2 - \cos^2 \gamma}}{\cos \gamma} \tag{4.150}$$

$$\omega = \frac{V \cos \gamma}{R} = \frac{g \sqrt{n_n^2 - \cos^2 \gamma}}{V \cos \gamma} \tag{4.151}$$

$$R = \frac{W V^2 \cos^2 \gamma}{g L \sin \mu} = \frac{V^2 \cos^2 \gamma}{g \sqrt{n_n^2 - \cos^2 \gamma}} \tag{4.152}$$

综上,在给定推力 T 和升阻比 K_{max} 的条件下,增加过载 n_n 和升力系数 C_L 可以改善飞机的转弯性能,但 n_n 和 C_L 同样会受到限制。

假设飞行轨迹角 γ 较小,转弯速率随 V 变化的曲线如图 4.42 所示。图中同时画出 $n_n = n_{n.max}$ 和 $C_L = C_{L.max}$ 的转弯速率边界线。这两条边界线交点对应的是最大瞬态转弯速率。其相应的飞行速度称为角点速度。典型的战斗机角点速度为 $530\sim650$ km/h。

因此以角点速度转弯的性能,只要将 $n_n = n_{n.max}$ 和 $C_L = C_{L.max}$ 同时代入上述有关公式,即得

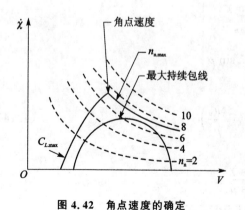

图 4.42　角点速度的确定

$$C_D = C_{D_0} + AC_{L.\,max}^2 \tag{4.153}$$

$$V = \sqrt{\frac{2n_{n.\,max}W}{\rho S C_{L.\,max}}} \tag{4.154}$$

$$\omega = \frac{g\sqrt{n_{n.\,max}^2 - \cos^2\gamma}}{V\cos\gamma} \tag{4.155}$$

$$R = \frac{V^2\cos^2\gamma}{g\sqrt{n_{n.\,max}^2 - \cos^2\gamma}} \tag{4.156}$$

盘旋一周所需时间为

$$t_{2\pi} = \frac{2\pi R}{V\cos\gamma} = \frac{2\pi V\cos\gamma}{g\sqrt{n_{n.\,max}^2 - \cos^2\gamma}} \tag{4.157}$$

每周高度损失为

$$\Delta h = (V\sin\gamma)t_{2\pi} \tag{4.158}$$

3. 非定常盘旋

上面所求的最优盘旋性能,均是在定常盘旋条件下得到的,对每个状态,三个限制条件并没有同时达到,因此提高飞机的方向机动性还有潜力可挖。

在实际飞行中,有时为了获得有利战机,驾驶员必须在最短时间内完成转弯,此时如果飞机处于大速度飞行,驾驶员面临是以大速度做正常盘旋,还是减速到最小盘旋时间所对应的速度做正常盘旋的选择。实践表明,采用上述两种方法,转弯的时间均较长。合理的方法是:以大速度进入盘旋,而以小速度结束盘旋;盘旋中,在驾驶员生理条件允许和保证飞行安全的条件下,尽可能保持较大的法向过载。这样,盘旋时间就可以大大减小,这种飞行速度 V、速度滚转角 μ 和盘旋半径 R 等参数发生变化的盘旋称为非定常盘旋。

在确定非定常盘旋性能时,可直接采用飞机在水平面内的运动方程式。对于无侧滑的非定常盘旋,且假设推力沿飞行速度方向,运动方程可简化为

$$\left.\begin{aligned} \frac{dV}{dt} &= \frac{g}{W}(T-D) \\ L\cos\mu &= W \\ \frac{d\chi}{dt} &= \frac{g}{V}\frac{L}{W}\sin\mu \end{aligned}\right\} \tag{4.159}$$

由上述方程组的第一式可得

$$dt = \frac{W}{g}\frac{dV}{T-D} \tag{4.160}$$

从速度 V_0 改变至 V 的盘旋时间经积分,为

$$t = \int_{V_0}^{V} \frac{W}{g}\frac{dV}{T-D} \tag{4.161}$$

考虑到盘旋时法向过载 n_n 与速度滚转角 μ 的关系,即

$$\cos\mu = \frac{W}{L} = \frac{1}{n_n}$$

$$\sin\mu = \frac{\sqrt{n_n^2-1}}{n_n}$$

于是方程式(4.159)中第三式可表示为

$$d\chi = \frac{g\sqrt{n_n^2-1}}{V}dt = \frac{W}{V}\frac{\sqrt{n_n^2-1}}{T-D}dV \qquad (4.162)$$

从速度 V_0 改变至 V 经积分得航通偏角为

$$\chi = \int_{v_0}^{v} \frac{W}{V}\frac{\sqrt{n_n^2-1}}{T-D}dV \qquad (4.163)$$

式(4.161)和式(4.163)中被积函数均与速度 V 有关,故只能用图解积分法求出飞机在给定高度的水平平面内做非定常无侧滑盘旋的时间和航迹偏角。

小　结

本章讲述了飞机的飞行性能,包括了飞机完成一些基本运动的性能。从飞行轨迹角度考虑,将飞机视为一个可控质心,用运动方程描述其运动。按不同的飞行状态,飞机的飞行性能包括平飞性能、上升性能、续航性能、起落性能和机动性能。

飞机飞行性能体现在直线运动中。严格地讲,随着燃油消耗,飞机的质量将不断减小,从而飞机的速度、迎角会随之变化,直线运动是时变的。但当飞机平稳飞行时,运动参数随时间的变化十分缓慢,可以认为一段时间内运动参数固定不变,将飞机的运动视为定常直线运动。飞机的平飞性能、上升性能就是视运动为定常时确定的。

无论是在地面滑跑,还是在爬升或下滑过程中,飞行速度变化较大,飞机的起落性能均按非定常运动来确定。

思考题

1. 飞机定直平飞最大速度受到哪些因素的限制?
2. 推重比 T/W 对飞机基本飞行性能有哪些影响?
3. 叙述平飞需用推力随速度的变化规律,并阐明原因。
4. 计算最大航程和最大续航时间的步骤是怎样的?
5. 有风速时,会对飞机的哪些性能产生影响?
6. 飞机的起落性能主要包括哪几部分?
7. 风切变为什么会造成飞行安全隐患?

第5章 固定翼无人机的基础建模和控制

5.1 常用的坐标轴系及其转换

在建立飞行器运动方程时,为了确定相对位置、速度、加速度和外力矢量的分量,需要引入多种坐标轴系。常用的坐标轴系均采用右手直角坐标系。

5.1.1 常用的坐标轴系

1. 地面坐标系 $O_g x_g y_g z_g$

地面坐标系是固定在地球表面的一种坐标系,原点 O_g 位于地面任意选定的某固定点(例如飞机起飞点、导弹发射点),$O_g x_g$ 轴指向地平面某任意选定方向;$O_g z_g$ 轴铅垂向下;$O_g y_g$ 轴垂直 $O_g x_g z_g$ 平面,按右手定则确定。

在许多飞行器动力学问题中,可以忽略地球自转和地球质心的曲线运动,于是该坐标系可看成惯性坐标系。飞行器的位置和姿态以及速度、加速度等都是相对于此坐标系来衡量的。

2. 机体坐标系 $Ox_b y_b z_b$

机体坐标系是固联于飞行器并随飞行器运动的一种动坐标系。由于该坐标系最常用,故常常简化为用 $Oxyz$ 表示。它的原点位于飞行器的质心,Ox_b 轴在飞行器对称平面内,平行于机身轴线或机翼的平均气动弦线,指向前;Oz_b 轴亦在对称平面内,垂直于 Ox_b 轴,指向下;Oy_b 输垂直于对称平面,指向右。

气动力矩的三个分量(即滚转力矩 L、偏航力矩 N 和俯仰力矩 M)是对机体坐标系的三个轴定义的。

如果 Ox_b 轴取沿飞行速度 V 在对称平面的投影方向;Oz_b 轴仍在对称面内,垂直 Ox_b 指向下;Oy_b 垂直于对称平面,指向右,则这种机体轴系又称为半机体轴系。风洞实验中测量气动力时,常用该坐标系。

如果 Ox_b 轴取沿基准运动飞行速度 V 在对称平面的投影方向;Oz_b 轴仍在对称平面内,垂直 Ox_b,指向下;Oy_b 轴垂直于对称平面,指向右,则这种在扰动运动中固联于飞行器的坐标系又称为稳定坐标系,可用 $Ox_s y_s z_s$ 表示。

3. 气流坐标系 $Ox_a y_a z_a$

气流坐标系又称速度坐标系或风轴系,它的原点 O 位于飞行器的质心,Ox_a 轴始终指向飞行器的空速方向;Oz_a 轴位于对称平面内,垂直于 Ox_a 轴,指向下;Oy_a 轴垂直 $Ox_a z_a$ 平面,指向右。

气动力的三个分量,即升力 L、阻力 D 和侧力 C,是在气流坐标系中定义的。

4. 航迹坐标系 $Ox_k y_k z_k$

航迹坐标系又称弹道固连坐标系,它的原点 O 位于飞行器的质心,Ox_k 轴始终指向飞行器的地速方向;Oz_k 轴则位于包含 Ox_k 轴的铅垂平面内,垂直于 Ox_k 轴,指向下;Oy_k 轴垂直于 $Ox_k z_k$ 平面,指向右。

由定义可知,航速坐标系的 Ox_k 轴与气流坐标系的 Ox_a 轴,当风速 $V_w \neq 0$ 时,两者的方向是不同的;只有当风速 $V_w = 0$ 时,两者的方向才一致。

以上 4 种坐标系中,只有地面坐标系是固定于地面不动的;其他 3 种坐标系都随飞行器一起运动,故统称为动坐标系。

5.1.2 坐标系转换矩阵

建立运动方程时,还需要知道各坐标系之间的相互投影关系,即坐标转换矩阵。下面推出坐标转换的一般法则。

1. 两个矢量坐标轴系间的转换

设两个矢量坐标轴 Ox_p 和 Ox_q 之间的夹角为 α(见图 5.1)。显然 Ox_p 轴上的量在 Ox_q 轴上的投影为

$$x_q = x_p \cos \alpha$$

Ox_q 轴上的量在 Ox_p 轴上的投影为

$$x_p = x_q \cos \alpha$$

可见,它们均是二轴间的方向余弦的倍数。

2. 平面坐标轴系间的转换

设两平面坐标系 $Ox_p y_p$ 和 $Ox_q y_q$,当坐标系 $Ox_p y_p$ 顺时针转过 α 角后,将与新坐标系 $Ox_q y_q$ 重合(见图 5.2),则某矢量 r 在坐标系中可分别表示为 (x_p, y_p) 和 (x_q, y_q)。如果已知矢量的坐标 (x_p, y_p),则可用下式求得坐标 (x_q, y_q),即

$$\begin{cases} x_q = x_p \cos \alpha + y_p \sin \alpha \\ y_q = -x_p \sin \alpha + y_p \cos \alpha \end{cases}$$

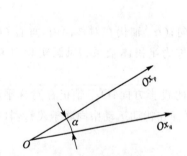

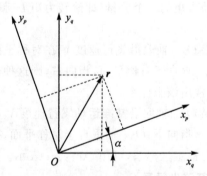

图 5.1 两个矢量坐标轴系的转换关系   图 5.2 平面坐标轴系的转换关系

写成矩阵的形式:

$$\begin{bmatrix} x_q \\ y_q \end{bmatrix} = \begin{bmatrix} \cos \alpha & \sin \alpha \\ -\sin \alpha & \cos \alpha \end{bmatrix} \begin{bmatrix} x_p \\ y_p \end{bmatrix} \tag{5.1}$$

令

$$L_{qp} = \begin{bmatrix} \cos \alpha & \sin \alpha \\ -\sin \alpha & \cos \alpha \end{bmatrix}$$

则
$$r_q = L_{qp} r_p$$

式中，L_{qp} 为从坐标系 p 到坐标系 q 的坐标转换矩阵，即是这两个坐标轴系之间的方向余弦表。

同样，如果已知 (x_q, y_q)，则 (x_p, y_p) 可用下式求得，即
$$\begin{cases} x_p = x_q \cos \alpha - y_q \sin \alpha \\ y_p = x_q \sin \alpha + y_q \cos \alpha \end{cases}$$

写成矩阵的形式：
$$\begin{bmatrix} x_p \\ y_p \end{bmatrix} = \begin{bmatrix} \cos \alpha & -\sin \alpha \\ \sin \alpha & \cos \alpha \end{bmatrix} \begin{bmatrix} x_q \\ y_q \end{bmatrix} \tag{5.2}$$

令
$$L_{pq} = \begin{bmatrix} \cos \alpha & -\sin \alpha \\ \sin \alpha & \cos \alpha \end{bmatrix}$$

则
$$r_p = L_{pq} r_q$$

式中，L_{pq} 为从坐标系 q 到坐标系 p 的坐标转换矩阵。

由式(5.1)和式(5.2)可以看出，转换矩阵具有如下性质：

① $L_{pq} = (L_{qp})^{\mathrm{T}}$，$L_{qp} = (L_{pq})^{\mathrm{T}}$，即 L_{pq} 和 L_{qp} 互为转置矩阵。

② $L_{pq} = (L_{qp})^{-1}$，$L_{qp} = (L_{pq})^{-1}$，即 L_{pq} 和 L_{qp} 互为逆矩阵。

由此可得 $(L_{qp})^{\mathrm{T}} = (L_{qp})^{-1}$，$(L_{pq})^{\mathrm{T}} = (L_{pq})^{-1}$，故 L_{pq} 和 L_{qp} 是正交矩阵。

③ 传递性质。设有三个坐标系 S_p、S_q、S_r，矢量 r 在这三个坐标系的分量阵可以用相应的转换矩阵联系，即
$$r_p = L_{pq} r_q, \quad r_q = L_{qr} r_r, \quad r_p = L_{pr} r_r$$

由此可以得到
$$L_{pr} = L_{pq} L_{qr}, \quad L_{rp} = L_{rq} L_{qp}$$

3. 三维坐标轴系各轴间的转换

原点重合的两个三维坐标轴系通过旋转可以重合。若仅通过其中一条轴旋转即可重合，则坐标轴之间的关系类似于平面坐标系(见图 5.3)。

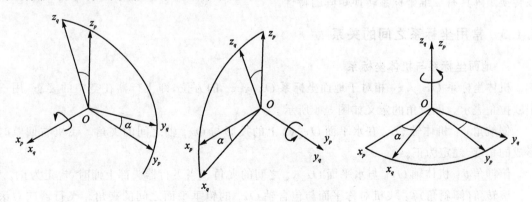

图 5.3　坐标系的基本旋转

仅绕 Oz_p 轴转过 α 角的坐标转换关系为

$$\begin{bmatrix} x_q \\ y_q \\ z_q \end{bmatrix} = \boldsymbol{L}_z \begin{bmatrix} x_p \\ y_p \\ z_p \end{bmatrix}$$

转换矩阵为
$$\boldsymbol{L}_z = \begin{bmatrix} \cos\alpha & \sin\alpha & 0 \\ -\sin\alpha & \cos\alpha & 0 \\ 0 & 0 & 1 \end{bmatrix} \tag{5.3}$$

绕 Oy_p 轴和 Ox_p 轴转过 α 角的转换矩阵分别为
$$\boldsymbol{L}_y = \begin{bmatrix} \cos\alpha & 0 & -\sin\alpha \\ 0 & 1 & 0 \\ \sin\alpha & 0 & \cos\alpha \end{bmatrix} \tag{5.4}$$

$$\boldsymbol{L}_z = \begin{bmatrix} 1 & 0 & 0 \\ 0 & \cos\alpha & \sin\alpha \\ 0 & -\sin\alpha & \cos\alpha \end{bmatrix} \tag{5.5}$$

一般情况下,坐标系 $Ox_qy_qz_q$ 相对于 $Ox_py_pz_p$ 的位置由三个欧拉角 ζ、η、ξ 确定。它们之间的相互转换关系,可由 $Ox_py_pz_p$ 按顺序连续绕 Oz 方向转动 ζ 角,再绕当时的 Oy 方向转动 η 角,最后绕当时的 Ox 方向转动 ξ 角,到达 $Ox_qy_qz_q$ 坐标系。利用绕单轴转换矩阵式(5.3)~式(5.5),并根据其转动过程,两坐标轴之间的转换关系应有

$$\begin{bmatrix} x_q \\ y_q \\ z_q \end{bmatrix} = \boldsymbol{L}_x(\xi)\boldsymbol{L}_y(\eta)\boldsymbol{L}_z(\zeta) \begin{bmatrix} x_p \\ y_p \\ z_p \end{bmatrix}$$

或简写成
$$\boldsymbol{r}_q = \boldsymbol{L}_{qp}\boldsymbol{r}_p$$

式中,三维坐标系转换矩阵间的关系为
$$\boldsymbol{L}_{qp} = \boldsymbol{L}_x(\xi)\boldsymbol{L}_y(\eta)\boldsymbol{L}_z(\zeta)$$
该转换矩阵具有二维坐标系转换矩阵的特性。

5.1.3 常用坐标系之间的关系

1. 地面坐标系与机体坐标系

机体坐标系 $Ox_by_bz_b$ 相对于地面坐标系 $Ox_gy_gz_g$ 的方位,即飞行器在空中的姿态,用三个欧拉角表示。欧拉角的定义如图 5.4 所示。

偏航角 ψ:机体轴 Ox_b 在水平面 Ox_gy_g 上的投影与 Ox_g 轴之间的夹角。飞机右偏航时形成的角度,规定为正。

俯仰角 θ:机体轴 Ox_b 与水平面 Ox_gy_g 之间的夹角。当飞行器头部上仰时,规定为正。

滚转角(倾斜角)ϕ:飞机对称平面与包含轴 Ox_b 的铅垂平面之间的夹角。飞行器向右滚转时,规定为正。

地面坐标系 $Ox_gy_gz_g$ 按如图 5.4 上的顺序先绕 Oz 轴方向(即图中 Oz_g 方向)转过角 ψ,然后绕此时的 Oy 轴方向(即图中 Oy' 方向)转过角 θ,最后绕此时的 Oz 轴方向(即图中 Ox_b 方向)转过角 ϕ,就可与 $Ox_by_bz_b$ 重合。按坐标转换一般法则,可得出由 $Ox_gy_gz_g$ 到 $Ox_by_bz_b$

的转换矩阵为

$$\boldsymbol{L}_{bg} = \boldsymbol{L}_x(\phi)\boldsymbol{L}_y(\theta)\boldsymbol{L}_z(\psi)$$

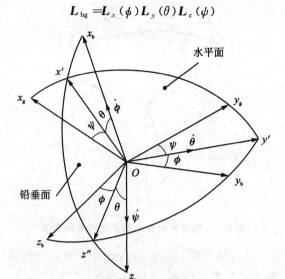

图 5.4　地面坐标系与机体坐标系的关系

利用单轴转换式(5.3)～式(5.5),最后得到的转换矩阵为

$$\boldsymbol{L}_{bg} = \begin{bmatrix} \cos\theta\cos\psi & \cos\theta\sin\psi & -\sin\theta \\ \sin\theta\sin\phi\cos\psi - \cos\theta\sin\psi & \sin\theta\sin\phi\sin\psi + \cos\phi\cos\psi & \sin\phi\cos\theta \\ \sin\theta\cos\phi\cos\psi + \sin\phi\sin\psi & -\sin\phi\cos\psi & \sin\theta\cos\phi\sin\psi & \cos\phi\cos\theta \end{bmatrix}$$

$$(5.6)$$

2. 地面坐标系与航迹坐标系

航迹坐标系相对地面坐标系的方位,根据两个坐标系的定义,Oz_k 与 Oz_g 均位于垂直平面内,故只存在两个欧拉角。

航迹(轨迹)偏角 ψ_a:又称航向角,即轴 Ox_k 在水平面 Ox_gy_g 上的投影与 Ox_g 轴之间的夹角。规定航迹向右偏转为正。

航迹(轨迹)倾角 θ_a:又称爬升角,即轴 Ox_k 与水平面 Ox_gy_g 之间的夹角。规定航迹向上倾斜为正。

由图 5.5 可见,角 ψ_a、角 θ_a 决定了飞机地速在空间的方向。

地面坐标系 $Ox_gy_gz_g$ 按顺序先绕 z_g 轴转过角 ψ_a,然后绕此时的 y 轴(即图中 Oy_k 方向)转过角 θ_a,就可与 $Ox_ky_kz_k$ 重合。按坐标转换一般法则,可得出由 $Ox_gy_gz_g$ 到 $Ox_ky_kz_k$ 的转换矩阵为

$$\boldsymbol{L}_{kg} = \boldsymbol{L}_y(\theta_a)\boldsymbol{L}_z(\psi_a) = \begin{bmatrix} \cos\theta_a\cos\psi_a & \cos\theta_a\sin\psi_a & -\sin\theta_a \\ -\sin\psi_a & \cos\psi_a & 0 \\ \sin\theta_a\cos\psi_a & \sin\theta_a\sin\psi_a & \cos\theta_a \end{bmatrix} \qquad (5.7)$$

3. 航迹坐标系与气流坐标系

航迹坐标系与气流坐标系间的关系,在无风情况下,其 Ox_a 和 Ox_k 是同轴,故只有一个角度即可确定。在有风情况下,Ox_a 和 Ox_k 不是同轴。

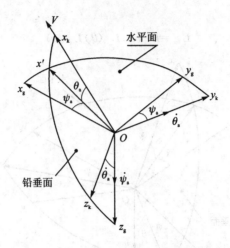

图 5.5　地面坐标系与航迹坐标系的关系

速度滚转角 ϕ_a，即飞行器对称平面 $Ox_b z_b$ 与含速度矢量 V 的铅垂平面之间的夹角。速度滚转角是绕速度矢量 V 向右滚转形成的，定义向右为正。

其转换矩阵为

$$L_{ak}=L_x(\phi_a)=\begin{bmatrix} 1 & 0 & 0 \\ 0 & \cos\phi_a & \sin\phi_a \\ 0 & -\sin\phi_a & \cos\phi_a \end{bmatrix} \tag{5.8}$$

4. 地面坐标系与气流坐标系

地面坐标系与气流坐标系的方位可以由三个欧拉角确定，即 ψ_a、θ_a 和 ϕ_a。其转换矩阵可以通过式（5.7）和式（5.8）导出，也可类似式（5.6）直接得到。

$$L_{ag}=L_{ak}L_{kg}=L_x(\phi_a)L_y(\theta_a)L_z(\psi_a)=$$
$$\begin{bmatrix} \cos\theta_a\cos\psi_a & \cos\theta_a\sin\psi_a & -\sin\theta_a \\ \sin\theta_a\sin\phi_a\cos\psi_a-\cos\phi_a\sin\psi_a & \sin\theta_a\sin\phi_a\sin\psi_a+\cos\phi_a\cos\psi_a & \sin\phi_a\cos\theta_a \\ \sin\theta_a\cos\phi_a\cos\psi_a+\sin\phi_a\sin\psi_a & \sin\theta_a\cos\phi_a\sin\psi_a-\sin\phi_a\cos\psi_a & \cos\phi_a\cos\theta_a \end{bmatrix}$$
$$\tag{5.9}$$

5. 气流坐标系与机体坐标系

对于气流坐标系与机体坐标系的关系，因为 Oz_a 和 Oz_b 轴同在飞行器纵向对称平面内，故需要两个角度确定其相对位置。

①迎角 α：飞行速度矢量 V 在飞行器对称平面上的投影与机体轴 Ox_b 之间的夹角。投影线在 Ox_b 上方为正。

②侧滑角 β：飞行速度矢量 V 与飞行器对称平面间的夹角。速度矢量 V 在对称平面右侧为正。

由图 5.6 可见，坐标系 $Ox_b y_b z_b$ 按顺序先绕 y_b 轴转过角 $-\alpha$，然后绕此时的 z 轴（即图中 Oz_a 方向）转过角 β，就可与 $Ox_a y_a z_a$ 重合。

相应的转换矩阵为

$$L_{ab} = L_z(\beta)L_y(-\alpha) = \begin{bmatrix} \cos\alpha\cos\beta & \sin\beta & \sin\alpha\cos\beta \\ -\cos\alpha\sin\beta & \cos\beta & -\sin\alpha\sin\beta \\ -\sin\alpha & 0 & \cos\alpha \end{bmatrix} \quad (5.10)$$

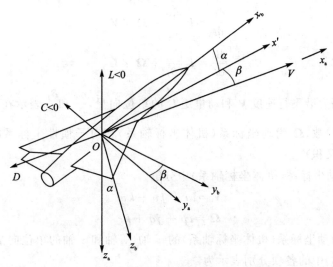

图 5.6　气流坐标系与机体坐标系的关系

5.2　飞行器质心动力学及运动学方程

在惯性参考系中应用牛顿第二定律可以建立起飞行器在外合力 F 作用下的线运动和外合力矩 M 作用下的角运动方程。

飞行器在外合力作用下的线运动方程为

$$\sum F = \frac{\mathrm{d}(mV)}{\mathrm{d}t} \quad (5.11)$$

飞行器在外合力矩作用下的角运动方程为

$$\sum M = \frac{\mathrm{d}L}{\mathrm{d}t} \quad (5.12)$$

式中，m 为飞行器的质量，V 为飞行器质心的速度向量，L 为动量矩。

由于已假设飞行器的质量 m 为常量以及地面坐标轴系为惯性系，所以，式(5.11)、式(5.12)在地面坐标轴系中可写成

$$\sum F = \frac{\mathrm{d}V}{\mathrm{d}t} \quad (5.13)$$

$$\sum M = \frac{\mathrm{d}L}{\mathrm{d}t} \quad (5.14)$$

上述式(5.13)、式(5.14)是在适用于牛顿第二运动定律的惯性坐标系——地面坐标轴系中建立起来的，是相对静止坐标系中的运动方程。为了建立飞行器对于地面坐标轴系的相对运动关系，下面建立一个动坐标系。

选用机体坐标轴系作为动坐标系。将在地面坐标轴系中得到的运动速度 V 及动量矩 L

向机体坐标轴系上分解。

假设动坐标系(机体坐标轴系)相对子惯性坐标系的速度为 $\boldsymbol{V}$,角速度向量为 $\boldsymbol{\Omega}$。则式(5.13)和式(5.14)的右端在动坐标系(机体坐标轴系)中可表示为

$$\frac{\mathrm{d}\boldsymbol{V}}{\mathrm{d}t}=l_V\frac{\delta_V}{\delta_t}+\boldsymbol{\Omega}\times\boldsymbol{V} \tag{5.15}$$

$$\frac{\mathrm{d}\boldsymbol{L}}{\mathrm{d}t}=l_L\frac{\delta_L}{\delta_t}+\boldsymbol{\Omega}\times\boldsymbol{L} \tag{5.16}$$

式中,l_V 和 l_L 分别为沿飞行速度 $\boldsymbol{V}$ 和动量矩 $\boldsymbol{L}$ 的单位向量,$\frac{\delta_V}{\delta_t}$ 和 $\frac{\delta_L}{\delta_t}$ 表示在动坐标系(机体坐标轴系)内的相对导数,$\boldsymbol{\Omega}$ 为动坐标系(机体坐标轴系)相对子惯性坐标系的总角速度向量,$\times$ 为向量积符号(叉积)。

将 $\boldsymbol{V}$ 和 $\boldsymbol{\Omega}$ 在动坐标系(机体坐标轴系)中分解

$$\boldsymbol{V}=\boldsymbol{i}u+\boldsymbol{j}v+\boldsymbol{k}w \tag{5.17}$$

$$\boldsymbol{\Omega}=\boldsymbol{i}p+\boldsymbol{j}q+\boldsymbol{k}r \tag{5.18}$$

式中 $\boldsymbol{i}$、$\boldsymbol{j}$、$\boldsymbol{k}$ 分别为动坐标系(机体坐标轴系)的 x 轴、y 轴和 z 轴的单位向量,这样,利用上述两式,可将式(5.15)中的各项分别表示为

第一项: $$l_V\frac{\delta_V}{\delta_t}=\boldsymbol{i}\frac{\delta_u}{\delta_t}+\boldsymbol{j}\frac{\delta_v}{\delta_t}+\boldsymbol{k}\frac{\delta_w}{\delta_t}=\boldsymbol{i}\dot{u}+\boldsymbol{j}\dot{v}+\boldsymbol{k}\dot{w} \tag{5.19}$$

第二项: $$\boldsymbol{\Omega}\times\boldsymbol{V}=\begin{vmatrix}\boldsymbol{i}&\boldsymbol{j}&\boldsymbol{k}\\p&q&r\\u&v&w\end{vmatrix}=\boldsymbol{i}(wq-vr)+\boldsymbol{j}(ur-wp)+\boldsymbol{k}(vp-uq) \tag{5.20}$$

将外合力 $\sum\boldsymbol{F}$ 向动坐标系(机体坐标轴系)内分解

$$\sum\boldsymbol{F}=\boldsymbol{i}X+\boldsymbol{j}Y+\boldsymbol{k}Z \tag{5.21}$$

再将式(5.19)～式(5.21)代入式(5.13)中,则外合力 $\sum\boldsymbol{F}$ 对飞行器的作用可表示为

$$\left.\begin{array}{l}X=m(\dot{u}+wq-vr)\\Y=m(\dot{v}+ur-wp)\\Z=m(\dot{w}+vp-uq)\end{array}\right\} \tag{5.22}$$

如果将总空气动力 R_Σ 和发动机推力 T 向动坐标系(机体坐标轴系)内分解为(F_x,F_y,F_z),再利用重力在动坐标系(机体坐标轴系)内的分解公式,则将式(5.22)写成下列的力方程组(force equations)

$$\left.\begin{array}{l}\dot{u}=vr-wq-g\sin\theta+\dfrac{F_x}{m}\\[2mm]\dot{v}=-ur+wp+g\cos\theta\sin\phi+\dfrac{F_y}{m}\\[2mm]\dot{w}=uq-vp+g\cos\theta\cos\phi+\dfrac{F_x}{m}\end{array}\right\} \tag{5.23}$$

下面讨论由式(5.14)表示的角运动方程。

根据理论力学中质点系对于固定点的动量矩定理可知,质点系对于定点 O 的动量矩对时

间的向量导数等于作用于质点系的外力对同一点 O 的力矩的向量和,即

$$\sum M = \frac{\mathrm{d}L}{\mathrm{d}t}$$

对于运动质点系的动量矩定理,选择质心为动坐标系(机体坐标轴系)的原点,则在动坐标系(机体坐标轴系)内表示的动量矩定理为

$$L = \int \mathrm{d}L = \int (r \times V)\delta_m \tag{5.24}$$

式中,r 为单元质量 δ_m 对原点的向径,V 为质点系的速度向量。

将关系式 $r = ix + jy + kz$、$r = ix + jy + kz$ 和 $V = \Omega \times r$ 代入式(5.24)后,展开得

$$L = \begin{bmatrix} \iint [(y^2+z^2)p - xyq - xzr]\delta_m \\ \int [(x^2+z^2)q - yzr - xyp]\delta_m \\ \int [(x^2+y^2)r - xzp - yzq]\delta_m \end{bmatrix} = $$

$$\begin{bmatrix} p\int(y^2+z^2)\delta_m - q\int xy\delta_m - r\int xz\delta_m\delta_m \\ q\int(x^2+z^2)\delta_m - r\int yz\delta_m - p\int yx\delta_m\delta_m \\ r\int(x^2+y^2)\delta_m - p\int zx\delta_m - q\int zy\delta_m\delta_m \end{bmatrix} \tag{5.25}$$

因为绕 x 轴的转动惯量 $\int(y^2+z^2)\delta_m = I_x$,绕 y 轴的转动惯量 $\int(x^2+z^2)\delta_m = I_y$,绕 z 轴的转动惯量 $\int(x^2+y^2)\delta_m = I_z$,以及惯性积 $\int xy\delta_m = I_{xy} = I_{yx}$,$\int yz\delta_m = I_{yz} = I_{zy}$ 和 $\int xz\delta_m = I_{xz} = I_{zx}$,又由于飞机有一个 Oxz 对称平面,故 $I_{xy} \equiv I_{yz} = I_{yz} \equiv I_{zy} = 0$。所以,动量矩 L 在动坐标系(机体坐标轴系)内的分量 L_x、L_y 和 L_z 可以表示为

$$\begin{bmatrix} L_x \\ L_y \\ L_z \end{bmatrix} = \begin{bmatrix} pI_x - rI_{xz} \\ qI_y \\ rI_z - pI_{xz} \end{bmatrix} \tag{5.26}$$

利用式(5.26),可以将式(5.16)中第一项写成如下形式,即

$$l_L \frac{\delta_L}{\delta_t} = i\frac{\delta_{Lx}}{\delta_t} + j\frac{\delta_{Ly}}{\delta_t} + k\frac{\delta_{Lz}}{\delta_t} \tag{5.27}$$

由此可以得到下列关系式

$$\left. \begin{array}{l} \dfrac{\delta_{Lx}}{\delta_t} = \dot{p}I_x + p\dot{I}_x - \dot{r}I_{xz} - r\dot{I}_{xz} \\[2mm] \dfrac{\delta_{Ly}}{\delta_t} = \dot{q}I_y + q\dot{I}_y \\[2mm] \dfrac{\delta_{Lz}}{\delta_t} = \dot{r}I_z + r\dot{I}_z - \dot{p}I_{xz} - p\dot{I}_{xz} \end{array} \right\} \tag{5.28}$$

因为假设飞机为质量不变的刚体,所以惯性矩和惯性积均为时不变的常量,因此式(5.28)可以化简为

$$\left.\begin{array}{l} \dfrac{\delta_{Lx}}{\delta_t} = \dot{p}I_x - \dot{r}I_{xz} \\[3mm] \dfrac{\delta_{Ly}}{\delta_t} = \dot{q}I_y \\[3mm] \dfrac{\delta_{Lz}}{\delta_t} = \dot{r}I_z - \dot{p}I_{xz} \end{array}\right\} \tag{5.29}$$

因为式(5.16)中第二项可写成

$$\boldsymbol{\Omega} \times \boldsymbol{L} = \begin{vmatrix} \boldsymbol{i} & \boldsymbol{j} & \boldsymbol{k} \\ p & q & r \\ L_x & L_y & L_z \end{vmatrix} = \boldsymbol{i}(qL_z - rL_y) + \boldsymbol{j}(rL_x - pL_z) + \boldsymbol{k}(pL_y - qL_x) \tag{5.30}$$

再将外合力矩 $\sum \boldsymbol{M}$ 向动坐标系(机体坐标轴系)分解后,有

$$\sum \boldsymbol{M} = \boldsymbol{i}\bar{L} + \boldsymbol{j}M + \boldsymbol{k}N \tag{5.31}$$

将式(5.29)～式(5.31)代入式(5.16)并结合式(5.14)可以得到在动坐标系(机体坐标轴系)中飞行器在外合力矩作用下的角运动方程组为

$$\left.\begin{array}{l} \bar{L} = \dot{p}I_x - \dot{r}I_{xz} + qr(I_z - I_y) - pqI_{xz} \\[2mm] M = \dot{q}I_y + pr(I_x - I_z) + (p^2 - r^2)I_{xz} \\[2mm] N = \dot{r}I_z - \dot{p}I_{xz} + pq(I_y - I_x) + qrI_{xz} \end{array}\right\} \tag{5.32}$$

整理上式可得到下列力矩方程组(moment equations)

$$\left.\begin{array}{l} \dot{p} = (c_1 r + c_2 p)q + c_3 \bar{L} + c_4 N \\[2mm] \dot{q} = c_5 pr - c_6(p^2 - r^2) + c_7 M \\[2mm] \dot{r} = (c_8 p - c_2 r)q + c_4 \bar{L} + c_9 N \end{array}\right\} \tag{5.33}$$

式中

$$c_1 = \frac{(I_x - I_z)I_z - I_{xz}^2}{\Sigma}, \quad c_2 = \frac{(I_x - I_y + I_z)I_{xz}}{\Sigma}, \quad c_3 = \frac{I_z}{\Sigma}, \quad c_4 = \frac{I_{xz}}{\Sigma}, \quad c_5 = \frac{I_z - I_x}{I_y}$$

$$c_6 = \frac{I_{xz}}{I_y}, \quad c_7 = \frac{1}{I_y}, \quad c_8 = \frac{I_x(I_x - I_y) + I_{xz}^2}{\Sigma}, \quad c_9 = \frac{I_x}{\Sigma}, \quad \Sigma = I_x I_z - I_{xz}^2$$

到此为止,在操纵舵量给定的条件下,在机体坐标轴系上建立起了在外合力 $\sum \boldsymbol{F}$ 和外合力矩 $\sum \boldsymbol{M}$ 作用下飞机的动力学方程组,即式(5.23)和式(5.33)。

采用机体坐标轴系为动坐标系有下列几个优点:

① 由于飞机具有机体坐标轴系的对称面 Oxz,所以惯性积 I_{xy} 的和 I_{yz} 为零,这样可以使运动方程简化;

② 在飞机质量不变的假设条件下,各个转动惯量和惯性积为非时变的常量;

③ 由于姿态角及其角速度传感器是在机体坐标轴系测量的,所以其测量值不再需要转换,可直接采用。

运动学方程:

在上面建立飞行器的动力学方程时,主要研究了外合力 $\sum \boldsymbol{F}$ 与外合力矩 $\sum \boldsymbol{M}$ 对飞行器

运动的作用。下面将讨论动坐标系(机体坐标轴系)相对于静止坐标系(地面坐标轴系)的相对空间位置。

前面已经讨论过,视为刚体的飞行器空间运动可用三个线坐标和三个角坐标的六自由度关系来描述,即飞行器质心的位移(线运动),包括飞行速度的增减运动、升降运动和侧移运动,以及绕成质心的转动(角运动)、俯仰角运动、偏航角运动和滚转角运动。

下面首先讨论飞行器绕质心的旋转运动,即角运动,其中包括俯仰角运动、偏航角运动和滚转角运动。也就是说,需要确定三个姿态角的角速率 $\dot{\theta}$(俯仰角变化率)、$\dot{\psi}$(偏航角变化率)和 $\dot{\phi}$(滚转角变化率)与机体坐标轴系的三个角速度分量 p(x 轴的角速度分量)、q(y 轴的角速度分量)和 r(z 轴的角速度分量)之间的关系。

由机体坐标轴系与地面坐标轴系之间的关系可以写出姿态角($\dot{\theta}$,$\dot{\psi}$,$\dot{\phi}$)与机体坐标轴系的三个角速度分量(p,q,r)之间的关系式

$$\left.\begin{aligned} p &= \dot{\phi} - \dot{\psi}\sin\theta \\ q &= \dot{\theta}\cos\phi + \dot{\psi}\cos\theta\sin\phi \\ r &= -\dot{\theta}\sin\phi + \dot{\psi}\cos\varphi\cos\phi \end{aligned}\right\} \tag{5.34}$$

或者写成运动方程组(kinematic equations)

$$\left.\begin{aligned} \dot{\phi} &= p + (r\cos\phi + q\sin\phi)\tan\theta \\ \dot{\theta} &= q\cos\phi - r\sin\phi \\ \dot{\psi} &= \frac{1}{\cos\theta}(r\cos\phi + q\sin\phi) \end{aligned}\right\} \tag{5.35}$$

上述运动方程组也可以通过机体坐标轴系与地面坐标轴系之间的转换关系变换得到。

姿态角的变化率($\dot{\theta}$,$\dot{\psi}$,$\dot{\phi}$)在地面坐标轴系中的分量为

$$\begin{bmatrix} -\dot{\theta}\sin\psi + \dot{\phi}\cos\theta\cos\psi \\ \dot{\theta}\cos\psi + \dot{\phi}\cos\theta\sin\psi \\ \dot{\psi} - \dot{\phi}\sin\theta \end{bmatrix}_g \tag{5.36}$$

而机体坐标轴系的三个角速度分量为

$$\begin{bmatrix} p \\ q \\ r \end{bmatrix}_b \tag{5.37}$$

这样,将式(5.36)和式(5.37)代入地面坐标轴系与机体坐标轴系之间的转换关系式即 $\boldsymbol{X}_b = \boldsymbol{L}_{bg}\boldsymbol{X}_g$,也可以得到运动方程组式(5.35)。

由式(5.35)可以看出,姿态角变化率($\dot{\theta}$,$\dot{\psi}$,$\dot{\phi}$)之间,通常是互不正交的向量。在一般情况下,$\dot{\psi}$ 与 $\dot{\theta}$ 之间以及 $\dot{\phi}$ 与 $\dot{\theta}$ 之间是互相垂直的,而 $\dot{\psi}$ 与 $\dot{\phi}$ 之间不是相互垂直的,而只有 $\theta=0$ 时,$\dot{\psi}$ 与 $\dot{\phi}$ 才相互垂直。

下面再来讨论飞行器质心的位移运动,即线运动,其中包括飞行速度的增减运动、升降运动和侧移运动。

与上面建立运动方程组式(5.35)的方法一样,也可以通过地面坐标轴系与机体坐标轴系之间的转换关系建立飞行器质心的位移运动方程组。

对于地面坐标轴系的位移运动有

$$\begin{bmatrix} \dot{x}_g \\ \dot{y}_g \\ -\dot{h} \end{bmatrix}_g \tag{5.38}$$

对于机体坐标轴系的速度分量有

$$\begin{bmatrix} u \\ v \\ w \end{bmatrix}_b \tag{5.39}$$

这样,将式(5.38)和式(5.39)代入地面坐标轴系与机体坐标轴系之间的转换关系式即 $X_g = L_{bg}^T X_g$,便可以得到导航方程组(navigation equations)

$$\begin{aligned}
\dot{x}_g &= u\cos\theta\cos\psi + v(\sin\phi\sin\theta\cos\psi - \cos\phi\sin\psi) + \\
& \quad w(\sin\phi\sin\psi + \cos\phi\sin\theta\cos\psi) \\
\dot{y}_g &= u\cos\theta\sin\psi + v(\sin\phi\sin\theta\sin\psi + \cos\phi\cos\psi) + \\
& \quad w(-\sin\phi\cos\psi + \cos\phi\sin\theta\sin\psi) \\
\dot{h} &= u\sin\theta - v\sin\phi\cos\theta - w\cos\phi\cos\theta
\end{aligned} \tag{5.40}$$

或者利用地面坐标轴系与气流坐标轴系之间的转换关系 $X_g = L_{ag}^T X_a$,即

$$\begin{bmatrix} \dot{x}_g \\ \dot{y}_g \\ -\dot{h} \end{bmatrix}_g = L_{ag}^T \begin{bmatrix} V \\ 0 \\ 0 \end{bmatrix}$$

将导航方程组(5.40)写成如下形式,即

$$\begin{cases}
\dot{x}_g = V\cos\mu\cos\phi \\
\dot{y}_g = V\cos\mu\sin\phi \\
\dot{h} = V\sin\mu
\end{cases}$$

到此为止,在机体坐标轴系中建立起了飞行器的运动方程(包括动力学方程和运动学方程)。可以将动力学方程和运动学方程整理在一起,写成下列形式,即力方程组

$$\begin{aligned}
\dot{u} &= vr - wq - g\sin\theta + \frac{F_x}{m} \\
\dot{v} &= -ur + wp + g\cos\theta\sin\phi + \frac{F_y}{m} \\
\dot{w} &= uq - vp + g\cos\theta\cos\phi + \frac{F_x}{m}
\end{aligned} \tag{5.41a}$$

运动方程组

$$\left.\begin{aligned}\dot{\phi}&=p+(r\cos\phi+q\sin\phi)\tan\theta\\\dot{\theta}&=q\cos\phi-r\sin\phi\\\dot{\psi}&=\frac{1}{\cos\theta}(r\cos\phi+q\sin\phi)\end{aligned}\right\} \tag{5.41b}$$

力矩方程组

$$\left.\begin{aligned}\dot{p}&=(c_1r+c_2p)q+c_3\bar{L}+c_4N\\\dot{q}&=c_5pr-c_6(p^2-r^2)+c_7M\\\dot{r}&=(c_8p-c_2r)q+c_4\bar{L}+c_9N\end{aligned}\right\} \tag{5.41c}$$

导航方程组

$$\left.\begin{aligned}\dot{x}_g&=u\cos\theta\cos\psi+v(\sin\phi\sin\theta\cos\psi-\cos\phi\sin\psi)+\\&\quad w(\sin\phi\sin\psi+\cos\phi\sin\theta\cos\psi)\\\dot{y}_g&=u\cos\theta\sin\psi+v(\sin\varphi\sin\theta\sin\psi+\cos\phi\cos\psi)+\\&\quad w(-\sin\phi\cos\psi+\cos\phi\sin\theta\sin\psi)\\\dot{h}&=u\sin\theta-v\sin\phi\cos\theta-w\cos\phi\cos\theta\end{aligned}\right\} \tag{5.41d}$$

或者

$$\left.\begin{aligned}\dot{x}_g&=V\cos\mu\cos\phi\\\dot{y}_g&=V\cos\mu\sin\phi\\\dot{h}&=V\sin\mu\end{aligned}\right\} \tag{5.41e}$$

式(5.41)确定了状态向量 $\boldsymbol{X}=\begin{bmatrix}u&v&w&\phi&\theta&\psi&p&q&r&x_g&y_g&h\end{bmatrix}^T$ 与控制输入向量 $\boldsymbol{U}=\begin{bmatrix}\delta_T&\delta_e&\delta_a&\delta_r\end{bmatrix}^T$ 之间的非线性函数关系,所描述的 12 个方程是封闭的。只要已知飞行器相关的特征参数,根据飞行高度 h、马赫数 Ma 以及飞行状态就可以确定力 (F_x,F_y,F_z) 和力矩 (L,M,N),这样应用上述 12 个方程,便可以求解飞行器在任何时刻的运动状态。

飞行器的力方程组(5.41a)和运动方程组(5.41b)以及力矩方程组(5.41c)的计算并不依赖于偏航角 ψ,这一特点使得在后面将要讨论的运动方程线性化过程中,并不需要对偏航角 ψ 进行线性化处理。

5.3　飞行控制基本原理

要使无人飞行器能够按照人的意愿飞行,即控制飞行器按照所给定指令的要求稳定飞行,需要引入适当的装置,解决如下基本问题:飞行指令的获取;飞行状态的实时感知;飞行器的操纵方式,即采用何种方式产生控制力和控制力矩,从而实现飞行器空间运动的控制;飞行控制方法,即将飞行指令和飞行器运动参数,通过适当控制算法处理后,形成飞行器操纵所需的控制信号,从而实现对飞行器空间运动的有效控制。

5.3.1　飞行指令获取

因为导弹飞行控制系统所涉及的飞行指令获取方法及相关技术较为全面,所以下面以导弹为例,详细说明飞行指令获取的相关技术问题。注意,其中相关技术和方法均可以应用在无人机上。

飞行指令通常包括三种方式:① 地面发送指令方式;② 发射前预先装定方式;③ 导弹与目标相对运动计算方式。三种飞行指令的获取方式及其组合形成了四种典型制导体制:遥控制导、自主制导、寻的制导和复合制导。

1. 遥控制导

这种制导体制是一种地面发送指令方式。用设置在地面的制导站,来完成目标与导弹相对位置和相对运动的测定,然后引导导弹飞向目标。遥控制导可细分为指令制导、波束制导和TVM(Track-Via-Missile)制导。

(1)指令制导

它是一种由弹外制导站通过有线或无线的形式为导弹提供飞行指令,控制导弹飞行轨迹,直至命中目标的制导方式。有线指令制导依靠导线向导弹传输指令,多是光纤制导;无线指令制导依靠无线方式传输给导弹,通常又有两种制导形式:雷达波遥控指令制导和电视遥控指令制导。

(2)波束制导

这是一种通过地面雷达波束或激光波束自动跟踪目标,并为导弹提供飞行指令的制导方式。这种制导方式是通过地面设备产生引导波束,简化了弹载设备的复杂性,降低了导弹成本。但是由于引导波束的线偏差随着射程增大而增加,故会导致制导误差的增加;并且导弹攻击过程中波束必须始终连续指向目标,这样既暴露了自己,又限制了导弹自身的机动性。为此在实际工程中,多采用波束分离技术。

(3)TVM 制导

TVM 制导,即利用导弹上的半主动导引头测量导弹相对目标的位置和速度,并将测量结果和弹上其他弹道测量参数,通过下行传输线下传到制导站。制导站计算机将下传信息与制导站测量到的目标和导弹信息进行综合处理,并根据给定的导引规律要求形成控制指令,然后通过上传传输线由制导站传送到导弹上,控制导弹飞向目标,直至与目标遭遇。

2. 自主制导

自主制导作为一种典型的预先装定方式,有显著特点:按照给定弹道生成预定导航命令或预定弹道参数信息,在发射或起飞前装定到无人飞行器的存储装置中,飞行过程中机载敏感装置会不断测量预定参数,并与存储装置中预先装定参数进行比较,一旦出现偏差,便产生导航或导引指令,以操纵飞行器运动,完成飞行任务。该方式一般用于运载火箭、弹道导弹、巡航导弹,以及地空导弹的初始飞行段,主要分为惯性制导、地图匹配制导、卫星导航系统制导、天文导航制导及方案制导。

(1)惯性制导

惯性制导是指利用弹上惯性测量设备测量导弹弹体相对惯性空间的运动参数,并在给定初始条件下,通过计算机计算出导弹的速度、位置及姿态等参数,形成制导控制指令,实施导弹制导控制任务的一种制导方式。它作为一种自主式制导方式,具有抗干扰强、隐蔽性好、不受气候气象条件影响等突出特点。

(2)地图匹配制导

地图匹配制导是利用地图信息进行制导的一种自主式制导方式。地图匹配制导一般有地形匹配制导和景象匹配制导两种。两者的基本原理相同,都是利用弹上计算机预存的飞行路线的某些地区特征数据,与实际飞行过程中测量得到的相关数据进行比较,确定出导弹当前位置偏离顶定位置的偏差,形成制导控制指令。

(3) 卫星导航系统制导

卫星导航系统也称为全球定位系统,它利用预先规划在空间的导航卫星进行测时和测距,并为海上、陆地、空中和空间各类用户连续提供高精度三维位置、三维速度和时间信息,并具有良好的抗干扰和保密性能。

(4) 天文导航制导

天文导航是根据导弹、地球、星体三者之间的运动关系,来确定导弹的运动参量,并将导弹引向目标的一种自主制导体制。天文导航的观测装置是六分仪,可分为光电六分仪和无线电六分仪,它们借助于观测天空中的星体来确定导弹的位置。天文导航系统完全自动化,精确度较高,且导航误差不随航程的增大而增加。为发挥天文导航的优点,该系统可与惯性导航系统组合使用。

(5) 方案制导

方案制导是根据导弹飞向目标的既定航迹拟制的一种飞行计划称为飞行方案。方案制导是引导导弹按预定计划航迹飞向目标的制导方式。导弹飞行中的引导指令根据导弹实际飞行参数与预定值的偏差来形成。方案制导主要用于地地导弹的初制导和中制导阶段。有些地空导弹在发射初始段也采用方案制导,这样可使其具备更灵活的发射适应能力。

由以上几种自主制导可以看出,自主制导体制在导弹发射后不再需要外部信息支持,仅依靠自身测量设备来获取飞行信息。这也说明了自主制导的缺点,即导弹一旦发射出去,就只能按照发射前装定的目标信息进行制导,因此只能对付固定目标或已知飞行轨迹的目标,不能攻击活动目标。为攻击活动目标或提高攻击精度,自主制导必须与其他制导体制相结合。

3. 寻的制导

寻的制导是利用电磁波、红外线、激光或可见光等方式测量目标和无人飞行器之间的相对运动信息,由此实时解算出制导命令,从而导引无人飞行器飞向目标的一种制导方式。这种制导体制是导弹能够自主地搜索、捕捉、识别、跟踪和攻击目标的制导体制,是地空、空空导弹武器系统最主要的制导体制。

4. 复合制导

复合制导是指在飞行过程中,导弹采用两种或多种制导方式共同完成制导任务的一种新型制导方式。初制导用于定向,中制导用于提高射程或躲避敌方探测,末制导用于提高命中精度。复合制导可发挥各种制导方式的长处,避免其弱点。复合方式可分为串联和并联和串并联三种。串联复合制导是指在不同飞行弹道段上采用几种不同的制导方式;并联复合制导则是在整个飞行过程中或在某段飞行弹道上同时采用几种制导方式;而串并联复合制导就是既有串联复合也有并联复合的混合制导方式。由于战场环境的日益变化和高技术对抗武器的迅速发展,人们对导弹武器提出了越来越高的要求,使得单一制导体制无法适应,因此,采用分段多制导体制的复合制导就成为了发展趋势。

5.3.2　飞行参数的实时感知

要产生飞行控制系统所需的导航或制导指令,除了获取指令信息外,需要实时获取无人飞行器自身的运动参数;要产生飞行控制系统所需的导航或制导指令,不仅需要获取无人飞行器自身运动参数,而且还要获取与目标之间的相对关系;有时,为了对导航/制导指令进行补偿,还需要获取环境参数。这些飞行参数或环境参数的实时感知,是通过安装在无人飞行器上的敏感装置来实现的。常见的敏感装置包括:

① 惯组。它由陀螺和加表等组件构成,能够实时感知无人飞行器的姿态角、姿态角速率和加速度信息,由此可解算出飞行器的位置、速度等参数。

② GPS。它由 GPS 接收器、信号处理器和天线等组成,能够实时感知无人飞行器的位置和速度信息。

③ 高度计。它包括雷达高度计、激光高度计和气压高度计等几种,用来测量无人飞行器的高度信息。

④ 导引头。通过接收目标发射、反射或辐射的能量,解算飞行器与目标相对运动信息,形成导引信号的敏感装置,也称为寻的头。常见导引头有主动雷达导引头、被动雷达导引头、红外导引头、电视导引头和激光导引头等。

⑤ 大气参数测量。把飞行器气压、指示空速、真空速、马赫数、升降(垂直)速度和大气温度等参数,统称大气数据。这些大气数据信号,一般是基于静压、动压、温度和攻角四个原始参数测量后直接和间接计算求得的。有时,根据控制系统的需要可能只测其中的几个参数。

5.3.3 飞行器的控制方式

飞行器的运动主要包括质心运动和绕质心的转动。质心运动遵循牛顿力学定律,作用在飞行器上的力决定其运动特性,它包括发动机推力、空气动力、控制力和重力。由于无法改变重力大小,作用在飞行器上的力只能通过改变发动机推力、空气动力和控制力等来实现,通常将除重力以外的合力称为控制力。控制力可分解为沿飞行矢量方向的切向力和垂直于飞行矢量方向的法向力。只要控制切向力的大小就可以控制飞行的速度,只要控制法向力的大小就可以改变飞行的方向。因此,通过改变控制力的大小和方向即可实现对飞行器质心运动的控制。绕质心的转动遵循刚体转动动力学方程,是由作用在飞行器上的力矩来决定的,这些力矩主要包括气动力矩、发动机推力偏心及偏斜引起的推力力矩和控制装置产生的力矩,一般将其分解为俯仰力矩、偏航力矩和滚转力矩。可以通过引入相应装置改变力矩的大小,使飞行器围绕质心转动,调整飞行器在空间的角位置,从而获得在大小和方向上所需的控制力矩。这部分能够按照一定规律操纵的力矩就称为控制力矩。

1. 空气舵方式

这种方式结构相对简单,主要是在飞行器上设计多个可偏转的舵面(又称为操纵面),通过控制舵面的偏转方向和角度产生所需的控制力矩。由于这种方法是通过操纵舵面偏转后所引起的空气动力变化来实现的,其控制效率和大气密度、飞行速度有关,飞行高度太高,空气密度小,控制效率便会降低,因此,此方式只适合在大气层内的飞行器使用。

图 5.7 给出了一种典型的空气舵控制方式原理示意图。通过控制升降舵 δ_y、方向舵 δ_z 和副翼舵 δ_x 的舵机部件,来带动水平尾翼、垂直尾翼和副翼的三对活动翼面偏转,产生相应的控制力和控制力矩,从而控制无人机的空间运动。

2. 推力大小控制方式

对于许多动力装置,其推力大小是可以控制的。例如使用液体燃料的发动机,可通过调节

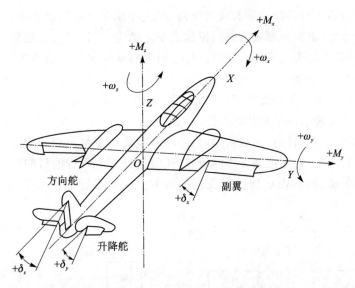

图 5.7　典型的空气舵控制方式原理示意图

燃料流量实现推力大小的控制;电机驱动的螺旋桨飞机,可通过控制电机的转速实现推力大小的控制。

3. 推力矢量控制方式

推力矢量控制是一种通过控制主推力相对飞行器体轴的偏移,产生改变飞行器方向所需力矩的控制技术。实际上其是对推力方向进行控制,该方法不依靠气动力,即使在低速、高空状态下仍可产生很大的控制力矩。例如在无人机和无人飞艇中,将全部动力系统安装在一个可控的安装架上,通过电机或作动机构控制安装架方向,从而控制推力方向。

4. 反作用方式

反作用方式又称为直接力控制方式,分为力操纵方式和力矩操纵方式两种。一般在飞行器横向截面内均匀安装一系列喷嘴,由喷流装置或组合发动机等喷出高速气流,从而产生所需的控制力或控制力矩,直接改变飞行器轨迹或姿态。这种操纵方式在导弹武器系统中获得广泛运用。

在大气层内,空气舵控制的飞行器,其时间常数一般为 150~350 ms,动态响应指标较低,对于大机动目标难以保证控制精度指标。而反作用操纵的飞行器,其时间常数一般为 5~20 ms,动态响应指标有较大提高,能够快速命中目标。由于要对高速、大机动目标进行有效拦截,因此在现代防空导弹中广泛采用了反作用操纵方式。在大气层外,因为空气稀薄,空气舵操纵效率极低,难以满足飞行控制任务的需求,所以一般采用反作用力操纵方式来弥补空气舵操纵方式的不足。例如美国"潘兴"Ⅱ弹道导弹姿态控制系统由空气舵和冷气反作用控制喷嘴组成。在大气层内飞行时,采用空气舵操纵方式;在大气层外飞行时,由冷气反作用喷气控制弹头姿态。

5.3.4　飞行控制方法

飞行控制的目的有两个,即指令飞行与稳定飞行。指令飞行,指按照给定弹道生成预定导航命令,或根据目标实时解算出制导命令,或通过无线通道实时接收导航或制导命令,或采用其他方式产生飞行器飞行所需的导航或制导命令,这些命令一般规定了飞行器飞行的质心位置参数或姿态角参数,由此可形成系统的控制指令。稳定飞行,即稳定控制,指飞行器在飞行过程中,在受到外部作用失去平衡后,自行纠正、回复到新的平衡点的能力。外部作用包括两种情况:一是由于飞行环境所产生的干扰力和干扰力矩;二是由导航与制导所给出的控制指令作用后所产生的控制力和控制力矩。因此,稳定控制可保证飞行器在导航制导指令作用后或干扰作用后能够在理想的平衡状态工作。

飞行控制的以上两个目的,一般采用内、外环两重反馈控制回路的控制方法来实现,即在外环回路重点进行导航/制导控制方法的研究,从而达到指令飞行的目的;在内环回路重点进行稳定控制方法的研究,从而达到稳定飞行的目的。因此飞行控制系统的基本组成结构如图5.8所示。

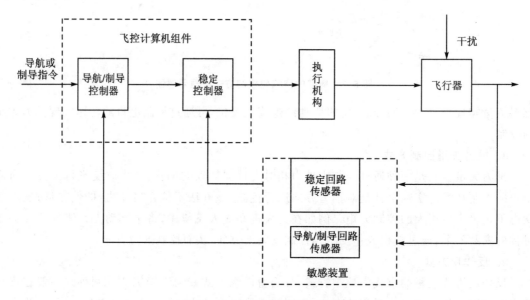

图5.8 飞行控制系统结构原理图

它一般包括如下组件:

① 执行机构。它安装在飞行器上,某些部分往往和飞行器布局设计融合在一起。执行机构一般接收稳定控制器输出的控制信号,经放大、驱动后,操纵舵面或发动机控制装置,从而改变空气动力或推力矢量方向,以便控制飞行器的飞行。

② 敏感装置。它是用来测量飞行器运动参数或环境参数的传感器,一般包括稳定回路传感器和导航制导回路传感器。垂直陀螺和航向陀螺测量俯仰角、滚转角及偏航角,速率陀螺测量角速度。

③ 飞控计算机组件。它又称为弹载计算机、机载计算机或箭载计算机。它是一套采集各种敏感装置的信息,通过综合处理形成符合各级控制装置所需控制指令的装置。它由嵌入式计算机及其相应接口电路组成,一般包括导航/制导控制器和稳定控制器,这两个控制器由一个或多个飞控计算机组件来实现。

如图5.8所示的结构中,飞行控制系统包括内、外环两重反馈控制回路。内环为稳定控制回路,它对飞行器绕质心的转动运动进行控制,即对飞行器角运动规律进行控制,确保飞行器稳定飞行。它包括指令控制和稳定控制两项基本功能,其工作原理分别阐述如下:

① 指令控制。当稳定控制器接收到一组控制指令信息时，它会将控制指令信息和稳定回路传感器实时测量到的飞行参数信息，如角速率信息或速度信息等进行比较、综合，形成偏差信号，稳定控制器对偏差信号进行处理，由此控制执行机构的动作，确保飞行器修正偏差、调整飞行状态到期望的状态上。当飞行器达到所期望的状态后，敏感装置输出信息和控制指令给定信息一致，执行机构回到零位，飞行器在新的平衡状态下定常飞行。

② 稳定控制。当飞行器受到外部干扰作用后，必然引起飞行器运动偏离理想飞行状态，稳定回路传感器将实时测量到这些飞行参数的变化，敏感装置的输出信息和所给定的控制指令信息不一致，形成偏差信号，稳定控制器对偏差信号进行处理，由此控制执行机构的动作，确保飞行器恢复到理想的飞行状态上来。当飞行器恢复到干扰前的理想飞行状态时，敏感装置输出的信息和控制指令信息一致，执行机构回到零位，飞行器在理想平衡状态下稳定飞行。

外环为导航/制导控制回路，对飞行器质心运动进行控制，即对飞行器轨迹进行控制。根据导航/制导命令产生的形式不同而分为预置导航/制导控制、遥测导航/制导控制、复合导航/制导控制等多种形式。其工作原理分别阐述如下：

① 预置导航。在这种情况下，飞行前就明确飞行器的飞行轨迹，控制飞行轨迹的导航命令参数在飞行前就已预先装载到导航/制导控制回路的存储装置中，在飞行过程中导航/制导控制器将不断读取存储装置中的命令参数，并实时采集导航/制导回路传感器的测量参数，通过对偏差信号的综合处理形成稳定控制回路所需的控制指令信号。

② 寻的制导控制。在这种情况下，飞行器将通过制导回路传感器探测出飞行器相对于目标的运动参数，由此计算出飞行器实际位置与目标位置之间的飞行偏差，综合处理形成稳定控制回路所需的控制指令信号。

③ 遥测导航/制导控制。在这种情况下一般由地面或空中指挥站对目标或飞行器的位置信息进行探测，实时产生引导飞行器飞行的控制指令信息，通过遥控指令通道或制导波束等多种形式，完成飞行器导航或制导控制任务。

④ 复合导航/制导控制。它是由前三种方式中任意两种控制方案的组合，如预置导航和寻的制导控制的组合控制方案在大部分中远程导弹中大量使用，在这些导弹中首先采用预置导航方式飞行，当到达攻击目标附近时，启动末端制导控制方案进行控制。

5.4　姿态控制系统的分析与设计

姿态控制系统通常由自动驾驶仪或惯性控制系统与飞行器构成，其基本任务是确保飞行器在飞行过程中具有良好的稳定性和操纵性。

姿态控制系统性能的好坏，主要取决于方案设计的合理性和有效性。飞行器总体按研制总要求拟定的系统设计要求进行设计。系统设计的主要内容包括系统结构图、调节规律、回路参数选择和系统仿真等。此外，设计中还要把握稳定性、快速性、精度、适应性及可靠性等基本要求。具体如下：

① 系统应在飞行空域内具有一定的稳定裕度，通常要求幅值裕度不小于 6 dB，相位裕度不小于 30°。

② 系统应具有良好的动态特性。

③ 系统传递系数变化不应超过 20%。

④ 角稳定系统的稳态精度应满足制导系统要求,最大角误差不大于 5°。

⑤ 系统应满足可靠性要求。

姿态控制系统把飞行器作为被控对象,当实施控制时,飞行器按要求进行俯仰、偏航或滚动运动。如果飞行器上安装有加速度计或陀螺仪,则可对伺服机构形成附加反馈,以修正飞行器运动。通常,把伺服机构、控制机构、状态反馈装置控制电路等所组成的飞行器控制系统,称为自动驾驶仪。自动驾驶仪具有控制和稳定飞行器飞行的功能:一方面,自动驾驶仪按控制指令要求操纵控制机构,改变飞行姿态;另一方面,自动驾驶仪能够消除干扰引起的姿态变化,使飞行弹道不受扰动影响,保持姿态不变。

5.4.1 姿态控制特征及其性能指标

1. 姿态控制的一般特征

由于飞行器作为被控对象有较复杂的特性,其姿态控制一般具有以下特征:运动参数的时变性;控制对象及设备的非线性;参数及干扰的随机性;气动性能的可变性;飞行器的弹性振动。

(1)运动参数的时变性

运动参数的时变性是飞行器姿态运动的重要特点。它是由燃料消耗、推力变化等因素造成的。参数时变性给姿态控制系统设计带来两个问题:一是变参数的处理方法问题;二是如何适应变参数的问题。

判断变参数系统的稳定性,至今没有严格又实用的准则,只能借助于某些粗略的分析方法。其中冻结系数法广泛用于姿态控制系统设计中,其基本思想是对于预先选定的若干特征时刻"冻结"系统参数,把系统当成常参数系统进行分析和综合,从而确定系统参数。为了适应参数变化,系统可采用变增益措施,增益变化可以是连续的函数形式,也可以分段取常值。

(2)控制对象及设备的非线性

飞行器的刚体动力学模型可以用一组非线性微分方程组来描述。在小扰动条件下,可以相对于某一平衡状态线性化,得到俯仰、偏航、滚动三个通道互相独立的线性方程组,从而可以用线性常系数系统的分析和综合方法来设计其姿态控制系统。但当不符合小扰动条件时,动力学模型不能线性化,就必须用非线性微分方程组来分析和设计姿态控制系统。在大姿态角偏差情况下,整个姿态控制系统成为含有多个非线性环节、三个通道互相交连而非常复杂的非线性系统。系统设计时,必须分析非线性、多输入/多输出系统的大范围稳定性,解决复杂非线性系统的设计方法、大姿态稳定性及确定控制设备的工作范围等问题。

(3)参数及干扰的随机性

飞行器结构的制造误差、质量误差、转动惯量误差及气动力系数误差,都将造成姿态运动的动力学模型的参数误差。组成姿态控制系统的各仪器设备,由于元器件参数误差、环境条件等的影响,使其静态、动态特性也有一定的随机误差。在飞行器飞行过程中,姿态控制系统还会受到来自推力偏斜、质心横移的结构干扰,风干扰,以及来自控制设备的电气干扰。

由于系统参数及干扰都是随机量,故系统设计采用概率法。为简化设计,通常把随机问题当成确定性问题进行处理。具体做法是把随机变化的参数和干扰按照一定概率取其最大值,并根据它们对系统的影响,组合出最不利的工作状态,再根据最不利的状态进行系统综合和仿真,确保系统能够适应参数和干扰的变化。

（4）气动性能的可变性

由于燃料的消耗，飞行器的质心一般会发生前移。在气动力压心不变的前提下，飞行器的静稳定性相应会增加。为避免临近发动机工作结束时静稳定性过大，要求飞行器的初始静稳定性较小。飞行器的静不稳定，意味着当有一个扰动使飞行器产生一个攻角增量时，其产生的气动力矩就会使飞行器向增量继续增大的方向转动。因此，在系统设计时必须考虑到飞行过程中静稳定性的变化，尤其要考虑飞行器静不稳定带来的影响，避免系统开环增益过大或过小所造成的系统失稳。

（5）飞行器的弹性振动

为减小飞行器系统规模，希望减小飞行器质量，特别是减小飞行器结构质量，因此飞行器结构并非刚体，在外力作用下会产生弯曲变形，这就是所谓的飞行器弹性振动。过大的弹性振动有可能引起飞行器结构上的破坏，也可能引起伺服放大器的电流饱和和伺服机构的速度饱和，影响刚体姿态运动的正常控制，严重时可造成姿态控制系统失稳。可以通过选择敏感元件的安装位置来改善弹性振动回路的稳定性，其中速率陀螺的安装位置对改善弹性振动的稳定性最有效，成为解决弹性振动回路稳定性的重要措施之一。

2. 姿态控制的性能指标

控制系统的性能指标有稳定性指标、精度指标、动态品质指标、抗干扰及可靠性指标等。这些指标要根据系统的实际需要和现实可能提出，指标之间互相联系、互相制约。

（1）稳定性指标

姿态稳定是飞行器正常飞行的必要条件，不同设计方法对稳定性指标有不同提法。在频率域设计姿态控制系统时，以相位裕度、幅值裕度来表示相对稳定性；在根轨迹法、极点配置和多项式矩阵法设计系统时，以闭环极点的位置来表示稳定性。工程上多采用系统的开环对数频率特性进行系统综合。

姿态控制系统设计要考虑变参数、非线性和随机误差对稳定性的影响，这就要求系统在各个特征点的上、下限参数变化范围内及各种干扰作用下能够稳定。在方案设计和初样设计阶段，各部分数学模型忽略了许多不确定的因素，系统允许的最小裕度要取得大；在试样设计阶段，数学模型较为完善，允许的最小裕度可取得小。

（2）精度指标

为使飞行轨迹在各种干扰作用下不严重偏离预设轨迹，以满足小扰动条件，要求系统的各个状态量小于各自的允许值。因此，状态量的控制精度是一个重要设计指标。

由于控制设备的死区、回环、干摩擦及开关特性等非线性因素的影响，在小信号工作状态，系统将出现一个稳定的极限环产生自振。稳定的系统自振将影响系统的控制精度，须加以限制，并应尽量避免幅值大、频率高的自振。系统设计的任务是将稳定的极限环限制在允许的范围内。

（3）动态性能指标

在常系数线性系统中，时域的动态性能主要指过渡过程时间、超调量、振荡次数等。在姿态控制系统设计中，由于非线性、变参数的影响，它们与稳定性指标的关系是未知的，因此必须单独提出。

在大姿态控制中，要求初始姿态偏差尽快消除，同时要尽量减小姿态超调量和振荡次数。为了实现规定的动态性能，对执行机构的最大摆角、最大摆动速度及初始姿态大小都要提出适当要求。在最大动压区、级间分离、耗尽关机等飞行阶段,都要求姿态控制系统有良好的动态性能。姿态控制系统的动态性能必须通过仿真试验检验。

（4）抗干扰指标

在姿态控制系统中,既存在结构误差造成的结构干扰,以及平稳风、切变风造成的风干扰,也存在由阵风、电源噪声、振动噪声、量化误差造成的快变化的随机干扰。

慢变化的力和力矩类干扰将造成状态的稳态误差,影响控制精度,要求姿态控制系统有足够的力和力矩与之平衡。快变化的随机干扰虽然对控制精度影响不大,但由于其变化快有可能引起伺服放大器的电流饱和及伺服机构抖动,严重时可使系统的稳定裕度下降,所以系统的抗干扰能力成为系统设计的主要指标之一。为了保证系统在各种干扰下能正常工作,要求控制系统对高频干扰有足够的衰减,但这与系统的稳定性和快速性相矛盾。为了检验系统的抗干扰能力,在系统仿真试验时,加入飞行中可能出现的各种干扰,观察对系统的性能是否有明显的影响并适当改变系统参数,以提高抗干扰能力。

（5）可靠性指标

姿态控制系统的可靠性包括两方面:一方面是系统设计的可靠性;另一方面是组成系统的设备和电路的可靠性。系统设计的可靠性是指:系统设计所用的原始数据是否准确可靠,系统方案是否正确,采取的措施是否有效,参数的选择是否合理,系统的性能是否留有足够余量,地面试验是否充分,设计中是否有漏项、差错等。

5.4.2 姿态控制的方案选择

方案选择是指系统控制规律及实现方法的选择。控制信号的组成和变化构成了控制规律,一般情况下,控制信号由姿态角、姿态角速度、姿态角加速度、横（法）向加速度、横（法）向导引等信号按一定比例组成,比例系数可以随时间变化,也可以随信号的大小变化,这就是变参数和非线性控制。为了稳定和抗干扰的需要,要对控制信号进行校正和滤波,以改变某些频率成分的相位和幅值。控制信号的获得和处理,可以采用不同的方法和设备来完成,这就是方案的选择实现问题。

姿态控制系统的方案选择,不仅要考虑飞行器总体的限制和要求以及控制设备的可实现性,而且要考虑该系统受到其他分系统和控制设备的约束。执行机构是由总体、发动机、姿态控制系统设计人员协商决定的。角敏感装置和导引信号是根据制导系统的方案确定的,如果制导系统采用平台方案,则姿态角由平台传感器提供;若制导系统采用捷联方案,则姿态角由位置陀螺或速率陀螺经计算给出。

1. 线性控制与非线性控制

在小姿态情况下,线性化姿态运动方程足够精确地描述了姿态运动,采用线性控制规律可以达到设计要求;在大姿态情况下,控制对象及控制设备中可能会出现严重非线性,采用非线性控制可以得到比线性控制更优越的性能,解决在线性控制中难以解决的问题,这时采用非线性控制显然是有利的。

控制对象虽然是线性的,但参数的随机偏差很大,单凭线性控制规律难以得到良好的系统性能。采用自适应控制、变结构控制等新技术可以提高系统的鲁棒性,它们的控制规律也是非线性的。

另外,在飞行器的高空飞行段,经常采用燃气喷嘴实现姿态控制和速度修正。燃气喷嘴产生的推力具有开关特性,是一种典型的非线性环节,这时的控制规律或用脉冲调宽,或用开关控制。系统设计者应根据控制对象和执行机构的特征,选择线性或非线性控制方案。

2. 无源网络、有源网络和数字网络

姿态控制系统的网络有校正、滤波双重作用,它可以用无源网络、有源网络或数字网络来实现。

(1) 无源网络

只有电阻、电容、电感组成的网络称为无源网络。这三种元件的不同组合便可以实现不同的传递函数。在导弹发展的初期一般采用无源校正网络。图 5.9 给出了两种简单示例。

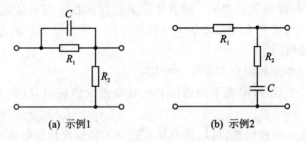

(a) 示例1　　　　　(b) 示例2

图 5.9　常见的无源网络

网络(a)和(b)的传递函数分别为

$$G_a(s) = \alpha \frac{T_s + 1}{\alpha T_s + 1}, \quad T = R_1 C, \quad \alpha = \frac{R_2}{R_1 + R_2}$$

$$G_b(s) = \frac{T_s + 1}{\beta T_s + 1}, \quad T = R_2 C, \quad \beta = \frac{R_1 + R_2}{R_2}$$

无源网络的缺点如下:

① 只能实现简单的传递函数,要想实现复杂的传递函数,网络设计和实现都较困难。

② 对信号有衰减作用,有时衰减很大。

③ 在实现低频零极点时,往往导致过大的电感和电容量,增加了网络的体积、质量和实现上的困难。

无源网络的优点是简单、经济、可靠,因此在工程上得到了广泛应用。

(2) 有源网络

有源网络由运算放大器和 RC 网络组成,与无源网络相比,其优点如下:

① 运算放大器具有隔离作用。由于放大器的输出阻抗很小,输入阻抗可以很高,所以两级有源网络相串联,级间耦合影响可以忽略,这样对于复杂的传递函数,可以分成几个简单的传递函数分别实现,而且能够保证要求的精度。

② 网络设计简单。有源网络设计简单,实现容易,从而避免了无源网络设计时复杂的参数计算,也可不用电感。

③ 运算放大器具有放大作用。有源网络不仅可以对信号不衰减,而且可以根据需要对信号进行放大。由于不必考虑对信号的衰减问题,故实现低频零、极点时,可以增大电阻值,减小电容的容量,这对减小网络的体积、质量是有利的。

由于上述优点,有源网络已广泛地应用到模拟式姿态控制系统中。

（3）数字网络

数字网络就是用数字计算机来实现网络的传递函数,其优点如下:

① 借助于计算机的逻辑判断能力,可以实现各种复杂的非线性控制规律。

② 控制规律及网络参数的修改,只需改变软件,无需改变计算机硬件,这对于修改系统设计、改变网络参数和实现连续变增益十分有利。

③ 一台计算机就可以完成制导系统、姿态控制系统的全部计算,将弹上的各种飞行控制功能集中于一台计算机,节省了弹上设备,提高了系统的可靠性。

无源网络、有源网络和数字网络各自的优缺点是非常明显的,选择哪一种网络主要取决于它们在技术上的成熟程度和研制费用。随着计算机和计算技术的迅猛发展,我国的弹上计算机技术已十分成熟,因此近年来大部分战术导弹和运载火箭的姿态控制都采用了数字网络。

3. 速率陀螺的应用

在姿态控制中,速率陀螺可以起到三个作用:

① 提供角速度控制信号,避免了网络中时间常数很大的缺点,提高了系统的抗噪声干扰能力。

② 选择速率陀螺的安装位置,可以提高某次振型的幅值或相位稳定裕度。

③ 采用速率陀螺使姿态信号和姿态速度信号分开,便于对姿态信号和速度信号分别进行非线性处理,以解决大姿态稳定性问题。

上述三个作用在固体导弹姿态控制中得到了应用,一般用三个速率陀螺分别提供三个通道的姿态角速率信号。

4. 横法向加速度反馈的应用

根据前面的分析,横(法)向加速度反馈的主要作用如下:

① 按最小漂移控制选择加速度反馈回路的参数,可使飞行器的横(法)向漂移最小,从而提高弹道的控制精度。由于参数的时变性和随机误差的影响,完全实现最小漂移控制是不可能的,但可以使漂移减小。

② 按最小载荷原理选择加速度反馈回路的参数,可使切变风引起的气动载荷或执行机构摆角最小。为了飞行安全,一般不采用理想化的最小载荷控制,加速度反馈的作用仅使切变风引起的执行机构摆角减小到一定程度,以使其最大摆角不超过允许值。

③ 选择加速度计的安装位置及回路参数,可改善系统的动态品质。

横(法)向加速度反馈的引入使姿态控制系统更加复杂,从而使系统的可靠性和经济性降低。应尽量用更简单的办法保证系统的性能,不采用加速度反馈。

5. 弹性稳定方法的选择

弹性稳定主要方法如下:

① 幅值稳定。在振型频率离刚体增益交界频率比较远时,可以采用幅值稳定。

② 相位稳定。在振型频率离刚体增益交界频率比较近且幅值稳定有困难时,采用相位稳定。

③ 幅值、相位稳定。弹性稳定既符合幅值稳定条件,又符合相位稳定条件,尽管稳定裕度不大,弹性稳定仍是可靠的。

为实现上述稳定条件,可以将速率陀螺安装在某次振型的波腹上,以提供幅值或相位稳定条件,但这只能解决某次振型的稳定问题。由于发动机、有效载荷等占据的位置不能安装速率陀螺,速率陀螺的安装受到很大限制,解决某次振型弹性稳定性的能力也很有限。陷波滤波器是解决弹性稳定的简单而有效的措施,由于采用了有源网络、数字网络,可以很方便地实现陷波滤波,因而其得到了广泛应用。在飞行器姿态控制中,将速率陀螺安装位置与陷波滤波器组合使用,可以很好地解决各次振型的稳定性问题。

6. 角敏感装置及导引规律的选择

目前用于弹上进行姿态角测量的装置有:三自由度陀螺、惯性稳定平台和速率捷联组合。角度测量装置的选择与制导系统的方案有关,目前广泛采用的有惯性稳定平台和速率捷联组合。

制导系统可根据精度要求确定横(法)向导引规律及导引系数大小,由于导引由姿态控制实现,并对姿态控制有影响,所以横(法)向导引规律及导引系数大小的确定要考虑姿态控制系统的适应能力,如果姿态控制系统不能完全适应导引规律,反过来又将影响制导精度。

5.4.3　稳定控制回路设计

在方案选择的基础上,通过系统设计确定系统参数,并分配到系统各组成部分。在设计时要处理好刚体与弹性、大姿态与小姿态、各特征点的上限与下限稳定性之间的矛盾,还要考虑到系统的抗干扰性、可靠性和经济性。由于所要考虑的因素太多,系统设计往往要经过多次反复,才能选出一组使系统满足性能指标的参数,这就是系统设计的试探法。有时虽经多次试探,仍选不出合适的参数,不得不修改性能指标或某些约束条件,这就意味着性能指标的降低或对其他方面提出更高的要求。

能够满足性能指标的参数往往有许多种组合,如何选取一组最好的组合,就是系统参数优化问题。寻找最好的参数组合,需要根据系统的具体情况,综合考虑各种矛盾,以提高系统最关键的性能指标为目的来判断参数的好坏。姿态控制系统设计是一个复杂的工程问题,方案选择、性能指标的确定及参数设计都离不开设计人员的实际经验和丰富的理论知识,只有抓住系统存在的关键技术问题,应用新理论、新技术,才能设计出技术先进、性能优良的姿态控制系统。

1. 系统设计方法

系统设计可以用不同的方法进行,如根轨迹法、频率响应法、极点配置法和现代控制方法等。

(1) 根轨迹法

根轨迹法是一种图解法,给出的是开环系统的某一参数由零变化到无穷大时,闭环系统的特征根在平面上的变化轨迹(见图 5.10)。如果取开环放大系数 k 为变化量,则从根轨迹图能够看出开环零、极点如何变化,才能使系统满足性能指标,从而迅速获得系统设计结果。由于系统的设计过程,也就是确定系统闭环极点位置的过程,系统的稳定性和动态品质也就一目了然了,这是它比频率法设计优越的地方。

根轨迹法具有一系列绘制、设计与分析步骤,下面举例说明。

已知系统开环传递函数为

$$G(s) = \frac{K}{s(s+1)(s+2)}$$

则系统有三个开环极点($n=3$)、无开环零点($m=0$),因此根轨迹有三条($n-m=3$)分支,分别

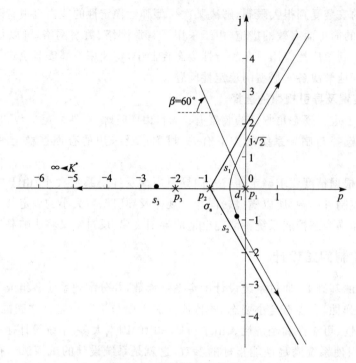

图 5.10 闭环系统根轨迹图

开始于开环极点 P，而全部指向无穷远处。根据规则，根轨迹线段右侧实轴上的开环零、极点个数之和必为奇数，因此线段 $(-\infty,-2)$ 和 $(-1,0)$ 为根轨迹。

根据根轨迹渐近线原则，渐近线与实轴的交点为 $F=\dfrac{(p_1+p_2+p_3)-z}{n-m}=-1$，与实轴正向夹角为 $\alpha_i=\dfrac{2k_i+1}{n-m}\pi$，即 $\pm\dfrac{1}{3}\pi$、π。因此，根轨迹分离点为 $s=-0.423$，与虚轴的交点为 $\omega=\pm\sqrt{2}$，对应的临界放大系数 $K=6$。

（2）频率响应法

频率响应法是应用奈奎斯特判据，根据系统的开环频率响应来确定闭环系统的绝对稳定性和相对稳定性（见图 5.11）。从系统开环频率响应（极坐标图或对数坐标图）也容易看出开环零、极点如何变化才能使系统的相对稳定性满足要求，从而确定系统参数。

频率响应法的优点在于：不必解闭环特征方程，直接应用系统的开环响应，而这些响应曲线可以从实物或数学模型测试出来，这对于像伺服机构那样复杂的环节是很方便的，不必推导非常复杂的传递函数；在频率响应图上，系统的带宽和抗干扰能力一目了然，另外，还可以考虑某些非线性因素的影响。

（3）极点配置法

对于单输入/单输出（SISO）系统，通过配置闭环极点，可以选择一个合适的单反馈增益，从而得到期望的系统时域响应和鲁棒品质。

设简单系统的开环传递函数为

$$G(s)=\frac{b}{s(s-a)},\quad a>0$$

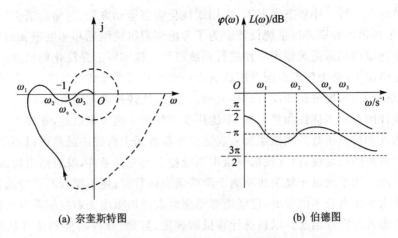

(a) 奈奎斯特图　　　　　　　　　　　(b) 伯德图

图 5.11　系统开环频率响应图

显然该系统为不稳定的 SISO 系统,其极点为 $s_1 = 0, s_2 = a$。现增加一个负反馈回路 $H(s)$,并通过选择合适的反馈增益,使闭环系统特征值配置为 $s_1 = -5a, s_2 = -12a$,使其变为一个稳定的闭环系统。采用极点配置法的设计过程如下:

① 期望的闭环系统特征多项式为
$$D_e(s) = (s + 5a)(s + 12a) = s^2 + 17as + 60a^2$$

② 要设计的闭环系统特征多项式为
$$D(s) = 1 + H(s)G(s) = s(s - a) + bH(s) = s^2 - as + bH(s)$$

③ 要使设计的闭环系统的特征多项式与期望的一致,令 $D_e(s) = D(s)$ 即可,即
$$s^2 + 17as + 60a^2 = s^2 - as + bH(s)$$
$$H(s) = \frac{18as + 60a^2}{b} = \frac{18a}{b}s + \frac{60a^2}{b}$$

经验证,增加反馈回路 $H(s)$ 后,可以将不稳定的开环系统配置为具有期望性能的稳定闭环系统。

（4）现代控制方法

现代控制系统设计有两个重要概念:一是直接基于状态变量模型展开设计,其包含的系统信息比输入/输出所描述的多;二是明确提出量化的性能准则,可产生关于控制增益的矩阵方程。因此,借助计算机采用数值方法,可同时求出所有闭环回路的控制增益,给予多输入/多输出系统或多回路系统更大的设计自由度,比应用经典设计技术,能够更直接地设计控制系统。

从控制方法本质上看,现代控制方法可基于以下问题展开:极点配置/特征向量分配;调节器问题;跟踪器问题;模型跟踪问题;鲁棒设计。具体的方法可包括变结构控制方法、鲁棒控制方法、自适应控制方法、智能控制方法、模糊控制方法、预测控制方法及组合控制方法。

2. 系统设计步骤

在系统的方案设计和初样设计阶段,姿态控制系统的各部分传递函数可以忽略次要因素,将系统简化为单输入/单输出的线性系统,上述各种综合方法都是可用的,设计者可以选取自己最熟悉的方法综合系统参数,也可以多种方法混用。

在系统试样设计阶段,必须考虑非线性因素和通道交连的影响,系统设计可以分为小姿态

和大姿态两种情况进行。小姿态情况下,采用线性化姿态运动方程,忽略通道交连影响,俯仰、偏航、滚动三个通道可分别进行系统设计。为了考虑伺服机构阻尼和速度饱和的影响,可用不同指令信号下测试的伺服系统频率特性进行系统设计。这实际上是简化的描述函数分析法。

在大姿态情况下,整个姿态控制系统就成为一个含有多个非线性环节、三个通道互相交连的多输入/多输出系统,要分析和设计这样复杂的系统,比线性系统困难得多。

由于非线性因素的多样性和复杂性,不能用统一的数学模型来描述,非线性方程的解也不能利用初始条件和控制函数的线性组合来表达。李雅普诺夫直接法虽然可以不解微分方程直接分析非线性系统的稳定性,但直接法只给出系统稳定的充分条件,没有给出构成李雅普诺夫函数的一般方法。当系统过于复杂找不到李雅普诺夫函数时,便不能判断系统的稳定性。

随着计算机和仿真技术的发展,已经能够迅速而准确地求出姿态控制系统的数值解,而且仿真中可以考虑各种实际情况。以目前计算机的速度、容量、软件功能和仿真精度,完成系统分析和参数优化是完全可能的,关键在于如何设计仿真试验。非线性系统的一个重要特点是常常出现周期性的振荡,因此,分析振荡的周期、幅值、稳定性及其对控制性能的影响是系统分析的重要任务,同时还要研究出现振荡的条件、影响振荡的各种因素,以便采取措施控制振荡,使之满足设计要求。可以根据所研究的项目全面安排试验内容和方法,使系统仿真成为分析复杂非线性系统的主要方法。

综合上述情况,系统的设计步骤如下:

① 应用频率响应法等经典设计方法,综合线性控制系统参数;或者,应用现代控制方法,展开线性和非线性控制系统参数的设计。

② 应用三通道全量非线性系统仿真,选择各种真实飞行情况下的系统的非线性参数,研究各种非线性因素对飞行器稳定性及动态品质的影响。

③ 应用系统仿真全面检查系统的性能指标,并在时域优选系统参数。

3. 系统参数设计

(1)系统静态参数的初步确定

系统静态参数主要指各控制通道的静态增益,如 $k_1^{\varphi,\psi,\gamma}$、$k_2^{\varphi,\psi,\gamma}$、$k_1^n$ 等。下面以俯仰通道为例说明确定方法。

① k_1^φ、k_2^φ 的初步确定。由于静稳定度最小时刻的设计最为困难,因此考虑这一时刻的系统参数。

基于简化系统,考虑系统动态品质及参数变化适应能力,取稳定条件为

$$k_1 = k_a k_2 T_{cN}, \quad k_a > 1 \atop k_2 = -k_\beta \frac{b_2}{b_3}, \quad k_\beta > 1 \right\} \tag{5.42}$$

选取 k_a、k_β 参数,即可确定系统静态系数 k_1、k_2。

对于 k_β 参数,考虑系数 k_2、b_2、b_3 的允许偏差均取 $\pm20\%$,极限状态下保留 2 dB 的裕度,则可计算出 k_β 参数为

$$k_\beta = \frac{k_2 b_3}{-b_2} > \frac{k_{20} b_{30}}{-b_{20}} \cdot \frac{1.2 \times 1.2}{0.8} \cdot 10^{\frac{2}{10}} = 2.26 \tag{5.43}$$

进一步考虑其他误差影响,以及适应弹性稳定及系统抗干扰性能的需要,可取 $2.5 < k_\beta < 3$。此时,切变风对应的姿态角误差及喷管摆角的稳态计算式为

$$\left.\begin{aligned}\Delta \varphi &= \frac{-b_2}{b_2 + k_2 b_3}\alpha_{\text{w1}} = \frac{1}{k_\beta - 1}\alpha_{\text{w1}}\\ \Delta \delta_\varphi &= \frac{-k_2 b_2}{b_2 + k_2 b_3}\alpha_{\text{w1}} = \frac{-b_2}{b_3}(\Delta \varphi + \alpha_{\text{w1}})\end{aligned}\right\}$$ (5.44)

对应于不同的 k_β 参数，有表 5.1 所列的姿态角稳态偏差。

表 5.1　不同系数下切变风引起的姿态角偏差

系数 k_β	1.1	2	2.5	3
姿态角 $\Delta \varphi / \alpha_{\text{w1}}$	10	1	0.67	0.5

由计算不难看出，当 $k_\beta < 2$ 时，由姿态误差产生的执行机构摆角大于切变风本身产生的执行机构摆角。k_β 越大，$\Delta \varphi$ 越小，由此引起的摆角也越小。但随 k_β 的增加，$\Delta \varphi$ 下降的速率减小。当 $2.5 < k_\beta < 3$ 时，$\Delta \varphi$ 引起的执行机构摆角已不占主要成分。因此，根据稳定性选取的 k_β 值，对于稳态误差也是合适的。对于执行机构摆角来说，只要其最大值不超过允许值都是可以的。因此，应根据系统的稳定性来选取 k_β。即使摆角超过允许值，如果 k_β 的选取与稳定性有矛盾，也应确保稳定性，并采取其他措施解决摆角不够的问题。

对于系数 k_β，也在 $-b_2$ 最大时刻进行设计。根据弹体传递函数的形式，通过分析认为在较低频段就达到 $-180°$ 相位，而且频率增加相位不变。因此，闭环系统的相位裕度主要由反馈环节 $k_1 s + k_2$ 对应的零点 ω_{gr} 来决定。但考虑到伺服机构会造成相位滞后，因此系统相位裕度主要由下式对应的环节提供：

$$G_1(s) = \frac{k_1/k_2 s + 1}{T_{cN} s + 1} = \frac{s + \omega_{\text{gr}}}{s + k_a \omega_{\text{gr}}}$$ (5.45)

$$\tan \phi(\omega) = \frac{\omega \omega_{\text{gr}}}{\omega^2 + k_a \omega_{\text{gr}}^2}(k_a - 1)$$ (5.46)

当 $\omega = \sqrt{k_a}\omega_{\text{gr}}$ 时，相位达到最大值 ϕ_{m}。此时环节的幅值 $L = \sqrt{k_a}$。如果取 $k_a = 10$，则有 $\phi_{\text{m}} = 54.9°$，$L = 3.2$；如果取 $k_a = 20$，则有 $\phi_{\text{m}} = 64.8°$，$L = 4.5$。也就是说，k_a 越大，ϕ_{m} 越大，L 也越大，但对弹性稳定和系统抗干扰能力越不利，一般取 $k_a = 10 \sim 20$。为了得到系统的最大相位裕度，系统的增益交界频率最好选在 ϕ_{m} 对应的频率上，即 $\omega_c = \sqrt{k_a}\omega_{\text{gr}}$。

根据上述原则确定的 ω_c 值，在 $-b_2$ 很小时，有可能 ω_c 也会很小，系统的过渡过程可能很慢，为保证系统的快速性，应增加 k_β 值。同样，如果确定的 ω_c 太大，则对执行机构要求太高，给弹性稳定、系统抗干扰能力造成困难，应适当减小 k_β 的值。

某型号 ω_c 最大时刻的参数如下：$b_1 = 0.1$，$b_2 = -14.6$，$b_3 = 14$，$c_1 = 0.1$，$c_2 = 0.014$，$c_3 = 0.03$，弹体自身环节特性为

$$G_\varphi^\delta = -\frac{b_3 s + b_3(c_1 - c_2) - b_2 c_3}{s^3 + b_1 s^2 + b_2 s - b_2 c_2}$$ (5.47)

而 $T_{cN} = 0.032$。取 $k_a = 10$，$k_\beta = 2.5$，则有

$$\left\{\begin{aligned}&k_2 = -k_\beta \frac{b_2}{b_3} = 2.6, \quad k_1 = k_a k_2 T_{cN} = 0.82\\ &\omega_{\text{gr}} = \frac{k_2}{k_1} = 3.16, \quad \omega_c = \sqrt{k_a}\omega_{\text{gr}} = 10\end{aligned}\right.$$

反过来,若选定 $\omega_c = 10$,则有

$$\begin{cases} k_2 = -k_\beta \dfrac{b_2}{b_3} = 2.6, & \omega_{gr} = \dfrac{\omega_c}{\sqrt{k_a}} = 3.16 \\ T_{cN} = \dfrac{1}{k_a \omega_{gr}} = 0.032, & k_1 = \dfrac{k_2}{\omega_{gr}} = 0.82 \end{cases}$$

此时相位裕度为 $54.9°$。

对于 $-b_2$ 最大以外的时刻,在 ω_c 频率附近,弹体的相位也接近 $-180°$,变化的仅是系统幅值。因此仅改变 k_2 便可以保持系统稳定。此时有

$$k_2 = \frac{1}{|G_\varphi^\delta(j\omega_c)| \sqrt{k_a}} \tag{5.48}$$

对于滚动通道的反馈系数,其确定原则、方法与步骤相类似。

② $k_{wy,z}$、$k_{u\varphi,\psi}$ 的初步确定。用初步确定的 k_2 值,在 $-b_2$ 最大时刻计算结构干扰、平稳风、切变风产生的执行机构摆角 δ_φ,如果 δ_φ 不超过允许摆角,而且有 10% 以上的安全余量,则可以不采用加速度反馈控制,即取其系数 $k_{wy,z} = 0$。否则,应采用加速度反馈控制,初步确定 k_{wy} 使 δ_φ 减小到允许摆角的 90% 以下。在确定 $k_{wy,z}$ 时,只要摆角满足要求,$k_{wy,z}$ 系数不宜过大。

如果制导系统设计已经给出了横(法)向导引系数 $k_{u\varphi,\psi}$ 的值,则姿态控制系统可以检查横(法)向导引对稳定性的影响。只要姿态控制系统稳定且裕度足够,就不必改变系数 $k_{u\varphi,\psi}$ 的值。如果 $k_{u\varphi,\psi}$ 对稳定性影响大,则可适当减小 $k_{u\varphi,\psi}$ 的值,或改变其随时间的变化规律,这样既确保姿态稳定,又使关机误差满足制导要求。

(2) 系统开环频率特性计算

根据初步选定的系统控制结构及反馈参数,结合飞行器自身的传递函数,可以直接计算得到各控制通道的开环传递函数,获取其频率特性变化规律及相位裕度、幅值裕度、交界频率、截止频率等参数。在特性计算中,需考虑弹性振动对系统性能的影响,但实际上高阶振型与刚体的交连影响较小,一般只考虑一阶振型与刚体的交连即可。

(3) 系统参数优化

根据系统稳定性及抗干扰要求,初选出系统反馈参数,但需根据实际系统性能展开系统参数优化。

① 计算各特征时刻系统的开环频率特性,包括上限、额定、下限状态的幅值裕度及相位裕度。以系统各种情况下的最小裕度最大为目标,优化系统参数。如果经反复优化,能够得到满意的结果,则在线性化条件下的系统设计可告一段落。

② 在系统设计中,如果刚体稳定与弹性稳定矛盾较大,可以考虑改变速率陀螺的安装位置或增加陷波滤波器专门解决弹性稳定问题。在新的条件下,重新进行系统参数优化,直到满意为止。

③ 在系统优化参数基础上,考虑非线性因素的影响,进行三通道、全量姿态控制系统的仿真分析。根据系统稳定性及性能要求,选择非线性环节的形式和参数,并通过仿真计算来评估平台的最大偏角、伺服机构最大速度与最大摆角、设备最大输出等对系统稳定性和动态性能的影响。

④ 系统参数优化后,要对姿态控制系统进行完善的数学仿真和半实物仿真,全面检查系统性能,进一步在时域优选系统参数。

5.4.4　数字式飞行控制系统设计

自 20 世纪 70 年代初大规模集成电路出现后,数字式飞行控制系统得到了迅速发展。随着控制计算机不断地沿着微型化、标准化和通用化方向的发展,数字式飞行控制系统的设计重点已倾向于输入/输出接口的组成和控制、余度配置可靠性以及系统软件的设计,包括系统管理、监控与测试、控制规律、工作模态转换以及显示等。

在介绍数字式飞行控制系统的设计方法之前,先看一看典型的模拟式飞行控制系统和数字式飞行控制系统的结构,以便于从整体上更深入地了解两种飞行控制系统的异同之处。

全套的模拟式飞行自动控制系统一般由自动驾驶仪、串联偏航阻尼器、自动油门控制系统、拉平耦合器、无线电导航系统和马赫数配平系统等几个独立的子系统组成。

自动驾驶仪是该系统的核心部分,一般包括操纵台、三轴配平指示器、垂直陀螺、三轴角速率陀螺、大气数据计算机、电源接线盒、放大器与计算机盒、自动驾驶仪调参盒、扰流板位置传感器、电动舵机、配平舵机、升降舵力矩转换器、进场操纵板和进场显示器等部件。自动驾驶仪与其他装置共同构成系统的三个通道：升降舵通道、方向舵通道和副翼通道。自动驾驶仪与其他装置的相互关系如图 5.12 所示。

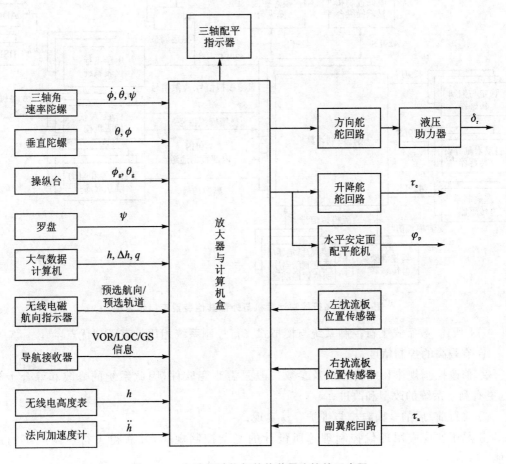

图 5.12　自动驾驶仪与其他装置连接的示意图

升降舵通道、方向舵通道和副翼通道用来稳定飞机绕三轴的运动(稳定飞机的姿态),操纵飞机做俯仰和转弯的机动飞行,完成预选航向和保持高度,并能实现近程导航,引导飞机进场,拉平到接地。

在整个飞行过程中,系统可根据驾驶员的不同需要提供人工状态、预选航向、导航、自动下滑和自动进场等五种工作状态。

下面以美国柯林斯公司生产并用于 B757/767 飞机上的自动驾驶仪/飞行指引系统为例,来说明典型的数字式飞行控制系统的结构和功能。美国柯林斯公司生产的数字式飞行控制系统是集自动驾驶仪/飞行指引系统数字、三余度、故障-工作式的一体化控制系统。在飞机爬高、下降、巡航和着陆等飞行阶段,提供稳定、制导和控制等功能,并可实现复飞操作。在爬高、巡航和下降等飞行阶段时,三个通道中的一个用作纵向和侧向控制。在着陆和复飞时,接入航向控制,与平行工作的三通道一起提供故障-工作式的一体化系统并实现Ⅲ_b级自动着陆。

全套自动驾驶仪/飞行导引系统由三套相同的飞行控制计算机(FCC-701)、单套模态控制操纵台(MCP)、单套维修控制和显示操纵台、电液压的三余度副翼、方向舵和升降舵舵回路、二余度的平尾配平舵机及一些传感器等组成。飞行控制计算机是全套自动驾驶仪/飞行指引系统的核心装置,其与外部其他装置的交联关系如图 5.13 所示。

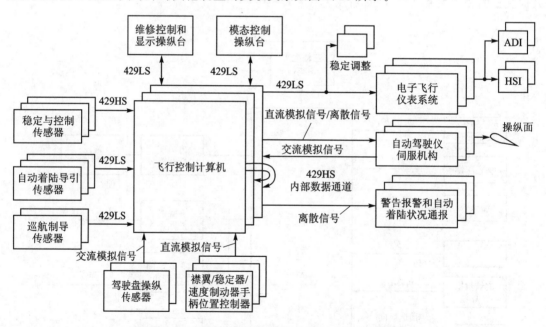

图 5.13 飞行控制计算机与外部其他装置连接示意图

综上所述,数字式飞行控制系统与模拟式飞行控制系统相比具有下列优点:

① 有较高的控制精度;

② 修改控制规律和控制逻辑及参数一般只需改变软件,因此系统的修改和综合十分方便,更有利于系统的改型和改进;

③ 飞行前/后的全面自检与维护容易实现;

④ 易于实现应用现代控制理论所设计的复杂控制规律,并获得飞行控制系统的最优性能。

由于现阶段的传感器及伺服作动器都是连续模拟部件,且被控对象为连续运动的飞机,因此数字式飞行控制系统与目前绝大多数计算机控制系统一样,是由数字部件和模拟部件组合而成的"混合系统"。图 5.14 为单通道纵向数字式飞行控制系统的典型结构。

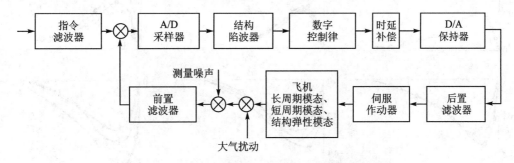

图 5.14　单通道纵向数字式飞行控制系统的典型结构图

鉴于数字式飞行控制系统的"混合系统"特点,与大多数的数字计算机控制系统有着许多共同的特性,数字式飞行控制系统的设计方法与一般的数字计算机控制系统并无本质性的差别,因此本节仅就数字式飞行控制系统的几个特殊问题进行详细的分析。

数字式飞行控制系统通常有两种设计方法,即连续域-离散化设计法及离散域直接设计法。所谓连续域-离散化设计法,就是先在连续域的 S 平面内完成系统的分析与综合,然后在离散化连续域内完成的控制。这对于已经熟悉在 S 域内进行设计的工程人员无疑是一种既习惯又方便的方法。当已经有现成的 S 域内控制律时,可进行直接离散化。但是,这种方法还需要适当补偿原模拟控制律。这主要考虑到以下三方面因素的影响:

① 对传感器的测量信号需进行噪声滤波,以防止采样后发生低频混送,因此,设置了前置低通滤波器。若该滤波器的频带接近飞行控制系统的带宽,则在控制系统中必须补偿相位超前。

② 对零阶保持器、分时采样以及控制律运算等因素所产生的时延,需在控制器中适当补偿相位超前。

③ 对零阶保持器产生的阶梯信号必须进行后置平滑渡波,并需补偿其相位滞后。

连续域-离散化方法的缺点是,尽管目前已有近 10 种离散化方法,但是都存在着一定的近似性。为了保证离散化精度,对不同环节往往需选用不同的离散化方法,并要求有较高的采样频率,从而使各个环节离散化均有各自的采样速率要求。通常认为突斯汀变换的离散化方法对采样周期有较好的适应能力。

检验系统设计是否合理的最有效的手段是进行数/模混合仿真,并与原模拟系统的数字仿真进行比较。因此往往需要反复进行仿真检验与控制律程序的调整修改。

所谓的离散域直接设计法,是指将构成混合系统的非数字部分,包括传感器、伺服以及含有弹性结构模态的高阶飞机动力学方程进行数字化后,在离散域内进行整个系统的设计。主要方法有 Z 域根轨迹设计、W 或 W' 域频率域设计。由于在事先选定的采样频率条件下进行离散域设计,因此在同样的系统性能下可选取较低的采样频率,这是该法的优越之处。但从实际应用出发,采样频率的低限也是有限制的。直接设计法的缺点是,它必须对高阶的模拟部分动力学进行离散化,这本身也是复杂且带有近似性的工作。

为了比较采样周期变化时上述两种设计方法对系统性能的影响,现以如图 5.15 所示的短距起落飞机多变量飞行控制系统的设计为例进行评定。

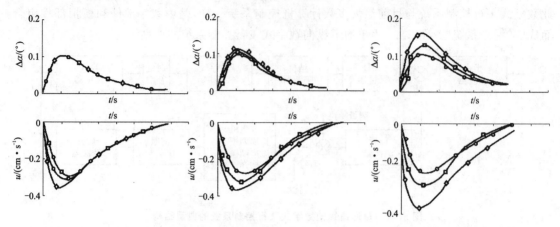

图 5.15　采样频率对系统动态特性的影响

首先在 S 域内模拟设计该系统（简称 ANALOG 法），然后用 3 种不同的采样速率 $f_s=$ 10 Hz、20 Hz、40 Hz，应用下列形式的突斯汀变换

$$S=\frac{2}{T}\cdot\frac{z-1}{z+1}$$

对系统进行离散化（称控制律转换法 CLT），最后用同样 3 种采样频率，在 W' 平面中直接设计（简称 WPM 法），即将模拟部分采用 Z 变换映射到 Z 平面，再用双线性关系 $z=(1+T/2W')$ $(1-T/2W')$ 变换到 W' 平面进行设计。

设计结果表明，当 $f_s=40$ Hz 时，与模拟系统相比，两种数字化设计结果有几乎一致的阶跃动态响应；如图 5.15 所示（图中，圆形标出的为 ANALOG 法，方形标出的为 WPM 法，菱形标出的为 CLT 法的数据）。当 $f_s=10$ Hz、20 Hz 时，采用 WPM 法，其动态响应比 CLT 法更接近原模拟系统。由图可知，当采样速率下降时，CLT 法的系统动态响应品质下降。这是由于采样频率下降时，在低于乃奎斯特频率处出现了频率响应峰值，而此峰值的出现是由 S 平面的控制器中存在的高频模态分量经突斯汀变换而产生的。它在 Z 平面中接近乃奎斯特频率处形成了弱阻尼的极点。克服的方法是，在进行突斯汀变换之前，用降阶技术去掉 S 平面中的较高频率模态分量。

相反，在 W' 平面中设计时，不出现弱阻尼模态。因为在变换 W' 时，W' 本身包含了采样频率的信号，最终所得的控制器转到 Z 平面后不存在弱阻尼的根。

两种数字化设计方法对系统稳定裕量的影响差别不大，但提高采样速率，可使数字式系统的稳定裕量更接近模拟系统。

与一般计算机控制系统一样，采样频率也是数字式飞行控制系统的核心参数。采样频率的选择取决于众多因素，例如飞行控制系统的结构配置形式、系统所采用的设计方法、系统的动态性能以及抗干扰能力的要求等。尽管采样频率的选择是众多因素折中考虑的结果，但有成效的分析可引导设计者做出最经济、最有效的选择。

降低采样频率可在采样间隔内进行更多的实时计算；当计算功能一定时，可使用速度较低的处理器，两者都降低了单位控制功能的代价。因此从工程经济的角度考虑，首先需要在价格与系统性能之间进行折中。

　　香农采样定理指出,若对一个具有有限频谱($-\omega_{max} < \omega < \omega_{max}$)的连续信号进行采样,当采样频率 $\omega_s \geqslant 2\omega_{max}$ 时,采样函数能无失真地恢复到原来的连续信号,即有可能通过理想的低通滤波器,把信号完整地提取出来。采样定理规定了重构波采样后的信号条件,但在飞行控制系统中确定信号的频谱仍然是不容易的。因此,当系统中只采用一种采样频率时,往往只找出系统中运动模态的最高频率分量,例如现代歼击机一阶结构弹性模态频率为 $60 \sim 80 \ s^{-1}$,可选采样频率为 20 Hz。但为了减少频率混叠现象,常常要求采样频率高于运动模态最高频率的 $4 \sim 10$ 倍,因此可取采样频率为 80 Hz。

　　另外一种方法是按照系统闭环频带宽度确定采样频率。因飞行控制系统也是闭环系统,它本身具有低通滤波效应,所以闭环频带可决定整个飞行控制系统所含运动模态的频率,即高于系统频带的运动模态幅值被衰减抑制。按采样定理,采样频率应大于系统带宽的 2 倍,但实际选择时为系统闭环频带的 $4 \sim 10$ 倍。这是出于减少采样所引起的对系统动特性响应的时延,以及减少由零阶保持器而引起的信号粗糙度的考虑。

　　数字式飞行控制系统往往呈现为多回路系统。按其功能有能形成控制增稳、姿态保持与控制、高度保持和速度控制等多种回路。各控制回路有其对应的不同频带宽度,因此常用不同采样速率,这样可以有效减小数字处理器的运算量及提高运算速度。同一控制回路中由于不同补偿器功能的差异,也可采用不同的采样速率,减小数字化所造成的动态误差、量化误差和不灵敏区等。

　　为有效地配置各种不同采样速率,常对飞行控制系统中的信号按不同频谱成分进行分类,并做具体分析。

　　第一类信号为来自驾驶员的输入指令,即俯仰操纵、横滚操纵、航向脚蹬以及与它们有关的配平信号,它们属于飞行控制系统中变化较慢的信号,其频率低于 2 Hz。因此对俯仰杆力、横滚杆力和脚蹬信号的采样速率取 40 Hz。

　　第二类信号来自各种传感器,例如陀螺、加速度计、速度传感器、高度传感器等。它们可感受飞机的刚体运动及结构挠性运动(结构弹性模态运动),并按控制回路组成的需要反馈至处理器。典型的飞机刚体运动有飞机运动模态中最慢速的长周期运动(纵向),其典型频率为 $0.02 \sim 0.06$ Hz,所以允许反映长周期运动的速度控制回路的采样频率为最低,可取 2.5 Hz。油门杆位移采样速率也可取 2.5 Hz。飞行高度控制回路的采样速率为 5 Hz。飞机刚体运动的短周期运动频率一般小于 2 Hz,因此取俯仰姿态及俯仰角速率回路的采样频率为 40 Hz。侧向的滚转模态及偏航模态的运动频率与纵向短周期运动大致相同,采样频率亦可取 40 Hz。典型的飞机结构挠性运动频率为 $12 \sim 20$ Hz。数字式飞行控制系统通常采用数字结构陷波器进行抑制,故建议采用较高采样频率,例如 $80 \sim 120$ Hz。

　　第三类信号是带数字处理器的作动器伺服回路中的信号。它包含了约 37 Hz 的频率成分,必须采用很高的采样频率。实践证明,采样频率与伺服回路带宽之比为 14 较为合适,因此建议数字伺服回路的采样速率取 512 Hz。

　　下面介绍数字式飞行控制系统设计中的其他重要问题。

　　(1) 前置滤波器

　　为了滤去传感器中的高频测量噪声,在信号进入采样前应进行模拟滤波。通常采用的前置滤波器有一阶与二阶滤波器两种形式。在数控系统中称该滤波器为抗混叠滤波器,它可以在减小信号失真的同时降低采样频率。

（2）数字结构陷波器

在设计数字结构陷波器时，必须考虑到采样频率对于数字结构陷波器特性的影响。

（3）后置滤波器

因为数字式飞行控制系统控制的是连续飞行运动的飞机，所以采用零阶保持器作为信号复现的保持装置。当采样频率足够高时，零阶保持器的输出阶跃信号会得到执行伺服机构低通特性的滤波与平滑。当采样周期较大，而执行机构时间常数较小时（这是系统设计所期望的），零阶保持器的输出信号将会增加系统输出信号的粗糙度，此时应该加上后置滤波器。

（4）系统时延的补偿

由于采样保持和计算时延对于飞行控制系统的动态特性会产生不良的影响，所以需要采用补偿的方法来减小这种不良影响。

（5）非线性环节及变增益的实现

根据非线性指令模型的设计要求，要实现大机动飞行时，要有较高的灵敏度；小机动飞行时，要有较低的灵敏度。要满足这种设计要求，通常会通过非线性增益环节来实现不同的驾驶员输入指令产生不同的操纵灵敏度。

飞行控制系统是典型的时变系统，为保证系统动特性要求，其开坏增益或反馈增益需随飞行动压 Q 的变化而调整。

（6）多模态控制律的实现

现代飞行控制系统具有多模态控制的特点，可由驾驶员根据需要任意切换工作模态。

（7）数字式飞行控制系统的软件开发

软件开发是现代数字式飞行控制系统设计的重要组成部分。软件完成控制律计算、工作模态转换、系统自动测试、故障监控、性能指标判别和参数调整等功能。据此可将飞行控制系统的运行程序大致分为 4 个部分，其在总运行软件中所占字节数的比例为：控制律占 20%、机内检测占 45%、执行占 15% 和余度管理占 20%。这些软件的研制一般包括 4 个阶段，其在总研制工作量中所占的比例为：设计占 25%、编码占 20%、测试占 45% 及维护占 10%。

数字式飞行控制软件一般应按照软件开发规范（例如，GJIB 437—88《军用软件开发规范》、GJB 439—88《军用软件质量保证规范》、GJB 438A—97《武器系统软件开发规范》等），按照功能块分别进行开发。软件功能块划分如下：

① 俯仰内回路控制，包括俯仰增稳系统、阵风减缓等。

② 横滚内回路控制，包括横滚增稳系统。

③ 航向内回路控制，包括偏航阻尼器、协调转弯等。

④ 纵向外回路控制，包括俯仰姿态保持、飞行高度保持、空速保持、Ma 保持和等速爬高等。

⑤ 侧向外回路控制，包括横滚姿态保持、航向保持和航向选择。

⑥ 发动机推力控制。

⑦ 系统监控，包括内回路监控、外回路监控，以及对传感器信号、反馈信号、指令信号的监控等。

⑧ 系统自测试，包括对中央处理机的自测试、接口设备及逻辑电路自测试、传感器和伺服机构自测试以及性能测试等。

⑨ 飞行控制系统工作模态转换。工作模态包括姿态保持、航向保持、Ma 保持、飞行高度

保持、协调转弯、航向选择、发动机推力控制、直接升力控制、自动着陆、武器投放、地形跟随和地形回避等。

小　　结

本章从常用的坐标轴系的基本概念、运动学方程的建立、飞行控制的基本原理以及姿态控制系统的知识介绍了固定翼无人机的基础建模和控制的基本方法。飞行器在外力作用下的运动规律一般是用运动方程来描述的,即应用微分方程的形式描述飞行器的运动和状态参数随时间的变化规律。在建立飞行器运动方程时,为了确定相对位置、速度、加速度和外力矢量的分量,需要引入多种坐标轴系。飞行器的运动方程通常又可分为动力学方程和运动学方程。要使无人飞行器能够按照人的意愿飞行,需要引入适当的装置,从而实现对飞行器空间运动的有效控制,这就需要了解飞行控制的基本原理以及姿态控制系统。姿态控制系统通常由自动驾驶仪与飞行器执行机构构成,其基本任务是确保飞行器在飞行过程中具有良好的稳定性和操纵性。

思考题

1. 分析机体坐标系与航迹坐标系之间的相互关系,并推导其转换矩阵 L_{bk}。

2. 试推导飞行器的动力学方程和运动学方程。

3. 试推导在机体坐标系 $Ox_{\mathrm{b}}y_{\mathrm{b}}z_{\mathrm{b}}$ 中投影的质心动力学方程。

4. 飞行控制的基本问题有哪些? 如何解决?

5. 详细阐释飞行控制系统的组成部分。

6. 姿态控制系统的性能指标主要有哪些?

7. 如何选择数字式飞行控制系统的采样频率?

8. 设系统传递函数为 $G(s)=\dfrac{1}{(s-1)(s+2)}$。为改善系统稳定性能,增加一个负反馈回路,将其极点配置到 $s_1=-1,s_2=-3$。请给出反馈环节的传递函数。

9. 若高度稳定控制方程为 $(T_\delta s+1)\delta_z=K_fK_\delta(K_T\theta+K_h h)$,其中 K_h 为高度传感器的放大系数,h 为传感器实测的高度差,θ 为导弹俯仰角。试分析导弹消除负高度差的全部动力学过程,并说明在稳定控制回路中引入 θ 的作用。

第6章 无人机控制执行机构

6.1 动力系统

目前无人机广泛采用的动力装置包括燃油发动机和电动发动机两种,前者主要包括往复式和旋转式活塞发动机,以及包括涡喷、涡扇、涡桨和涡轴在内的燃气涡轮发动机;后者主要在小型和微型无人机中普遍使用,动力系统主要包含电机、电调(控制电机转速)、螺旋桨以及电池。

6.1.1 燃油发动机

1. 活塞发动机

活塞发动机(见图6.1)是一种利用一个或多个活塞将压力转换成旋转动能的发动机,通常靠汽油或柴油提供动力,可分为往复式和旋转式活塞发动机。

往复式活塞发动机主要由气缸、活塞、连杆、曲轴、气门机构、螺旋桨减速器、机匣等组成。气缸在发动机壳体上多以星形或V形排列,头上装有点燃混合气的电火花塞,以及进、排气门。活塞承受燃气压力在气缸内做往复运动,并通过连杆将这种运动转变成曲轴的转动。曲轴转动时,通过减速器带动螺旋桨转动而产生拉力;另外,曲轴还可以带动一些附件。

旋转式活塞发动机是四冲程内燃机的一种,与往复式活塞引擎的不同之处在于发动机的运转元件与输出轴都在轴向运转,不再需要利用连杆和曲轴来改变动力的方向,因而减少了能量的损耗。这种发动机的优点在于功率容积比高,结构简化。

图 6.1　活塞发动机

活塞式发动机曾经广泛应用在飞机上,在喷气式发动机出现之前占据了飞机发动机的绝大部分。但是由于活塞式发动机只能为飞机提供轴功率,还要通过空气螺旋桨发动机的轴功率转化为推力,而螺旋桨在飞行速度较高时推进效率急剧下降,因此活塞式发动机不能作为高速飞机特别是超声速飞机的动力装置,因而在对速度要求较高的领域如军用战斗机和大型民航客机中已经不多见了。但是这并不妨碍活塞式发动机继续活跃在小型低速载人飞机以及小型、中低空的无人机上。

2. 燃气涡轮发动机

燃气涡轮发动机自出现以来便以其在高速下的优良性能迅速成为了军用飞机和大、中型民航客机的主要动力来源,目前技术已经比较成熟。无人机上使用的涡轮发动机是一个具体而微的发动机,虽然整体结构尺寸要比载人飞机上的发动机小很多,但是同样包括进气道、压气机、燃烧室、涡轮和喷管。空气通过进气道进入后,由压缩器加压,再至燃烧室与燃料混合燃烧,形成的高温高压气体在膨胀后由喷管排出为飞机提供推力,同时也带动涡轮转动,涡轮可以继续为压气机或其他装置提供动力。图 6.2 是一个军用涡轮风扇发动机。

图 6.2　军用涡轮风扇发动机

涡轮发动机按输出动力方式的差异可分为以下几种:

① 涡轮喷气发动机:它是最典型的喷气发动机,原理如上文所述,无人机上所用发动机多数为这种类型。

② 涡轮风扇喷气发动机:跟涡轮喷气发动机很类似,不同点在于发动机风扇吸入的空气分两部分分别通过内外涵道,内涵道类似于燃烧室,气流通过外涵道直接加压后排出,如图 6.2 所示。这种发动机的优点是比较经济,缺点是飞机最大速度会降低。商用喷气飞机常采用这种类型的发动机且发动机的涵道比都很大。

③ 涡轮螺桨发动机:由燃气轮机和螺旋桨组成,属于混合推进的发动机,推力主要是由螺旋桨产生的拉力,另有一小部分由发动机中空气动量增加而产生。与活塞发动机相比,喷气发动机零件少很多,质量也轻,比较易于维修和保养;又因为它没有活塞、曲轴、连杆等的往复运动,所以振动也减少很多。

④ 涡轮轴发动机:这也是一种喷气发动机,特点是燃烧后的燃气所具有的可用能量几乎全部通过涡轮轴输出功率,主要用于直升机的动力装置。

6.1.2　电池、电机和电调

1. 无刷电机

无人机的电机主要以无刷电机(见图 6.3)为主,它是整个无刷动力系统的动力输出,一头固定在固定支座上,另一头固定螺旋桨。不同大小、负载的机架,需要配合不同规格、功率的电机,无刷电动机的效率约为 90%,而且不需维护,甚至可以在水下运转。相比以往的有刷电机,无刷电机有低干扰、低噪声、运转顺畅、寿命长、维护成本低等优点。

图 6.3　无刷电机

无刷电机有两种类型:旋转转子引擎和固定转子引擎。旋转转子引擎使用更为广泛,提供合适的力偶;而固定转子引擎可以安装在机身之中。

无人机所使用的无刷电机最重要的参数指标是 KV 值,这个数值是无刷电机独有的一个性能参数,是判断无刷电机性能特点的一个重要数据;除此之外,还有尺寸、质量、电压范围、空载电流、最大电流等参数。电机和桨的配置一般情况下是:高 KV 值电机配小桨,低 KV 值电机配大桨。具体的配置需根据飞机实际的情况而定。

2. 无刷电调

单独的电机并不能工作,需要配合电调,电调的全称是电子调速器(ESC)。电调是整个无刷动力系统最关键的部分。电调将直流电源变成有特定脉冲的交流电,以便让无刷电机运行,并对无刷电机起调速的作用。同时电调可为 3~4 个舵机和接收器供电,因此使用无刷电调的无人机不需要再为接收器和舵机提供额外电源。

无刷电调(见图 6.4)最主要的参数是电调的功率,通常以安数 A 来表示,如 10 A、20 A、30 A。不同电机需要配备不同安数的电调,安数不足会导致电调甚至电机烧毁。

3. 飞行电池

为了满足质量、体积等的限制,无人机上必须使用能量密度最大的电池,而且此类电池要能承受高放电率。面对这些苛刻的要求,锂聚合物电池往往会脱颖而出。

锂聚合物电池的特点是能量密度大、质量轻、耐电流数值较高等,这些特性都是较为适合无人机的。电池容量在几百~几千 mA·h 之间。与传统的镉镍电池和镍氢电池相比,锂电池具有工作电压高、比能量大、体积小、质量轻、循环寿命长、自放电率低、无记忆效应、无污染等众多优势。锂电池除了电压、容量之外,最大放电速率(C 数)也是一个重要参数。电池放电速率是放电快慢的一种量度,装机时需要选择 C 数合适的电池,其并不是越大或越小越好。飞行锂电池如图 6.5 所示。

图 6.4　无刷电调

图 6.5　飞行锂电池

6.2　伺服舵机系统

舵机是一种位置(角度)伺服的驱动部件,输出力矩和角速度,驱动舵面偏转,用于需要角度不断变化并可以保持的控制部件。飞行控制系统中常采用电动舵机、液压舵机和电动液压复合舵机三种。微型无人机上所用航模级舵机如图 6.6 所示。

图 6.6　微型无人机上所用航模级舵机

6.2.1　电动舵机

电动舵机以电力为能源，通常由电动机、测速装置、位置传感器、齿轮传动装置和安全保护装置等组成。电动舵机的控制方式一般有直接式和间接式两种。直接式通过改变电动机的电枢电压或激磁电压来控制舵机输出轴的转速与转向；间接式在电机转速恒定时，通过离合器的吸合控制舵机输出轴的转速与转向。

小型无人机舵机的主要组成部分有：舵盘、直流电机、减速齿轮组、位置反馈计、控制电路等。舵机一般有三条外接的输入线，如图 6.7 所示，电源从红色的引线输入，黑色的引线是地线，这两根线是电源的输入、输出，也是舵机的动力来源，用于电机的转动能耗。外接的输入电源有两种要求，分别是 4.8 V 和 6.0 V 的外接电源，适用于不同的转矩要求；剩下的那条线是信号线，用于控制信号输入。

图 6.7　航模舵机连接信号线

6.2.2　液压舵机

液压舵机以高压液体作为能源。按其作用可分为液压舵机与电液副舵机。液压舵机直接推动舵面偏转，而电液副舵机则需要液压主舵机（液压助力器）才能带动舵面偏转。电液副舵机由电液伺服阀（包括力矩马达和液压放大器）、作动筒和位移传感器等组成。当控制电流不等于零时，产生控制磁通，衔铁周围流过的磁通量相应地改变，这样衔铁两端所受的不平衡的电磁力就使衔铁转动，进而产生角度的变化。

6.2.3　电动液压复合舵机

电动液压复合舵机是由液压舵机（助力器）、电液副舵机、电磁转换机构、锁紧机构和复合摇臂等组成的，一般具有人工驾驶、自动控制、复合工作和应急操纵等四种工作状态。

电磁转换机构和锁紧机构用于人工驾驶和自动控制的转台变换。电磁转换机构不通电时，作动筒活塞杆被锁紧机构锁住，电液副舵机不工作，电动液压复合舵机处于人工驾驶工作状态。电磁转换机构通电时，作动筒活塞处于自由状态，如果驾驶杆不动，则舵机进入自动控制状态，使作动筒活塞在控制信号下运动。如果驾驶员参与自动控制时的操纵，则舵机进入复合工作状态，驾驶杆的操纵和作动筒的运动复合后共同操纵舵机运动。

6.3 刹车系统

6.3.1 刹车系统的工作原理

飞机的刹车制动主要依靠刹车时轮胎与地面间产生的摩擦力使飞机减速。摩擦力越大，飞机刹车减速就越快，刹车距离就越短。在无人机质量一定的情况下，影响摩擦力矩大小的因素为摩擦系数，它不仅与滑移率、机轮载荷、机轮速度和跑道状况有关，还受到轮胎尺寸、形状及充气压力的影响。这些因素中滑移率的影响是最为重要的。

车轮从纯滚动到抱死纯滑动的制动过程是一个渐近的过程，经历了纯滚动、边滑边滚、纯滑动三个阶段。滑移率就是指在车轮运动中滑动成分所占的比例，定义如下：

$$s = \frac{V - V_w}{V}$$

式中，s 为滑移率；V 为飞机的速度；V_w 为刹车机轮的线速度。

图 6.8 是在一定跑道条件下结合系数与滑移率之间的关系曲线。由图中可以看出，当地面对车轮法向反作用力一定时，滑移率大约在 20% 时纵向摩擦系数最大，结合力最大，制动效果最好。刹车系统的工作原理便是根据飞机的滑跑情况，适时向刹车装置输出一定的刹车压力；刹车装置接收到刹车压力，向机轮输出刹车力矩，改变机

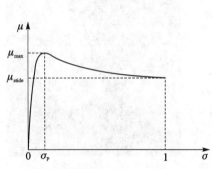

图 6.8 结合系数与滑移率关系曲线

轮的角速度，从而改变机轮的滑移率，滑移率应尽可能保持在使摩擦系数最大的区域，以获得最大的摩擦力，快速刹停飞机。

6.3.2 刹车系统的分类和组成

广泛使用在汽车、飞机上的液压刹车系统由操控系统、液压系统、助力系统、执行系统组成。由无人机操纵者发出操控信号，以刹车油作为压力传输的中介，通过助力系统的放大，最后由执行系统输出刹车压力，从而通过上述刹车原理进行刹车。

全电刹车系统是一种区别于传统以液体为压力传输介质的刹车系统，由机轮速度传感器、转矩传感器、刹车控制盒、电作动机构和刹车装置组成。无人机全电刹车系统结构的原理如图 6.9 所示。机轮速度信号和刹车力矩信号经速度传感器和力矩传感器送入刹车控制盒，产生相应的控制信号输入到机电作动控制器，再产生相应的控制信号控制电作动器，输出刹车压力到刹车盘。

全电刹车系统与传统的液压刹车系统相比具有很大的优势，由于不再使用液压油，可以减少潜在的燃烧危险；同时，整个系统的质量大大减轻。电刹车系统是直接用电流或电压信号对电机实现控制，这样不仅可以提高系统的响应速度，而且可以采用比较先进的控制方式，提高系统的刹车效率。

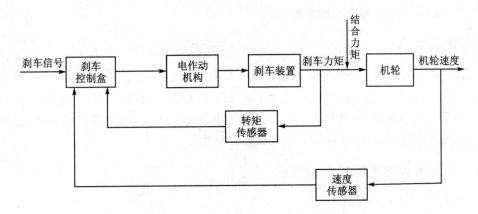

图 6.9　无人机全电刹车系统结构原理图

6.4　伞降系统

6.4.1　无人机伞降系统简介

　　用于无人机中减速的降落伞是飞机从空中安全着陆到地面的一种附带工具,多数由韧性很高的柔性织物构成。降落伞的主要工作原理就是利用空气阻力,降落伞在下降的时候依靠大气展开,形成巨大的空气阻力,牵扯无人机来达到减速的目的。伞降回收具有结构相对简单,对回收场地的要求较低,可反复使用以及成本相对低廉等优点。伞降回收系统以往主要应用于靶机、小型低速无人飞机,现在越来越多的高速无人机也采用降落伞作为其回收方式。

　　低速无人机主要是指回收速度在 220 km/h 以下的无人机,由于回收时飞行速度相对较低,一般采用引导伞直接拉出主伞、主伞一次充气张满的开伞方式,目前技术已经相对较为成熟,伞形一般选用方形伞、平面圆形伞以及十字形伞等,其中十字形伞以其稳定性好、制造工艺简单、开伞动载较小等特点,在低速无人机上的应用最为广泛。

　　高速无人机主要是指回收速度在 220 km/h 以上的无人机,由于回收时飞行速度较高,直接开伞动载很大,伞衣和伞绳的强度又难以承受在此速度下开伞所造成的冲击力,因此采用直接开伞方案无法满足高速回收的要求。目前高速无人机常用的开伞方式主要有两种,一种是一级开伞、两次充气方式,另一种是两级开伞方式。

　　一级开伞、两次充气方式主伞底边有一套收口装置,主伞拉出以后,受伞衣底边的收口绳的约束,使主伞第一次充气至"灯泡"状,以减小主伞的开伞动载。延时 5 s 后,切割器将收口绳切断,主伞经第二次充气后完全张满并稳定下降。该方式的优点是开伞动载较直接开伞小40%,且结构相对简单,技术成熟度相对较高;但缺点是需使用火工品,不利于包装和储运。同时由于受到收口方式的减载能力限制,该开伞方式仅能适用于 450 km/h 以下速度无人机的回收。

　　两级开伞方式由减速伞、主伞两级伞组成。系统工作时先打开减速伞,使系统减至一定速度,通过控制机构脱离减速伞并打开主伞,主伞充气并稳定下降直至地面。由于减速伞的面积不同,减速效果不同,使得主伞开伞时的速度可以得到有效控制,因此两级开伞方式可以适用于更高速度的开伞;但该方式结构比较复杂,开伞过程的控制难度较高,同时由于增加了一级减速伞,系统的体积和质量也有所增加。

6.4.2 切伞装置

无人机在伞降落地后,为防止风大吹走降落伞而损坏无人机,需要装一个切伞装置让无人机与降落伞及时分离。切伞装置主要是由 PIC 单片机控制升/降压芯片,使电解电容瞬间达到峰值,当无人机一落地,触地开关一闭合,可控硅控制脚信号一通,电容放电,瞬间熔断保险丝,无人机脱离降落伞,这样就保证了无人机的安全着陆。

6.4.3 无人机伞降系统的发展方向

1. 自动/精确定点回收技术

随着无人机在各军兵种的扩展应用,无人机自动、精确定点回收技术正日益成为人们关注的研究热点。普通圆形降落伞由于受环境及气象条件的影响,落点偏差较大。但冲压式翼伞的出现为无人机的精确回收提供了可能。这种翼伞具有平稳滑翔的特性,能够以较低的速度下降,并通过人工控制、平台传感器或控制系统实现精确着陆。例如,美国"星鸟"(Starbird)无人机(见图 6.10)即采用这种回收技术。

图 6.10 美国"星鸟"(Starbird)无人机翼伞回收

2. 弹性绸减载技术

对于高速无人机来说,由于开伞速度较高,因此开伞动载相对较大,采用收口方式两次开伞虽然减载效果比较明显,但同时也导致开伞高度增加,而开伞高度的增加将导致无人机在空中的漂移量增大,对场地的要求较高。目前国内伞兵伞已采用了弹性绸作为伞衣的顶部材料进行减载,采用弹性绸技术在高速情况下可以直接开伞,其开伞高度大为降低。

3. 高稳定性伞衣设计技术

无人机回收时着陆姿态很重要,稳定性不好会导致摆动角较大,着陆时易导致关键部位损伤,因此伞衣稳定性也是无人机回收伞的一个重要研究方向。

环帆伞是一种稳定性好且动载系数较低的伞形,环帆伞伞衣是由若干同心织物宽带制成的,伞衣的上端与开缝伞一样,而其余部分则由月牙形缝隙获得结构孔隙率。该结构的优点是顶部的环缝可以增加结构透气量从而达到提高系统稳定性的目的,底部的月牙缝使气体向下排气,通过改变底部流场,增加恢复力矩,使稳定性有所改善。目前环帆伞主要应用于航天飞行器的回收,很少应用于无人机的回收,主要是由于环帆伞结构比较复杂,加工和设计难度较大,因此可以对此结构进行适当简化再应用在无人机上。

小　　结

无人机上的控制执行机构是无人机必不可少的一部分,本章主要从无人机的动力系统、伺服舵机系统、刹车系统和伞降系统这几方面进行介绍。

其中动力系统为无人机提供所需动力,支持无人机的机动和载荷的运行。按照能量的来源,其通常分为内燃机和电池两种。内燃机主要分为活塞发动机和燃气涡轮发动机;而电力动力系统主要包括电池、电机、电调等部分。

无人机要实现各种机动是通过舵机带动负载转动进而改变飞机的飞行状态的,舵机常分为电动舵机、液压舵机和电动液压复合舵机。其中,电动舵机是以电力为能源通过齿轮传动机构进行能量和信号传输来实现控制的;液压舵机则以高压液体为传输介质,分为液压舵机和电液副舵机;电动液压复合舵机则包括了电液副舵机和液压主舵机,具有人工驾驶、自动控制、复合工作和应急操纵等四种工作状态。

无人机的刹车系统和伞降系统都是在任务结束时用于无人机的回收的。刹车系统的主要原理是通过输出一定的刹车压力,使车轮的滑移率保持在摩擦系数较大的区域以获得较大的摩擦力,进而使飞机在较短的时间内停止。根据系统作用方式的不同,其可分为液压刹车系统和全电刹车系统。降落伞则是利用空气阻力,依靠降落伞展开后巨大的迎风面积形成的空气阻力,使无人机达到减速的目的。按照飞机大小和速度快慢,所适用的降落伞也不尽相同。

思考题

1. 简述活塞发动机的分类、组成和工作过程。
2. 简述燃气涡轮发动机的分类、组成和工作原理。
3. 简述舵机的作用以及分类和工作原理。
4. 简述刹车系统的工作原理。
5. 简述刹车系统的分类和组成。
6. 简述伞降回收的特点和应用对象。
7. 简述切伞装置的作用和工作原理。

第二部分　多旋翼无人机系统

第7章　旋翼无人机飞行原理

7.1　旋翼无人机的基本结构组成

无人机作为移动机器人的一种,其组成结构复杂,包括保护结构、飞行设备、电子模块等多个部分。

7.1.1　机械结构

旋翼无人机是利用旋转机翼把空气向下方吹动从而产生升力的无人机。旋翼无人机根据机身结构分为可变桨距无人直升机和固定桨距多旋翼无人机两种类型。

1. 可变桨距无人直升机

可变桨距无人直升机通过改变主螺旋桨两片桨叶之间的桨距控制飞机的起飞降落,依靠调整主螺旋桨的一个桨叶控制飞机的俯仰、侧摆。可变桨距无人直升机分两种类型:配备尾部螺旋桨的传统直升机式无人机和不需要尾部螺旋桨的对转双螺旋桨无人机。

配备尾部螺旋桨的传统直升机型无人机结构复杂,拥有传输轴、皮带、齿轮、可变桨距系统等很多传动零件。该种类型的无人机机械结构由带引擎的机身、主螺旋桨和尾部螺旋桨组成,如图7.1、图7.2所示。主螺旋桨和尾部螺旋桨安装可变桨距桨叶,无人机的旋翼有一套转盒系统,依据转盘周长的比例,同时改变两个螺旋桨的桨距,或者只改变其中一个螺旋桨的桨距。引擎通过皮带或传输轴带动尾部螺旋桨运动,尾部螺旋桨为可变桨距螺旋桨。

图 7.1　配备尾部螺旋桨的传统直升机型无人机(天子 60 燃油遥控)

图 7.2　配备尾部螺旋桨的传统直升机型无人机(西贝尔 X100)

　　不需要尾部螺旋桨的对转双螺旋桨无人机是传统直升机式无人机的变型,配备两个可变桨距旋翼,其设计结构紧凑,适用于大型无人机,可由热力引擎驱动,如图 7.3 所示。该类无人机应用较少。

图 7.3　不需要尾部螺旋桨的对转双螺旋桨无人机(The Tesla Drone)

2. 固定桨距多旋翼无人机

　　多旋翼无人机是固定桨距旋翼,引擎和直接安装的螺旋桨是唯一可以活动的部件。依靠对若干旋翼的速度调整实现无人机的悬停、前进动作。底架由几条支撑杆和一个中心部分组成,外形如同蜘蛛。支撑杆末端支撑引擎和螺旋桨。这些支杆是中空的细管,由轻质材料(碳纤维、玻璃纤维、铝纤维)制成,细管的截面可以是正方形或圆形。截面是圆形的细管,需要更重的固定装置,如图 7.4 所示。这种细管在受到撞击时,部件之间即便出现一定间隙,也能正常工作。底架由碳板和垫片构成,形成分为几层的罩壳,容纳所有重要组件,包括无线电接收器、遥测发射器、视频发射器、机载电脑、传感器、飞行用电池、吊船、实用载荷、配电器、电子稳定控制系统。所有组件都可以通过螺钉、螺栓组装起来。悬停飞行是多旋翼无人机的一大特点。高级多旋翼无人机会采用穹顶式盖帽,起到防水和防尘的作用,同时使飞机更美观。

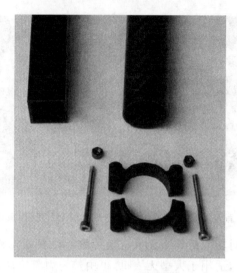

图 7.4　无人机支臂碳管

7.1.2　自动驾驶仪

　　旋翼无人机最重要的组件是自动驾驶仪。自动驾驶仪是无人机的控制器,能保证无人机的基本稳定性,甚至可以自动巡航,如图 7.5 所示。如果没有自动驾驶仪,旋翼无人机就是一架普通的"遥控飞机"。由于近年来微型化技术与机器人技术可靠性的长足发展,自动驾驶仪十分精巧,可以放在掌心之中。

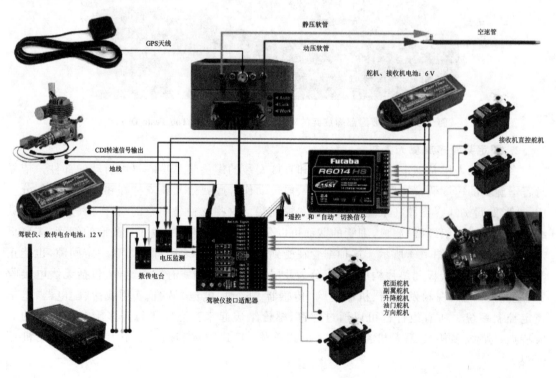

图 7.5　自动驾驶仪

　　从外观来看,自动驾驶仪就是一块或两块印制电路板,包括一个主信息处理器、若干传感器、记忆卡,以及众多界面系统,其中包括航行必不可少的全球卫星定位系统。全球卫星定位系统处于无线接收器和执行器之间,牢牢地固定在无人机底座上,尽可能与重心重合。通过一套包含所有控制飞行信息数据的软件编程,可以操控自动驾驶仪。下面将自动驾驶仪分为飞行传感器、其他传感器,以及可选组件、处理器、存储器进行介绍。

　　其中飞行传感器接收所有加速度、速度、高度、倾斜度的数据,并将其转化为电流传输给机上的计算器,使得操控人员获得必要的数据,确保无人机飞行稳定。随着微电子技术的进步,部分传感器的大小仅为几毫米。用于无人机的传感器主要包括以下几种:控制飞行高度的压力传感器,使无人机相对于出发点的高度保持在一定范围内;加速度仪用于实时测量无人机倾斜度并控制飞行高度;陀螺仪能够测量旋转角速度,3 个轴线上各一个,通过测量数据可以确定无人机在空中的位置,测量结果不受外部气流的影响,但对温度很敏感,需要不断标定,如图 7.6 所示;电子罗盘沿着 3 条正交轴线测量地磁场强度,罗盘测算北磁极与地理北极之间的磁偏角后,对磁偏角进行补偿,指出正确航向。

　　其他传感器及可选组件包含的元器件主要用于飞行参数的测量,为无人机的飞行提供参数。空气速度传感器用于测量飞机相对于空气的速度。将一根被称为“皮托管”的小管子放置在一侧机翼的前缘或机身前方,面对相对风的方向,计算出空气进入皮托管而导致的静压与动压的压力差。无人机在飞行前一定要检查皮托管,确保没有堵塞,否则会致使数据错误,在飞行过程中出现坠机事故,如图 7.7 所示。电压表和电流表用于测量飞行电池状态和所消耗的能量,以便为飞机后续操作提供参考。全球卫星定位系统组件从经度、纬度、高度定位无人机的地理位置,确保无人机自动飞行和正常飞行,如图 7.8 所示。根据信号质量高低和参与定位的卫星数量,其定位精确度可达 10 m。全球卫星定位系统还可以计算路径与速度,该系统的传感器必须安装在有开阔视野的高空中,因此,要固定在无人机的最高点。距离传感器主要利用声呐或激光,依据反射原理测量距高,误差为几 cm,其测量距离较短,一般在 10 m 以内。视频传感器主要利用摄像机拍摄的图像进行特征点的计算,以确定无人机的位姿,协助导航。

图 7.6　陀螺仪

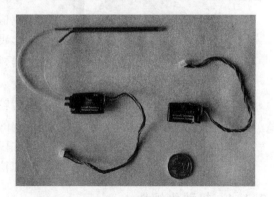

图 7.7　空气速度传感器和高度传感器

　　处理器通过传输线路接收传感器的数据,与设定值进行比较后,向驾驶系统传输命令,它是一个控制回路的核心组件。

　　存储器具有读取和写入功能,能够存储飞行程序、标准调试数据或判定标准;也可以记录飞行数据,相当于无人机的黑匣子,有些数据能够在飞行过程中不断传回地面站,并存储于其

图 7.8　全球定位系统

中,这一配置有助于弄清坠机原因。

7.1.3　通信系统

　　无人机配备双向联络系统,即上行系统和下行系统,具体包括无线电接收器、调制解调器和视频发射器。

　　无线电接收器控制联络无人机接收地面"向左转""旋转摄像机"之类的命令。一台发射器与一台接收器搭配控制无人机,无人机的接收器只听从与自己配对的发射器的命令,如图 7.9所示。

图 7.9　机载无线电接收器

　　调制解调器是无线网络的发射器/接收器,把无人机的地理位置和传感器接收的数据传送给地面上与计算机相连的另一个调制解调器。机载调制解调器还可以接收地面发出的命令。

　　视频发射器能够传输视频信号,实现无人机图像、视频信息采集的功能。中级或高级照相机装配高分辨率多媒体接口(HDMI),负责采制信号,传输给视频发射器,再将信号发送给地面的接收装置,因此地面上的操控人员可以看到图像信息。数字信号传输和模拟信号传输有各自的缺点:如采用数字连接方式,无人机飞远的时候,图像会从地面控制台的屏幕上突然消失,过一段时间后再重新出现;如在发送前把信号转换成模拟信号,信号会不断减弱。

7.1.4　机动化组件

　　机动化组件主要包括飞行电池、功率箱、控制器、引擎、螺旋桨。

　　机动化组件消耗能源,决定飞行电池的电压和电量。无人机上配备多个不同电压的电路,通过加入变压器,用一个电池为所有电路供电能减轻无人机的质量。对于电池的选择,最佳方案是用一个电池为所有电路供电,因为这种方法更简便,而且与用多个电池供电的方法相比,能减轻无人机的质量。一个标准的电池,标准电压是 4 V,因此无人机电池组的电压是 4 V 的倍数。电池上的放电系数是指在不损伤电池的前提下充电或放电的最大比率,比如,1C 指储存的所有能量可以在 1 小时内释放。考虑到能量消耗高峰,对于一架多旋翼无人机来说,至少需要 20C,即能量可以保证放电 3 min。长方形聚合锂电池是能量密度最大的电池,能承受高放电率。无人机所用电池如图 7.10 所示。

无刷逆变器把直流电变成有特定脉冲的交流电,以便让无刷电动机运行,如图 7.11 所示。逆变器的体积根据所能承受的电流强度进行调整。决定电流强度的因素包括引擎、无人机体积和螺旋桨距。逆变器会发热。商业逆变器可提供电压为 5 V 的弱强度输出电流,足够为接收器和三四个小型伺服装置供电。

图 7.10　无人机使用的标准电池

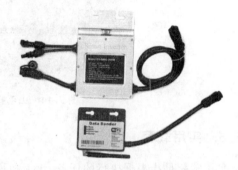

图 7.11　无刷逆变器

无刷电动机可以向旋翼传递能量,效率约 90%,而且不需要维护,甚至可以在水下运转。电动机旋转,线圈静止,除了轴的部分之外,其他部分摩擦力小,部件磨损程度轻微。无刷电动机有两种类型:旋转转子引擎和固定转子引擎,分别如图 7.12 和图 7.13 所示。旋转转子引擎使用更为广泛,提供合适的力偶;而固定转子引擎可以安装在机身之中。无刷电动机根据 KV 值(电动机每分钟在每伏电压作用下的转动次数)进行分类。

图 7.12　旋转转子引擎

图 7.13　固定转子引擎

螺旋桨是提供升力的部件,如图 7.14 所示。多旋翼无人机的旋翼成对运行,在一对旋翼中,一个螺旋桨顺时针旋转,另一个逆时针旋转,要按照旋翼旋转方向安装螺旋桨。螺旋桨可以是固定螺旋桨,也可以是防止折断的可折叠螺旋桨。螺旋桨根据"桨距×螺距"分类,桨距指的是螺旋桨以英寸为单位的长度,螺距指的是同一片桨叶假设在固体中旋转一周前进的距离。制作螺旋桨所用的材料包括尼龙(塑料)、木材(通常选用山毛榉)、碳。航空领域通常使用的金属材料往往用于大型无人机。螺旋桨是易损耗部件,即使引擎转速很慢,螺旋桨还是会严重受损,在更换程序或者电子元件后,测试引擎的时候一定要取下螺旋桨。

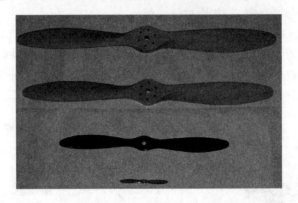

图 7.14　山毛榉、碳制无人机螺旋桨

7.1.5　实用载荷

实用载荷是指根据执行的任务,无人机所搭载的仪器设备,主要包括电子设备、照相机、摄像机、热传感器、热摄像机、激光雷达、辐射探测器等。机载摄像机如图 7.15 所示。

图 7.15　机载摄像机

旋翼无人机能够承担较大的实用载荷,且在空气动力学方面受到的限制较少。旋翼无人机可以携带吊舱,保证对实用载荷的控制,确保其稳定性。吊舱如图 7.16 所示。操控人员通过操作遥控器上的手柄或滚轮,调整两条或三条轴线,进而控制吊舱。同时,根据从自动驾驶仪传来的信息,无人机可以调整机身姿势,保持平衡,传统伺服装置可以作为吊舱的执行器,如果用橡胶带加固伺服装置,还能让吊舱的动作更加顺畅。2012 年,为吊舱配备的无刷电动机问世,它能保证吊舱更加平稳,不会有骤然停顿的情况,安装后负载只会略微增加。

理想的情况是,把实用载荷放在无人机的重心上,这样实用载荷的变化不会引起无人机失

图 7.16　无人机吊舱

衡。多旋翼无人机比固定机翼无人机更能适应重心移动的情况,因为其旋翼可以对重心偏移进行校正。多旋翼无人机的实用载荷放置在正中的吊舱里,位于螺旋桨下方。某些任务要求能看到无人机上方的情况,此时,可以把实用载荷放置在无人机的高处,即螺旋桨上方。

7.1.6　地面设施

地面设施主要包括控制设施、视频接收装置和计算机设备。

控制设施包含在遥控器中,有时还搭配计算机和调制解调器。遥控器有"盒子"型遥控器与"书桌"型遥控器两种类型,分别如图 7.17 和图 7.18 所示。通过为遥控器编程,记录专门属于每一架无人机的参数(伺服装置冲程的反转与长度、断路器的选择、平衡控制),安全防护措施还可防止把一架无人机的参数用于另一架无人机。

图 7.17　"盒子"型遥控器

图 7.18　"书桌"型遥控器

一台遥控器由三部分组成,一是 2 个带有弹簧、能够自动回到中立位置的手柄;二是控制实用载荷或者改变飞行模式的按钮、滚轮;三是显示遥控器状态信息,并通过下行连接显示机上传感器的信息的控制屏幕。无人机具备的功能,称作"通道"。具备 4 条以上通道可以用手柄在 4 条轴线上控制无人机;开启定高、悬停、常规、自动飞行等基本飞行控制模式,至少需要

2条通道,通过有两三个位置的断路器决定启用哪种模式;控制实用载荷启动快门、控制垂直轴线上的活动,至少要有2条通道;因此,遥控器总共至少需要8条通道,通道数量越多,操作越舒适,安全度越高。一些高端遥控器配备18条通道,最新的遥控器配备声音提示功能,提醒操控人员正在使用的飞行模式,并朗读飞行数据。还有一种方法是在按钮旁标明用途,方便操控人员找到恰当的按钮。

如今,遥控器不再是制造厂商的唯一操作系统,通过接入无线网络的台式电脑、平板电脑(见图7.19)控制无人机,可以实现无人机飞行半自动驾驶。

图7.19 控制无人机的硬触屏平板电脑

视频接收装置包括屏幕以及与之相连带天线的接收器和视频眼镜等。屏幕可以是用来控制飞行的手提电脑屏幕,由U盘视频接收器连接。专业人士更喜欢显示屏,比如7 in(1 in＝2.54 cm)的显示屏,可以用三脚架把显示屏支在地上,或者将显示屏与遥控器配合使用,让屏幕随时在操控人员眼前。视频眼镜可以让佩戴者感觉眼前1 m远处有一个1 m² 的屏幕,感觉如同亲身乘坐无人机一般,适合于不直接参与任务的第三方使用,如图7.20所示。

图7.20 视频眼镜

无人机分两根天线接收信号,每根天线接收信号的波长略有差异,接收器可以收到最佳信号,解决信号多路反射的问题。控制无人机的发射器所用频率和接收器所用频率应该分开,以免相互干扰。发射器使用的频率基本都是 2.4 GMHz,接收器使用的频率约为 5.8 GMHz (5.740~5.860 GMHz)。发射器与接收器通常会有数个预先录制好的通道,通过按钮或小开关在几个通道间切换。用同一块电池为视频接收器和屏幕供电,有时需要在两者之间安装变压器。

天线不定向(球形)发射时,在各个方向接收信号结果都相同;定向(平面)发射时,天线要始终朝向指定方位。不定向发射天线最实用,但性能不佳;定向发射天线性能好。把天线安装在电动托盘上,始终指向无人机方向和飞行高度,可以避免一直手持天线跟踪无人机。

计算机设备指手提电脑或平板电脑,可以作为驾驶台和分析台,控制无人机。应选择在室外屏幕清晰度较高的电脑,必要时,应装备遮光罩。优先选择续航时间长的电脑,触屏平板电脑符合人体工程学需求。带有硬化触笔的平板电脑适合在工地等室外条件下使用。

7.1.7　保护措施与安全设备

无人机机身无法搭载双重保护,只能依靠传感器和遥测连接,启动地面站的视觉、听觉或振动警报系统,对飞行高度过高或过低、距离过远、飞行电池电力不足、全球卫星定位系统或者无线电联络质量下降或功能完全丧失等异常情况,进行预警。

部分无人机的自动保护措施会随着警报响起而自动启动。比如,无线电联络切断时,自动返航功能(Return To Home,RTH)或着路功能自动开启。这些功能也可以在无人机进入操控人员设定的禁飞区时自动开启。

无人机上的降落伞是最终的安全措施,也是飞行中规定的必需设备,如图 7.21 所示。

图 7.21　无人机降落伞

多旋翼无人机的降落伞叠放在用弹力带绑住的口袋中,位于仪表板下,弹力带被固定在一个伺服装置的轮子上,轮子转动,释放弹力带,降落伞在螺旋桨产生的风力作用下打开。降落伞使无人机转向后降落。降落伞在不低于 20 m 的安全高度处打开,以降低无人机下坠速度。目前,还没有智能传感器有能力检测到无人机引擎、执行器和计算器等各部件的故障。

7.2 直升机飞行力学及飞行原理

7.2.1 直升机旋翼的作用

旋翼由数片桨叶及一个桨毂组成。工作时,桨叶与空气做相对运动,产生空气动力,桨毂则用来连接桨叶和旋翼轴,以转动旋翼。桨叶一般通过铰接方式与桨毂连接,旋翼能够产生向上的升力、向前的水平分力和其他分力及力矩,其作用各不相同。

向上的升力用来克服直升机的重力。即使直升机的发动机在空中停车时,也可通过操纵旋翼使其自转,仍可产生一定的升力,减缓直升机下降的趋势。向前的水平分力克服空气阻力使直升机前进,类似于飞机上的推进器(螺旋桨或喷气发动机)的作用。其他分力及力矩可以控制直升机或使其机动飞行,类似于飞机上各操纵面的作用。桨叶一般通过铰接方式与桨毂连接,如图 7.22 所示。

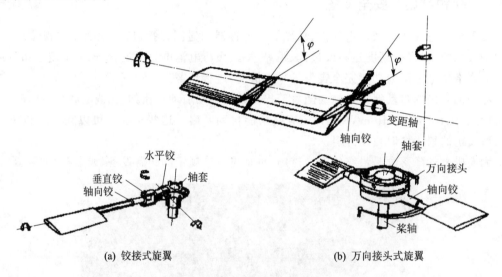

(a) 铰接式旋翼　　　　(b) 万向接头式旋翼

图 7.22　典型的铰链式旋翼

7.2.2 直升机的典型飞行状态分析

直升机具有前飞、后飞和侧飞三种飞行状态。

1. 直升机的前飞

作为一种运输工具,直升机主要依靠前飞来完成其作业任务,因此前飞,特别是平飞(水平直线飞行),是其最基本和使用最多的一种飞行状态。旋翼的许多特点在平飞时表现得尤为明显,其空气动力特性决定直升机平飞的许多性能。

相对于速度轴系平飞时,作用在直升机上的力主要有旋空拉力 T、全机重力 G、机体的废阻力 $X_身$ 及尾桨推力 $T_尾$。前飞时速度轴系按 x 轴指向飞行速度 V 的方向,y 轴垂直于 x 轴,向上为正,两个坐标轴按右手法则确定。保持直升机等速直线平飞的力的平衡条件如图 7.23 所示。

平飞时力的平衡条件为在 x 轴方向 T_2 与 $X_身$ 相等,y 轴方向 T_1 与 G 相等,z 轴方向 T_3

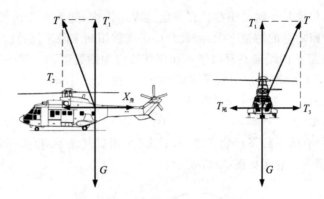

图 7.23　直升机受力分析图

约等于 $T_{尾}$，其中 T_1、T_2、T_3 分别为旋翼拉力在 x、y、z 三个方向的分量。对于单旋翼带尾桨直升机，由于尾桨轴线通常不在旋翼的旋转平面内，为保持侧向力矩平衡，直升机稍带坡度角 r，故尾桨推力与水平面之间的夹角为 y，$T_{尾}$ 与 T_3 方向不完全一致，因为 y 角很小，即 $\cos r$ 约等于 1，故 z 向力采用近似等号。

平飞时，飞行速度垂直分量 $V_V=0$，旋翼在重力方向和 z 方向均无位移，在这两个方向的分力不做功，此时旋翼的需用功率由型阻功率（$P_{型}$）、诱导功率（$P_{诱}$）和废阻功率（$P_{废}$）组成，其中废阻功率是旋翼拉力克服机身阻力所消耗的功率。

从图 7.24 可以看出，旋翼拉力的第二分力 T_2 可平衡机身阻力 $X_{身}$。对旋翼而言，其分力 T_2 在 x 轴方向以速度 V 做位移。显然旋翼必须做功，$P=T_2V$ 或 $P_{废}=X_{身}V$，而机身废阻 $X_{身}$ 在机身相对水平面姿态变化不大的情况下，其值近似与 V 的平方成正比，这样废阻功率 $P_{废}$ 就可以近似认为与平飞速度的三次方成正比，如图 7.24 中的点画线（3）所示。

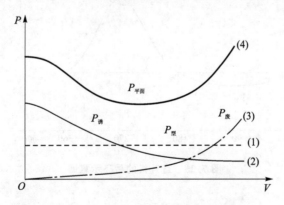

图 7.24　平飞需用功率随速度的变化图

平飞时，诱导功率为 $P_{诱}=TV_1$，其中 T 为旋翼拉力，V_1 为诱导速度。当飞行重量不变时，近似认为旋翼拉力不变，诱导速度随平飞速度 V 的增大而减小，因此平飞诱导功率 $P_{诱}$ 随平飞速度 V 的变化如图 7.24 中细实线（2）所示。

平飞型阻功率 $P_{型}$ 则与桨叶平均迎角有关。随平飞速度的增加其平均迎角变化不大。所以 $P_{型}$ 随平飞速度 V 的变化不大，如图中虚线（1）所示。

图中的粗实线（4）为上述三项之和，即总的平飞需用功率 $P_{平需}$ 随平飞速度的变化而变化。它是一条马鞍形的曲线：小速度平飞时，废阻功率很小，但这时诱导功率很大，所以总的平飞需用功率仍然很大,但比悬停时要小些。在一定速度范围内,随着平飞速度的增加,由于诱导功率急剧下降,而废阻功率的增量不大,因此总的平飞需用功率随平飞速度的增加呈下降的趋势,但这种下降趋势随 V 的增加逐渐减缓。速度继续增加则废阻功率随平飞速度增加急剧增加。平飞需用功率随 V 的增加在达到平飞需用功率的最低点后增加,总的平飞需用功率随 V 的变化则呈上升趋势,而且变得愈来愈明显。

2. 直升机的后飞

后飞是直升机特有的一种飞行状态之一,后飞时,相对气流不对称,引起挥舞及桨叶迎角的变化。直升机的后飞示意图如图 7.25 所示。

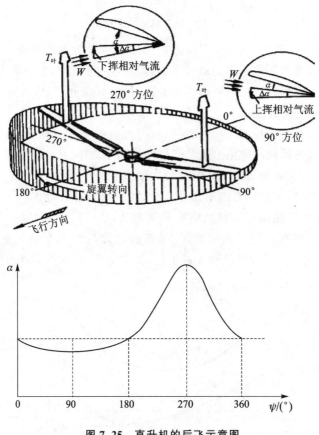

图 7.25　直升机的后飞示意图

3. 直升机的侧飞

侧飞也是直升机特有的一种飞行状态,它与悬停、小速度垂直飞行及后飞,是实施某些特殊作业不可缺少的飞行性能。一般侧飞是在悬停基础上实施的飞行状态。其特点是要多注意侧向力的变化和平衡。直升机机体的侧向投影面积很大,机体在侧飞时其空气动力阻力特别大,直升机侧飞速度通常很小。单旋翼带尾桨直升机的侧向受力是不对称的,左侧飞和右侧飞受力各不相同。向后行桨叶一侧侧飞,旋翼拉力向后行桨叶一侧的水平分量大于向前行桨叶一侧的尾桨推力,直升机向后方向运动,会产生与水平分量反向的空气动力阻力 Z。当侧力平衡时,水平分量等于尾桨推力与空气动力阻力之和,能保持等速向后行桨叶一侧侧飞。向前行桨叶一侧侧飞时,旋翼拉力的水平分量小于尾桨推力,在剩余尾桨推力作用下,直升机向尾桨推力方向一侧运动,空气动力阻力与尾桨推力反向,当侧力平衡时,保持等速向前行桨叶一侧飞行。

7.2.3　直升机的操纵

直升机操纵系统是指传递操纵指令,进行总距操纵、变距操纵和脚操纵(或航向操纵)的操纵机构和操纵线路。直升机通过操纵系统实现其功能,总距操纵实现升降运动,变距操纵实现前后左右运动,航向操纵改变飞行方向。如图 7.26 和图 7.27 所示为直升机的旋翼操纵机构和尾桨操纵机构。

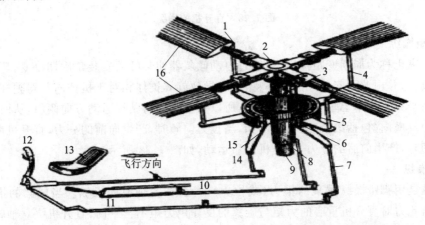

1—桨叶摇臂;2—桨毂;3—拨杆;4—变距拉杆;5—外环;6—旋转环;7—横向操纵摇臂;8—滑筒;
9—导筒;10—与发动机节气门联接;11—油门变距杆;12—驾驶杆;13—座椅

图 7.26　旋翼操纵机构

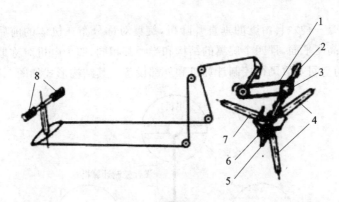

1—脚蹬;2—传动链条;3—滑动操纵杆;4—蜗杆套筒;5—尾桨桨叶;6—操纵变距环;7—轴承

图 7.27　尾桨操纵机构

1. 总距操纵

总距操纵是通过操纵旋翼的总桨距,同时增大或减小各片桨叶的安装角,从而改变旋翼拉力的大小。当拉力大于直升机重力时,直升机就上升;反之,直升机则下降,如图 7.28 所示。旋翼总桨距改变时,旋翼的需用功率也随着改变。因此,必须相应地改变发动机的油门,使发动机的输出功率与旋翼的需用功率相匹配以保持旋翼速度不变。为减轻驾驶员负担,发动机油门操纵和总距操纵通常是交联的。改变总距时,油门开度也相应地改变。因此,总距操纵又称为总桨距-油门操纵。

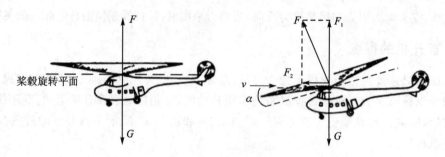

图 7.28　直升机的操纵

2. 变矩操纵

变距操纵也称为周期变距操纵,是通过自动倾斜器使桨叶的安装角周期改变,从而使桨叶升力周期改变,并由此引起桨叶周期挥舞,最终导致旋翼锥体相对于机体向着驾驶杆运动的方向倾斜。由于拉力基本上垂直于桨盘平面,所以拉力也向驾驶杆运动方向倾斜,从而实现纵向(包括俯仰)及横向(包括滚转)运动。例如,当拉力前倾时,产生向前的分力,直升机向前运动;当拉力后倾时,产生向后的分力,直升机向后运动,如图 7.28 所示。

3. 脚操纵

脚操纵是用脚蹬操纵尾桨的推力(或拉力)的大小,实现航向操纵。当尾桨的推力(或拉力)改变时,此力对直升机重心的力矩与旋翼的反作用力矩不再平衡,直升机绕立轴转动,使航向发生变化。

7.3　四旋翼无人机飞行力学及飞行原理

四旋翼飞行器是一种六自由度的垂直升降机,旋翼对称分布在机体的前后、左右四个方向,四个旋翼处于同一高度平面,且四个旋翼的结构和半径都相同,四个电机对称地安装在飞行器的支架端,支架中间的空间安放飞行控制计算机和外部设备。其结构形式如图 7.29 所示。

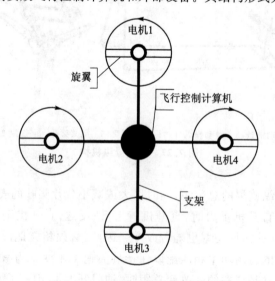

图 7.29　四旋翼飞行器的结构形式

四旋翼飞行器通过调节四个电机的转速来改变旋翼转速,实现升力的变化,从而控制飞行器的姿态和位置,实现垂直、俯仰、滚转、偏航、前后和侧向六种运动。它是一种欠驱动系统,只有四个输入力,同时却有六个状态输出。在图 7.30 中,电机 1 和电机 3 做逆时针旋转,电机 2 和电机 4 做顺时针旋转,规定沿 x 轴正方向运动为向前运动,箭头在旋翼的运动平面上方表示此电机转速提高,在下方表示此电机转速下降。电机 1 和电机 3 逆时针旋转的同时,电机 2 和电机 4 顺时针旋转,当飞行器平衡飞行时,陀螺效应和空气动力扭矩效应均被抵消。

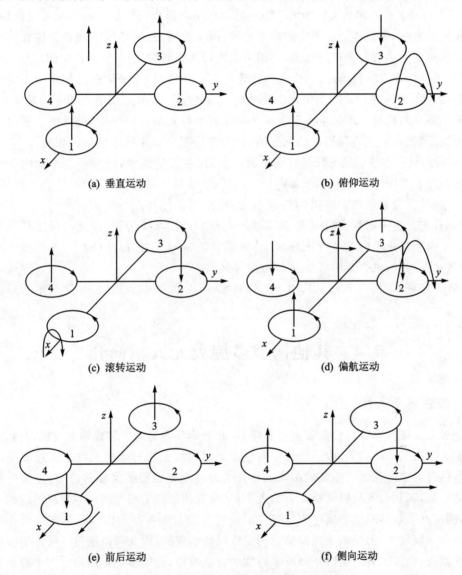

(a) 垂直运动　　　　　　　　　　　　(b) 俯仰运动

(c) 滚转运动　　　　　　　　　　　　(d) 偏航运动

(e) 前后运动　　　　　　　　　　　　(f) 侧向运动

图 7.30　四旋翼飞行器沿各自由度的运动

① 垂直运动:在图 7.30(a)中,同时增加四个电机的输出功率,旋翼转速增加使得总的拉力增大,当总拉力足以克服整机的重量时,四旋翼飞行器便离地垂直上升;反之,同时减小四个电机的输出功率,四旋翼飞行器则垂直下降,直至平衡落地,实现了沿 z 轴的垂直运动。当外界扰动量为零、旋翼产生的升力等于飞行器的自重时,飞行器便保持悬停状态。

② 俯仰运动：在图 7.30(b)中，电机 1 的转速上升，电机 3 的转速下降(改变量大小应相等)，电机 2、电机 4 的转速保持不变。由于旋翼 1 的升力上升，旋翼 3 的升力下降，产生的不平衡力矩使机身绕 y 轴旋转。同理，当电机 1 的转速下降，电机 3 的转速上升时，机身便绕 y 轴向另一个方向旋转，实现飞行器的俯仰运动。

③ 滚转运动：与图 7.30(b)的原理相同，在图 7.30(c)中，改变电机 2 和电机 4 的转速，保持电机 1 和电机 3 的转速不变，则可使机身绕 x 轴旋转(正向和反向)，实现飞行器的滚转运动。

④ 偏航运动：旋翼转动过程中由于空气阻力作用会形成与转动方向相反的反扭矩，为了克服反扭矩的影响，可使四个旋翼中的两个正转、两个反转，且对角线上的各个旋翼转动方向相同。反扭矩的大小与旋翼转速有关，当四个电机转速相同时，四个旋翼产生的反扭矩相互平衡，四旋翼飞行器不发生转动；当四个电机转速不完全相同时，不平衡的反扭矩会引起四旋翼飞行器转动。在图 7.30(d)中，当电机 1 和电机 3 的转速上升，电机 2 和电机 4 的转速下降时，旋翼 1 和旋翼 3 对机身的反扭矩大于旋翼 2 和旋翼 4 对机身的反扭矩，机身便在富余反扭矩的作用下绕 z 轴转动，实现飞行器的偏航运动，转向与电机 1、电机 3 的转向相反。

⑤ 前后运动：要想实现飞行器在水平面内前后、左右的运动，必须在水平面内对飞行器施加一定的力。在图 7.30(e)中，增加电机 3 的转速，使拉力增大，相应减小电机 1 的转速，使拉力减小，同时保持其他两个电机的转速不变，反扭矩仍然要保持平衡。按图 7.30(b)的理论，飞行器首先发生一定程度的倾斜，从而使旋翼拉力产生水平分量，因此可以实现飞行器的前飞运动。向后飞行与向前飞行正好相反。(在图 7.30(b)、图 7.30(c)中，飞行器在产生俯仰、翻滚运动的同时，也会产生沿 x、y 轴的水平运动。)

⑥ 侧向运动：在图 7.30(f)中，由于结构对称，所以侧向飞行的工作原理与前后运动完全一样。

7.4 其他构型多旋翼无人机简介

7.4.1 四旋翼无人机

四旋翼无人飞行器是一种能够垂直起降、以四个旋翼作为动力装置的无人机，其螺旋桨固联在刚性十字交叉的结构上，由四个独立电机驱动。四旋翼飞行器的动作是通过改变四个螺旋桨产生的升力来控制的。传统的旋翼式直升机通过改变螺旋桨的旋转速度，以及叶片攻击角和叶片轮列角，从而既可以调整升力的大小，又可以调整升力的方向。与传统的旋翼式直升机不同，四旋翼飞行器只能够通过改变螺旋桨的速度来实现各种动作。尽管四旋翼飞行器的螺旋桨倾角是固定的，但是由于螺旋桨是用弹性材料制成的，因此可以通过空气阻力扭曲螺旋桨来改变倾角。总之，升力是四个螺旋桨速度的合成效应，而旋转力矩则是由四个螺旋桨速度的差异效应引起的。

四旋翼无人机是最受欢迎的娱乐用无人机，具有质量轻、速度快等特点。机身总质量不足 1 kg，能够实现即刻静默，并且通过减少盘旋时间来提高执行任务的持久性，能够被用于速度和时间紧迫的救援行动。在没有装配实用载荷的情况下，良好的操作性能够让无人机做出各种花样动作，体型大的四旋翼无人机也会用于专业领域。图 7.31 所示为大疆 PHANTOM4 无人机，图 7.32 所示为亿航 GHOSTDRONE2 无人机。

图 7.31　大疆 PHANTOM4 无人机

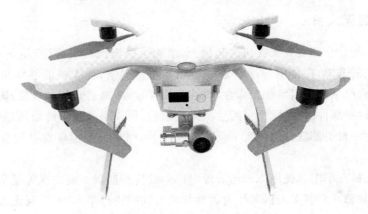

图 7.32　亿航 GHOSTDRONE2 无人机

7.4.2　六旋翼无人机

六旋翼无人机是一种具备垂直升降、悬停等灵活飞行性能优势的小型无人飞行器,在一些环境下具有更好的环境适用性。它通过上下共轴放置的三组共六个电机提供升力,通过改变旋翼转速来调整姿态,通过调整姿态进一步实现位置控制,具有悬停性能优异、移动灵活、机械结构紧凑、零部件可靠性高等优点。

六旋翼无人直升机与四旋翼无人直升机类似,是一种六自由度的垂直起降飞行器,六个螺旋桨呈六边形顶点位置分布,六个螺旋桨速度作为六个输入力,六个自由度的位置作为输出。六旋翼无人直升机的六个螺旋桨的旋转方向不尽相同,通过改变螺旋桨的速度来改变无人直升机的姿态和位置。六旋翼无人直升机与四旋翼无人直升机相比,多出两个冗余的旋翼,当遇到较强外力干扰或者部分旋翼受扰动时,能表现出较好的稳定性和跟踪性。六旋翼无人直升机控制系统是保证其稳定性能的关键,因此对六旋翼无人直升机控制系统的研究尤为重要。六旋翼无人机将更加适用于在危险和恶劣的环境下工作,在军事和民用领域都将具有广阔的应用前景。图 7.33 所示为科卫泰 KWT - X6M 六旋翼无人机。

图 7.33 科卫泰 KWT - X6M 六旋翼无人机

7.4.3 八旋翼无人机

八旋翼无人机是在四旋翼无人机的基础上,增加了四个执行机构(旋翼＋电机)。八台引擎能够保证更大的升力,在使用标准引擎和螺旋桨的情况下,无人机能够承担更大的实用载荷。理论上,八台引擎还可以增加稳定性,增强底架强度,提高自动驾驶质量,同时无人机的惯性也会增大;可拆解部件减少,降低了发生故障的风险,所以引擎数量的增加还提高了安全性。八旋翼无人机在一台引擎缺失的情况下仍能继续飞行,因为其他引擎在某种程度上可以起到代偿作用。

八旋翼无人机在军用与民用方面均展现出广阔的应用前景。在山区等复杂环境下的局部战争和冲突中,共轴八旋翼无人机可作为侦察和攻击性的飞行平台;八旋翼无人机装载在坦克和装甲车等传统武器上,可大大提高作战效能。在民用领域、公安和警用中进行搜寻和营救,在恶劣气候条件、火灾、地震等自然灾害发生或有毒物质泄漏等环境中,共轴八旋翼无人机能够迅速在大范围内进行搜索,提供实时有效信息,减少人员伤亡。图 7.34 所示为大疆 MG - 1 无人机。

图 7.34 大疆 MG - 1 无人机

7.4.4　同轴多引擎无人机

无人机依靠小巧的体积能够进出各种复杂场所,完成危险任务,而体积增大则意味着在增加空气阻力的同时降低无人机的环境适应性。为此,在不增加体积的前提下,为了提高无人机的马力,出现了同轴多引擎无人机,即把两台引擎叠放起来。

根据反作用力原理,当一个螺旋桨转动时,空气通过叶片会对发动机产生一个角速度相反的力,即扭矩,这个力会造成飞机沿着扭矩方向翻滚,扭矩对飞行的稳定性影响很大;然而同轴反转螺旋桨就没有这个问题,两组反向旋转的叶片产生的扭矩相互抵消,由于消除了叶尖的空气涡流,同轴反转螺旋桨比一般螺旋桨能增加 6%～16% 的效率。同轴反转螺旋桨最大的缺点在于运转产生的噪声太大。同轴反转螺旋桨的另一个缺点是增加了发动机设计的复杂程度,并且增加了质量。图 7.35 所示为 Y 形无人机,图 7.36 所示为狐狸-C8 无人机。

图 7.35　Y 形无人机

图 7.36　狐狸-C8 无人机

7.4.5　H 形无人机

为保证实用载荷前方从上到下视野开阔,H 形多旋翼无人机的引擎沿两根横杆安装,横杆分开,机身呈长方形。实用载荷装在机身末端。如果把实用载荷移位,则起到平衡配重作用的飞行电池也要改变安装位置,做出相应调整。图 7.37 所示为猎鹰 8 无人机。

图 7.37　猎鹰 8 无人机

旋翼的数量和位置不会从根本上改变飞行方式,只是影响视觉,由于没有机尾和机身,不容易辨别无人机的前方。通常在无人机臂前方装饰鲜艳的色彩,或者装有发光二极管(LED)灯,这样,在光线微弱的情况下容易看清无人机。另外,还可以设定程序,在无人机到达航路点或在电池电量耗尽时,让发光二极管灯不断闪烁。

由于多旋翼无人机操作简单、价格低廉,故其数量占现有无人机总量的 80% 左右。

小　结

本章介绍了旋翼无人机的基本结构,详细解释了机身、螺旋桨、自动驾驶仪、通信系统、机动化组件、实用载荷、地面设施、保护措施与安全设备的种类和作用。以常规布局直升机为例,分析了无人机旋翼产生力的类型和作用、典型飞行状态和操纵系统,总结出无人机飞行力学及飞行原理。重点总结了四旋翼无人机飞行力学及飞行原理,并对目前无人机市场中六旋翼、八旋翼、同轴多引擎、H 形等类型的多旋翼无人机的结构、性能和用途进行了简要介绍。

思考题

1. 旋翼无人机的基本结构包括哪几部分?
2. 旋翼无人机可分为哪几种类型?
3. 自动驾驶仪分哪几种类型? 作用是什么?
4. 直升机具有哪几种典型飞行状态?
5. 直升机旋翼的主要作用是什么?
6. 四旋翼无人机的飞行原理是什么?
7. 四旋翼无人机能够完成哪几种运动模式?
8. 多旋翼无人机主要有几种类型?
9. 直升机的操纵系统由哪几部分组成?

第8章 无人直升机的基础建模与控制

8.1 无人直升机的基础建模

8.1.1 单旋翼直升机的建模

单旋翼直升机包含了许多刚体,因此需要先推导每个刚体的模型,然后将所有刚体模型进行整合,推导出单旋翼直升机整体的数学模型。下面将介绍伺服电机动力学、滚转和俯仰运动动力学、偏航运动动力学、升降方向动力学、水平速度和姿态动力学。假设关于各轴向间的耦合可以忽略不计,由此衍生的模型是一个简单的单输入单输出(SISO)模型。

1. 伺服电机动力学

航模直升机通常使用舵机作为驱动。在单旋翼直升机中,有 5 个驱动舵机,分别是副翼舵机、升降舵机、总距舵机、方向舵机和油门舵机。舵机的输入脉冲宽度与摇臂旋转角度成比例。假设舵机的传递函数方程如下:

$$G_s(s) = \frac{\omega_{ns}^2}{s^2 + 2\zeta_s\omega_{ns}s + \omega_{ns}^2} \tag{8.1}$$

式中,ζ_s 为阻尼系数;ω_{ns} 为自然角频率。这些参数都可以用系统辨识方法来确定。此模型的频率响应如图 8.1 所示,截止频率约为 5 Hz。

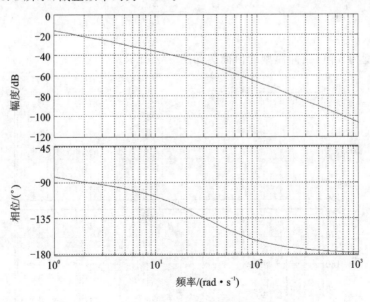

图 8.1 伺服电机模型的伯德图

2. 滚转和俯仰运动动力学

当副翼和升降舵机的摇臂旋转角度变化时,主旋翼的周期总距角也随之变化。与之同时,桨盘旋转产生陀螺力矩,并进一步引起俯仰和滚转力矩的产生。假设陀螺力矩在俯仰和滚转方向上是相同的,机身中的惯性矩的差异将导致存在模型增益的差异。这种情况下,从舵机摇臂旋转角到机身旋转角的传递函数定义如下:

$$G(s) = \frac{K}{(Ts+1)s} \tag{8.2}$$

式中,T 为系统的时间常数,K 为模型增益。将舵机模型和式(8.2)联系起来,可以得到从脉冲输入到机身旋转角的传递函数:

$$\left.\begin{aligned}
G_\theta(s) &= \frac{\omega_{ns}^2 K_\theta}{(s^2 + 2\zeta_s \omega_{ns} s + \omega_{ns}^2)(T_\theta s + 1)s} \\
G_\varphi(s) &= \frac{\omega_{ns}^2 K_\varphi}{(s^2 + 2\zeta_s \omega_{ns} s + \omega_{ns}^2)(T_\varphi s + 1)s}
\end{aligned}\right\} \tag{8.3}$$

式中,θ 和 φ 分别指俯仰和滚转方向。控制系统回路有时间延迟,传感器的输出数据和通过无线调制解调器的数据传输都有时间延迟。总时间延迟大约是 3 倍的数据采样时间。因此,在设计控制器时应考虑到时间延迟。包括时间延迟的俯仰和滚转运动的传递函数如下:

$$\left.\begin{aligned}
G_\theta(s) &= e^{-Ls} \frac{\omega_{ns}^2 K_\theta}{(s^2 + 2\zeta_s \omega_{ns} s + \omega_{ns}^2)(T_\theta s + 1)s} \\
G_\varphi(s) &= e^{-Ls} \frac{\omega_{ns}^2 K_\varphi}{(s^2 + 2\zeta_s \omega_{ns} s + \omega_{ns}^2)(T_\varphi s + 1)s}
\end{aligned}\right\} \tag{8.4}$$

通过重复仿真和试验得到数据,经调试来确定 T_θ、T_φ、K_θ 和 K_φ 参数的值。然后,设置时间延迟 e^{-Ls} 为一阶 Pade 近似。一阶 Pade 近似如下:

$$e^{-Ls} \approx \frac{1 - \dfrac{L}{2}s}{1 + \dfrac{L}{2}s} \tag{8.5}$$

结果该模型为 5 阶,俯仰模型的伯德图如图 8.2 所示。

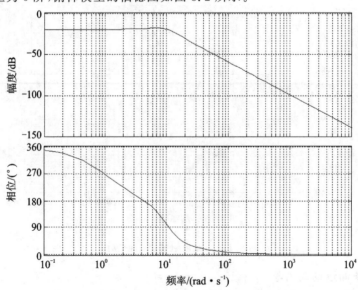

图 8.2 俯仰模型的伯德图

3. 偏航运动动力学

当舵机摇臂旋转角度改变时,尾旋翼总距角也会发生变化,尾旋翼拉力也随之改变。偏航力矩由尾旋翼拉力产生,同时促使直升机在偏航方向上旋转。应该指出,小型直升机的偏航运动系统并不是一个简单的开环系统。如果偏航系统是一个开环系统,直升机将由于主旋翼的反向力矩而旋转,而在这种情况下控制直升机的前进方向是极难的。基于上述原因,所有的小型直升机都有局部反馈系统,称为速率陀螺仪。速率陀螺仪回馈偏航比率来抵消主旋翼反向力矩,此偏航比率由陀螺仪传感器来衡量。在模型中,使用的是主动速度控制系统(AVCS)陀螺仪,它是通过比例积分(PI)控制系统来实现的。主动速度控制系统陀螺仪系统的框图如图 8.3 所示。假设主动速度控制系统控制器、舵机伺服驱动器和偏航运动动力学的闭环系统是一个二阶系统。另外,添加积分环节和时间延迟。从舵机脉冲输入到偏航方向旋转角的传递函数如下:

$$G_\phi(s) = e^{-Ls} \frac{\omega_{n\psi}^2 K_\psi}{(s^2 + 2\zeta_s \omega_{n\psi} s + \omega_{n\psi}^2)s} \tag{8.6}$$

式中,ψ 为偏航方向。

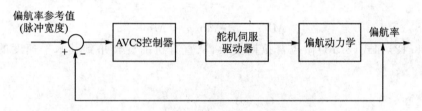

图 8.3 AVCS 控制系统陀螺仪系统的框图

4. 升降方向动力学

由于主旋翼拉力的变化,直升机做向上和向下的移动。根据叶素理论,由主旋翼产生的拉力的计算公式如下:

$$T = \frac{b}{4} \rho a c \Omega^2 R^3 (\theta_t + \phi_t) \tag{8.7}$$

式中,T 为主旋翼的拉力;b 为旋翼片数;ρ 为空气密度;a 为二维升力曲线斜率;c 为弦长;Ω 为主旋翼的旋转速度;R 为主旋翼的半径;θ_t 为主旋翼总距角;ϕ_t 为入流角,定义如下:

$$\phi_t = \frac{v_d + V_z}{2R\Omega} \tag{8.8}$$

式中,v_d 为诱导速度;V_z 为直升机的上升速度。当直升机升空时,上述参数是常数,只有三个变量 Ω、θ_t、ϕ_t。特别地,悬停状态下,$V_z = 0$,v_d 为常值,因此中 ϕ_t 的变化只与 Ω 有关,Ω 和 θ_t 的改变量分别正比于油门舵机和总距舵机的摇臂旋转角度。在此使用了发动机速度控制器,称为调速器,可以保持一个恒定的旋翼转速口。此外,假设 $v_d \ll \Omega$,因此 $\phi_t \approx 0$。在这些假设下,主旋翼拉力 T 的改变仅与总距角 θ_t 有关,式(8.7)就可以化简为

$$T = K_T \theta_t \tag{8.9}$$

式中,K_T 为依赖于任何常量参数的增益。设定 M 为直升机的质量,则升降方向的运动方程如下:

$$M\dot{V}_z = -K_v V_z + K_T \theta_t \tag{8.10}$$

式中，$K_v V_z$ 为空气阻力；K_v 为空气阻力的平均系数。添加一个积分环节，则从总的脉冲输入到直升机高度的传递函数如下：

$$G_{ud}(s) = \frac{K_T K_{\theta_t}}{(M_s + K_s)s} \tag{8.11}$$

式中，K_{θ_t} 为悬停状态下主旋翼总距角与总脉冲输入的比率。

5. 水平速度和姿态动力学

俯仰方向上的旋转运动使主旋翼桨盘发生了倾斜。主旋翼的拉力可分解为水平方向和垂直方向。另外，主旋翼拉力的水平分量可使直升机在前进方向上移动。假定该直升机保持静止或以一个恒定的速度在垂直方向上移动，则主旋翼拉力的垂直分量等于直升机的重量。在此假设下，设定 M 为直升机的质量；g 为重力加速度；θ 为直升机的俯仰角；V_x 为直升机的前飞速度。假设 θ 足够小，则可以得到前进方向的运动方程，即

$$M\dot{V}_x = -Mg\tan\theta \approx -Mg\theta \tag{8.12}$$

同理，φ 为滚转角，V_y 为直升机的右侧速度，假设 φ 足够小，则可以得到右侧方向的运动方程，即

$$M\dot{V}_y = Mg\tan\varphi \approx Mg\varphi \tag{8.13}$$

对式(8.12)和式(8.13)做拉普拉斯变换，从直升机的旋转角到其水平速度的传递函数如下：

$$\left.\begin{array}{l} G_{vx}(s) = \dfrac{V_x}{\theta} = -\dfrac{g}{s} \\[3mm] G_{vy}(s) = \dfrac{V_y}{\varphi} = \dfrac{g}{s} \end{array}\right\} \tag{8.14}$$

对于式(8.14)所代表的简单模型来说，模型的输出结果不符合直升机飞行试验所采集的速度，因此提出一个不稳定极点来代替式(8.14)中的积分项，修改之后如下：

$$\left.\begin{array}{l} G_{vx}(s) = -\dfrac{g}{s-a} \\[3mm] G_{vy}(s) = \dfrac{g}{s-a} \end{array}\right\} \tag{8.15}$$

式中，a 为正常数，在这里 $a = 0.2$，不稳定极点引入的原因是基于有不稳定极点的模型，控制系统的稳定性降低的可能性小（在试验数据中只会出现不稳定倾向）。事实上，把不稳定极点添加到模型中去，该控制系统的设计可使得闭环系统变得稳定。此外，当用水平速度微分得到的加速度和前飞试验中得到的旋转角度数据对比时，可得到旋转角度和水平加速度之间的动力学关系。我们认为这种动力学是一阶的，并把它添加到式(8.15)中[1]，修改后的速度模型如下：

$$\left.\begin{array}{l} G_{vx}(s) = -g\,\dfrac{b}{s+b}\,\dfrac{1}{s-a} \\[3mm] G_{vy}(s) = g\,\dfrac{b}{s+b}\,\dfrac{1}{s-a} \end{array}\right\} \tag{8.16}$$

式中，b 为任意正常数，因为它含有从直升机旋转角到速度动力学的不稳定极点，所以很难概念化这样一个一阶动力方程；不过，它显然是由姿态传感器的内部动力学引起的，该传感器用于测量在试验过程中的旋转角[2]。

在上述的直升机水平速度的模型中添加一个积分项,从直升机旋转角到其水平坐标的传递函数如下:

$$\left.\begin{aligned} G_{vx}(s) &= -g\,\frac{b}{s+b}\,\frac{1}{s-a}\,\frac{1}{s} \\ G_{vy}(s) &= g\,\frac{b}{s+b}\,\frac{1}{s-a}\,\frac{1}{s} \end{aligned}\right\}$$
(8.17)

8.1.2　共轴旋翼直升机的建模

下面将介绍共轴旋翼直升机的数学建模。关于各轴的耦合项可以忽略不计(与单旋翼直升机的情况相同);另外,其升降和前飞运动的动力学与单旋翼直升机也是相似的,因此,只需介绍伺服电机动力学、滚转和俯仰运动动力学以及水平速度和姿态动力学。

1. 伺服电机动力学

本书中的共轴旋翼直升机,并不需要驱动总距角和尾旋翼桨距角变化,因此只有伺服电机驱动俯仰和滚转运动。伺服电机本身很小,其移动范围不大,高阶动力学可以忽略不计,假设伺服电机的动力学可以近似为一阶方程,则

$$G_m(s) = \frac{K_m}{T_m s + 1}$$
(8.18)

式中,T_m 为电机的时间常量;K_m 为适当的标量增益。

2. 滚转和俯仰运动动力学

当共轴旋翼直升机的副翼和升降伺服电机的摇臂旋转角度改变时,自动倾斜器会发生移动;下旋翼周期桨距角也会随之变化,旋翼的转动平面倾斜并挥舞。伺服电机的摇臂旋转角度和下旋翼的倾斜角度系统之间的关系可以被近似为一阶的传递函数,即

$$G_{\varphi_l}(s) = \frac{K_{\varphi_l}}{T_{\varphi_l} s + 1}$$
(8.19)

式中,下标 φ_l 为该函数下旋翼倾斜角的传递函数。下旋翼的倾斜引起力矩的产生,机身的旋转角也随之变化。安装在机身顶部的稳定杆,由于陀螺效应保持在旋转平面,这意味着主旋翼轴和稳定杆之间的旋转角度也发生了变化,此系统可以近似为如下的传递函数:

$$G_{\varphi_s}(s) = K_{\varphi_s}\left(1 - \frac{1}{T_{\varphi_s} s + 1}\right)$$
(8.20)

式中,下标 φ_s 为该函数稳定杆倾斜角的传递函数。当稳定杆的倾斜角发生变化时,与稳定杆相连的上旋翼的周期总距角也发生变化,上旋翼的旋转平面发生倾斜。稳定杆和上旋翼的倾斜角之间的传递函数可近似表示如下:

$$G_{\varphi_u}(s) = \frac{K_{\varphi_u}}{T_{\varphi_u} s + 1}$$
(8.21)

式中,下标 φ_u 为该函数上旋翼倾斜角的传递函数。下面介绍的传递函数表示滚转和俯仰运动动力学,是上述三个传递函数和伺服电机的传递函数的组合。对于机身姿态有重大影响的外力矩是由于上下旋翼倾斜角的变化而产生的。设定 T_u 和 T_l 分别为上下旋翼产生的拉力;L_u 和 L_l 分别为机身重心到上下旋翼的距离;φ_u 和 φ_l 分别为上下旋翼的倾斜角。假设 φ_u 和 φ_l 足够小,M_u 和 M_l 分别为上下旋翼产生的到机身重心的力矩,表示如下:

$$M_u = T_u L_u \sin \varphi_u \approx T_u L_u \varphi_u$$
$$M_l = T_l L_l \sin \varphi_l \approx T_l L_l \varphi_l$$

(8.22)

关于机身姿态的运动方程的一般形式如下，

$$J \ddot{\theta} = M_u + M_l$$

(8.23)

式中，θ 为滚转或俯仰姿态角；J 为各轴的惯性力矩。图 8.4 包含了式(8.18)～式(8.21)和式(8.23)，且表示了输入和机身姿态角系统之间的框图。D_u 和 D_l 为基于空气阻力的阻尼系数，它们都是标量；ϕ_m 为伺服电机的摇臂旋转角，ϕ_s 为稳定杆的倾斜角；$x_a = \begin{bmatrix} \theta & \dot{\theta} & \varphi_l & \varphi_u & \varphi_s & \varphi_m \end{bmatrix}$ 为系统的状态向量。框图描述了输入和机身姿态角系统之间的动力学关系的状态空间方程的一般形式，可以表示如下：

$$\dot{x}_a = A_a x_a + B_a u$$

(8.24)

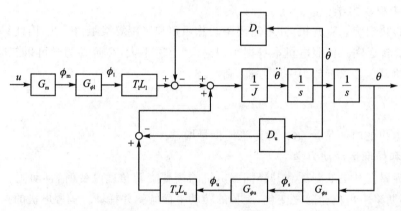

图 8.4 共轴式直升机姿态动力学框图

方程中的矩阵 A_a、B_a 定义如下：

$$A_a = \begin{bmatrix} 0 & 1 & 0 & 0 & 0 & 0 \\ 0 & -\dfrac{D_u + D_l}{J} & \dfrac{T_l T_l}{J} & \dfrac{T_u L_u}{J} & 0 & 0 \\ 0 & 0 & -\dfrac{1}{T_{\varphi_l}} & 0 & 0 & \dfrac{K_{\varphi_l}}{T_{\varphi_l}} \\ 0 & 0 & 0 & -\dfrac{1}{T_{\varphi_u}} & \dfrac{K_{\varphi_u}}{T_{\varphi_u}} & 0 \\ 0 & -K_{\varphi_s} & 0 & 0 & -\dfrac{1}{T_s} & 0 \\ 0 & 0 & 0 & 0 & 0 & -\dfrac{1}{T_s} \end{bmatrix}$$

$$B_a = \begin{bmatrix} 0 & 0 & 0 & 0 & 0 & \dfrac{K_m}{T_m} \end{bmatrix}^T$$

(8.25)

伺服电机、上下旋翼，以及稳定杆在滚转和俯仰方向上的动力学方程是对称的。因此，通过把滚转和俯仰轴上的惯性力矩值分别代入到式(8.25)中的 J，可以得到滚转和俯仰方向上的姿态模型。

3. 水平速度和姿态动力学

由旋翼产生的拉力的水平分量,首先影响水平方向的运动。设定由上下旋翼产生的拉力的水平分最分别为 F_{uh} 和 F_{lh},这些力与上下旋翼倾斜角之间的关系可以表示为

$$\left.\begin{aligned}F_{uh}=T_u\sin(\theta+\varphi_u)\approx T_u(\theta+\varphi_u)\\F_{lh}=T_l\sin(\theta+\varphi_l)\approx T_l(\theta+\varphi_l)\end{aligned}\right\} \tag{8.26}$$

其中,假设每个旋翼的姿态角和倾斜角都足够小。x 设为在 X 轴方向和 Y 轴方向上的位移,M 为机体的质量,则运动方程的一般形式如下:

$$M\ddot{x}=-D_x\dot{x}+F_{uh}+F_{lh} \tag{8.27}$$

水平方向运动的动力学模型框图,包括机身姿态的动力学模型框图,如图 8.5 所示。在该框图中,表示输入和水平方向上位移之间动力学的状态空间方程如下:

$$\dot{x}_h=A_h x_h+B_h u \tag{8.28}$$

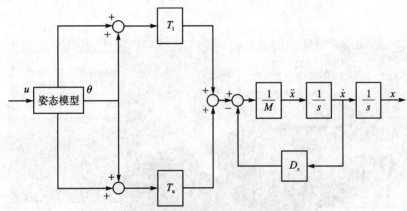

图 8.5　共轴式直升机水平方向动力学模型框图

该方程中的矩阵 A_h、B_h、x_h 定义如下:

$$A_h=\begin{bmatrix}0 & 1 & 0 & 0 & 0 & 0 & 0 & 0\\0 & -\dfrac{D_u+D_l}{J} & \dfrac{T_l L_l}{J} & \dfrac{T_u L_u}{J} & 0 & 0 & 0 & 0\\0 & 0 & -\dfrac{1}{T_{\varphi_l}} & 0 & 0 & 0 & 0 & \dfrac{K_{\varphi_l}}{T_{\varphi_l}}\\0 & 0 & 0 & -\dfrac{1}{T_{\varphi_u}} & \dfrac{K_{\varphi_u}}{T_{\varphi_u}} & 0 & 0 & 0\\0 & -K_{\varphi_s} & 0 & 0 & -\dfrac{1}{T_s} & 0 & 0 & 0\\0 & 0 & 0 & 0 & 0 & 0 & 1 & 0\\\dfrac{F_{lh}+F_{uh}}{M} & 0 & \dfrac{F_{lh}}{M} & \dfrac{F_{uh}}{M} & 0 & 0 & -D_x & 0\\0 & 0 & 0 & 0 & 0 & 0 & 0 & -\dfrac{1}{T_s}\end{bmatrix}$$

$$\boldsymbol{B}_\mathrm{h} = \begin{bmatrix} 0 & 0 & 0 & 0 & 0 & 0 & 0 & \dfrac{K_\mathrm{m}}{T_\mathrm{m}} \end{bmatrix}^\mathrm{T}$$

$$\boldsymbol{x}_\mathrm{h} = \begin{bmatrix} \theta & \dot{\theta} & \varphi_\mathrm{l} & \varphi_\mathrm{u} & \varphi_\mathrm{s} & x & \dot{x} & \varphi_\mathrm{m} \end{bmatrix}^\mathrm{T} \qquad (8.29)$$

8.2 无人直升机的控制和稳定性

8.2.1 单旋翼直升机的控制和稳定性

大多数有人驾驶直升机都属于单旋翼直升机,其主要原因是对于中小尺寸直升机的需求远大于大型直升机。单旋翼结构布局适合于中小型直升机,而纵列式旋翼结构布局更适合于大型直升机。SMR 直升机的动力学控制配置框图如图 8.6 所示,一种典型飞行控制系统组成如图 8.7 所示。

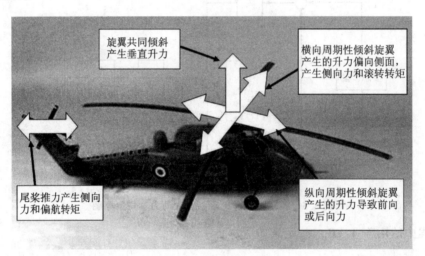

旋翼共同倾斜产生垂直升力

横向周期性倾斜旋翼产生的升力偏向侧面,产生侧向力和滚转转矩

尾桨推力产生侧向力和偏航转矩

纵向周期性倾斜旋翼产生的升力导致前向或后向力

图 8.6 单旋翼直升机控制

单旋翼直升机特性的详细讨论见参考文献[3-5]。文献中很少提及纵列式旋翼无人机和同轴旋翼直升机,这方面的内容可从直升机制造商未公开的内部报告中查到,见参考文献[6]。

直到最近,多数无人直升机制造商更倾向单旋翼无人机,这是因为这是一项成熟且可接受的技术。在另一些情况中,利用飞行控制系统代替飞行员及其附属设备,将现有小型载人直升机改装成无人机。后一种方法减少了开发费用,避免了开发一种全新机型和系统所面临的风险。但是,以单旋翼结构布局为基础开发无人机也有不足,主要是:对较小型的直升机,其尾旋翼相对脆弱,尤其在不平整地形和树林地域着陆时容易毁坏。

确保单旋翼直升机有足够的可控性和稳定性是复杂的,主要原因是由于直升机自身的不对称,而固定翼飞机本质是对称的,表现在:

① 直升机爬升要求旋翼叶片共同地增加倾斜度,这反过来又要求发动机输出更大的功率。在正常情况下,这样做一般是没有问题的,但是更大的输出功率意味着更大的旋翼转矩,如果控制不当,将会使飞机迅速地朝着主旋翼旋转的相反方向旋转。这样就要求尾旋翼产生的推力必须增加,以平衡飞机的转动。不幸的是,侧向力的增加会使飞机侧向运动,也可能引

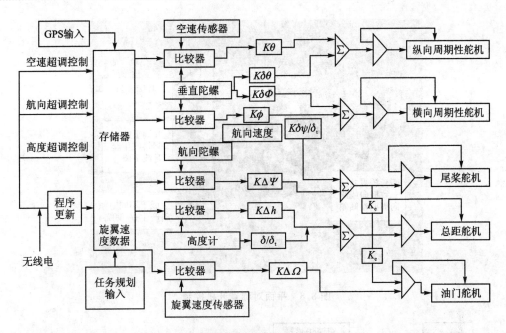

图 8.7　单旋翼直升机自动飞行控制系统框图

起飞机滚转。为了防止这样的情况发生,主旋翼必须向侧向力增量的相反方向倾斜。在有人直升机上,飞行员通过学习、多次的训练,加之人的感知和本能,就能够应对这种情况。对于无人直升机飞行控制系统,必须设计正确的控制算法,使直升机能够精确稳定地飞行。

②　在前向飞行中,旋翼在低的一侧产生侧向振动会增加,将会产生侧向力,这就要求必须在这个侧向力的相反方向,施加周期性的倾斜加以修正。该修正值的大小随直升机前向速度和飞机结构的不同而不同。类似地,就需在基本的无人直升机飞行控制系统中增加适当的修正算法。

③　为了抵制直升机盘旋时的侧向飞行效应,必须施加侧向周期性的倾斜,这样会使尾旋翼产生强烈的"风标"效应,必须通过调整尾旋翼的倾斜度才能修正上述效应。同样,在无人直升机飞行控制系统中也要加入相应的修正算法。

虽然单旋翼直升机相对其同等尺寸的水平起降飞机而言,在大多数飞行模式下,抗阵风的能力强,但由于尾旋翼的大垂尾效应,即尾部旋翼的作用主要是提供反扭矩,其抗侧风能力不足,故在实际中克服这种效应还是很困难的。

8.2.2　共轴旋翼直升机的控制和稳定性

共轴旋翼直升机的旋翼系统具有对称性;在平面对称直升机中,该飞机完全对称。因此,共轴旋翼直升机比水平起降飞机的飞行控制系统简单。另外,该直升机抗阵风的能力比其他结构布局的飞机都强。其动力学控制方法如图 8.8 所示,飞行控制系统的组成如图 8.9 所示。

1.　方向性共轴旋翼直升机(CRH)机体

"方向性"意味着机体具有一个最优的飞行轴向,即沿该轴飞行,具有最小的空气动力学阻力。由于旋翼的对称性,共轴旋翼直升机不具有单旋翼直升机那样的复杂耦合模式。

在爬升控制过程中,每个旋翼产生的扭矩相等,因此几乎不需要在航向上进行修正,只需

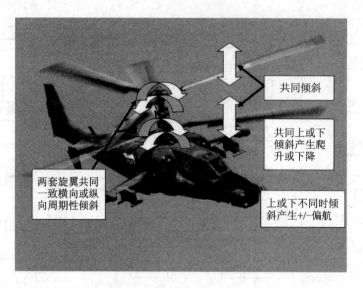

图 8.8　平面对称直升机控制

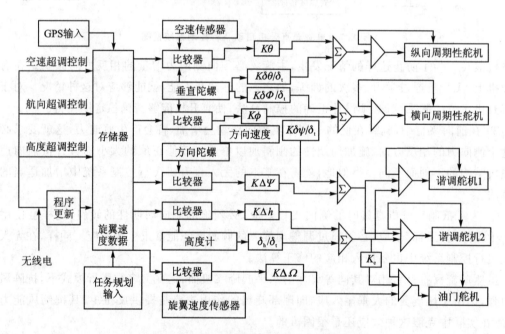

图 8.9　共轴旋翼直升机自动飞行控制系统

要在俯仰上进行小的差动协调,以克服旋翼间的不平衡。与单旋翼直升机不同,这种机型不需进行由于旋桨拍振引起的侧向力平衡。同样地,进行前向或侧向飞行时,没有旋翼拍振引起的侧向力,每个旋翼的拍振运动是相等的,方向相反,飞机本身就具有自校正能力。由于这些原因,飞行员认为相对于单旋翼直升机,共轴直升机更容易控制,并且其电子飞行控制系统更容易开发。

　　共轴旋翼直升机也有不足。在航向控制上,需要在两个旋翼转矩之间产生差别。在下降时,驱动两个旋翼的功率要求下降,获得两者之间的差别就较小,控制能力就会降低。但是,以任意速率全自转下降时,获得的控制能力是足够的。

在全自转飞行时,计算表明获得的控制能力较小,但方向相反。为了解决这个问题,有人驾驶共轴旋翼直升机通常设计成气动稳定的,并在垂尾上增加了方向舵。在动力完全失去的情况下及非常接近地面之前,飞行员立即使飞机向前飞行,可以控制方向舵,实现前行跳蹦式着陆,这种方法可编程实现到无人机飞行控制系统中。

2. 共轴直升机对称机体

平面对称直升机是一种特殊布局的共轴直升机,除了机体气动阻力方面,这种直升机相对于方向性共轴直升机有很多优点。这些优点包括更紧凑的运输型机身、更适合任务载荷使用、更强的抗风能力和更低的可探测性,适合隐身应用。这种直升机在航向上不能做到气动稳定,但沿中轴是稳定的。在正常飞行状态下,通过飞行控制系统就可以实现空间稳定。在全自转模式下,飞行控制系统可能使飞机不稳定,除非考虑控制方向的反向,并在飞行控制系统中增加修正算法。

这种直升机可能不适合前向着陆模式,因为这样则要求有能够支撑该降落模式的起落架,同时这种结构布局也不适合这种着陆模式。但是,在所有结构布局中,该型飞机的抗风能力最强,在一些方向上几乎没有风的影响,不同飞行模式之间没有耦合。

8.3　无人直升机的控制系统设计

本节给出根据数学模型的控制系统的设计。基于最优控制理论的方法是静态飞行控制的一个代表性的设计方法;对于轨迹控制,最优预先控制也是有效的。

8.3.1　最优控制

在设计控制系统之前,首先将传递函数转换为状态空间方程,因为最优控制设计需要用到的是状态空间方程。状态空间方程传递函数的转换被称为"实现",在一般情况下,一个传递函数存在多个实现。在下面的讨论中,希望该系统是可控可观的,因此假设出如下系统。可控可观性的实现被称为最小实现,传递函数的实现如下:

$$\left.\begin{array}{l} \dot{x} = Ax(t) + Bu(t), \quad x \in \mathbf{R}^n, \quad u \in \mathbf{R} \\ y = Cx(t), \quad y \in \mathbf{R} \end{array}\right\} \tag{8.30}$$

(A, B) 是可控的,(A, C) 是可观的。

对于小型无人直升机的控制,我们期望其系统输出是一个适当的值。例如,对于姿态控制,直升机的姿态遵从基准姿态。而在高度控制的情况下,直升机的高度遵从基准高度。在这些情况下,伺服系统的设计必须遵循没有任何恒定误差的基准值。假设 r 是一个恒定的参考值,该参考值和输出之间的误差的积分值由下面的等式定义,即

$$e(t) = \int_0^t [r - y(\tau)] \, d\tau \tag{8.31}$$

设 x_a 为增广系统的状态值,定义为 $x_a = [x^T, e]^T$,则增广系统的状态空间方程定义如下:

$$\dot{x}_a = A_a x_a + B_a u + E_r \tag{8.32}$$

方程中的矩阵定义如下:

$$A_a = \begin{bmatrix} A & 0 \\ -C & 0 \end{bmatrix}, \quad B_a = \begin{bmatrix} B \\ 0 \end{bmatrix}, \quad E_r = \begin{bmatrix} 0 \\ 1 \end{bmatrix} \tag{8.33}$$

下面将在伺服增广系统式(8.32)的基础上,设计最优控制。

最优控制是控制系统设计方法的目标。在该方法中,使用状态反馈可以计算最优控制的输入,状态反馈能降低一定的标准。假设二次标准如下:

$$J = \int_0^\infty \left[\boldsymbol{x}_a^T(t) \boldsymbol{Q} \boldsymbol{x}_a(t) + R u^2(t) \right] \mathrm{d}t \tag{8.34}$$

控制目标的加权矩阵 $\boldsymbol{Q}$ 是一个非负的对称矩阵。此外,控制输入的加权值 R 是一个正的标量。最优控制输入,即最小化式(8.34),所得如下:

$$u(t) = -\boldsymbol{F} \boldsymbol{x}_a(t), \quad \boldsymbol{F} = R^{-1} \boldsymbol{B}_a^T \boldsymbol{P} \tag{8.35}$$

式中,矩阵 $\boldsymbol{P}$ 是下式所表示的黎卡提方程的解,并且它是一个正对称矩阵,则

$$\boldsymbol{P} \boldsymbol{A}_a + \boldsymbol{A}_a^T \boldsymbol{P} - \boldsymbol{P} \boldsymbol{B}_a R^{-1} \boldsymbol{B}_a^T \boldsymbol{P} + \boldsymbol{Q} = \boldsymbol{0} \tag{8.36}$$

就 $\boldsymbol{Q}$ 和 R 而言,如果增大 $\boldsymbol{Q}$,则可控性增加,也可以通过增大 R 而减小控制输入。下面展示了一个设计流程的例子。对于伺服系统的设计,首先根据误差的积分水平设置 $\boldsymbol{Q}$ 的值,以便提高可控性。然后在不依赖误差积分水平的情况下,通过调节 $\boldsymbol{Q}$ 值来抑制超调量。最后调整 R 以保持控制输入为理想大小。

对于计算最优控制输入,如式(8.35)所示,反馈状态向量 $\boldsymbol{x}_a$ 是必要的。然而,也不是状态向量的所有变量都能观察得到。尤其是在从传递函数转换到状态方程的情况下,这些状态变量往往不具有物理意义,并且难以直接观察它们。在这种情况下,必须设计一种观测器。通过观测器,可以清楚地观察到变量 $\boldsymbol{x}_a$ 误差的积分水平,因此在这种情况下,状态向量 $\boldsymbol{x}$ 的观测器由此产生。假设 $\hat{\boldsymbol{x}}$ 为状态向量的估算值,观测器可以使用下面的公式计算 $\hat{\boldsymbol{x}}$,即

$$\dot{\hat{\boldsymbol{x}}}(t) = \boldsymbol{A} \hat{\boldsymbol{x}}(t) + \boldsymbol{B} u(t) + \boldsymbol{L} [y(t) - \boldsymbol{C} \hat{\boldsymbol{x}}(t)] \tag{8.37}$$

矩阵 $\boldsymbol{L}$ 是观测器的增益,具有这些构成的观测器被称为特性观测器。目前已经有多种方法用于设计观测器增益 $\boldsymbol{L}$。式(8.37)的结构类似于稳定状态卡尔曼滤波器。因此,下面着重介绍使用卡尔曼滤波器理论的设计方法。

首先,假设以下系统为卡尔曼滤波器:

$$\left. \begin{array}{l} \dot{\boldsymbol{x}} = \boldsymbol{A} \boldsymbol{x}(t) + \boldsymbol{B} u(t) + \boldsymbol{G} \boldsymbol{w}(t) \\ \boldsymbol{y} = \boldsymbol{C} \boldsymbol{x}(t) + \boldsymbol{v}(t) \end{array} \right\} \tag{8.38}$$

式中,$\boldsymbol{w}(t)$ 为系统噪声;$\boldsymbol{v}(t)$ 为测量噪声。可以假定,系数矩阵 $\boldsymbol{G}$ 取决于系统的噪声,等于输入矩阵 $\boldsymbol{B}$,因此,假设 $\boldsymbol{G} = \boldsymbol{B}$。卡尔曼滤波器的滤波器方程用式(8.37)表示,并使用下式计算滤波器的增益,即

$$\boldsymbol{L} = \bar{\boldsymbol{X}} \boldsymbol{C}^T \boldsymbol{V}^{-1} \tag{8.39}$$

矩阵 $\bar{\boldsymbol{X}}$ 为黎卡提方程式(8.40)的解,且为正对称矩阵,则

$$\boldsymbol{A} \bar{\boldsymbol{X}} + \bar{\boldsymbol{X}} \boldsymbol{A}^T - \bar{\boldsymbol{X}} \boldsymbol{C}^T \boldsymbol{V}^{-1} \boldsymbol{C} \bar{\boldsymbol{X}} + \boldsymbol{G} \boldsymbol{W} \boldsymbol{G}^T = \boldsymbol{0} \tag{8.40}$$

矩阵 $\boldsymbol{V}$ 和 $\boldsymbol{W}$ 是协方差矩阵,分别取决于测量噪声和系统噪声。此外,其还可以表示成如下形式:

$$\left. \begin{array}{l} E[\boldsymbol{w}(t) \boldsymbol{w}^T(t)] = \boldsymbol{W}(t) \delta(t-\tau) \\ E[\boldsymbol{v}(t) \boldsymbol{v}^T(t)] = \boldsymbol{V}(t) \delta(t-\tau) \end{array} \right\} \tag{8.41}$$

式中,$\delta(t)$ 为狄拉克函数;$E[\cdot]$ 为期望值。

通过反馈估算的状态向量 $\hat{\boldsymbol{x}}_a = [\hat{\boldsymbol{x}}^T, e]^T$,可以计算出控制输入,而该状态向量可由上述设

计的观测器得到。

通过联合观测器和如下方程所表示的状态反馈，可得出所需的控制器，则

$$\left.\begin{array}{l} \hat{\boldsymbol{x}}_a = (\boldsymbol{A}_a - \boldsymbol{BF} - \boldsymbol{LC})\hat{\boldsymbol{x}}_a + \boldsymbol{Ly} \\ u = -\boldsymbol{F}\hat{\boldsymbol{x}}_a \end{array}\right\} \tag{8.42}$$

8.3.2 最优预先控制

本节，引入最优预先控制作为轨迹控制的方法。首先，控制对象为以下离散的线性状态空间，即

$$\left.\begin{array}{l} x(k+1) = \boldsymbol{A}x(k) + \boldsymbol{B}u(k) + \boldsymbol{E}d(k) \\ y(k) = \boldsymbol{C}x(k) \end{array}\right\} \tag{8.43}$$

式中，x、y、u 和 d 分别为状态变量、系统输出、系统输入和干扰。设 $R(k)$ 为参考信号，则跟踪误差被定义如下：

$$e(k) = R(k) - y(k) \tag{8.44}$$

可以推导出如下误差系统：

$$\begin{bmatrix} e(k+1) \\ \Delta x(k+1) \end{bmatrix} = \begin{bmatrix} \boldsymbol{I}_m - \boldsymbol{CA} \\ \boldsymbol{0} - \boldsymbol{A} \end{bmatrix} \begin{bmatrix} e(k) \\ \Delta x(k) \end{bmatrix} + \begin{bmatrix} -\boldsymbol{CB} \\ \boldsymbol{B} \end{bmatrix} \Delta u(k) +$$

$$\begin{bmatrix} \boldsymbol{I}_m \\ \boldsymbol{0} \end{bmatrix} \Delta R(k+1) + \begin{bmatrix} -\boldsymbol{CE} \\ \boldsymbol{E} \end{bmatrix} \Delta d(k) \tag{8.45}$$

或

$$\boldsymbol{X}_0(k+1) = \boldsymbol{\Phi}\boldsymbol{X}_0(k) + \boldsymbol{G}\Delta u(k) + \boldsymbol{G}_R\Delta R(k+1) + \boldsymbol{G}_d\Delta d(k) \tag{8.46}$$

判别函数定义如下：

$$J = \sum_{k=-M_R+1}^{\infty} [\boldsymbol{X}_0^{\mathrm{T}}(k)\boldsymbol{Q}\boldsymbol{X}_0(k) + \Delta u^{\mathrm{T}}(k)\boldsymbol{H}\Delta u(k)] \tag{8.47}$$

式中，$\boldsymbol{Q}$ 为正定的；$\boldsymbol{H}$ 为半正定的。使判别函数最小化的控制输入如下：

$$\Delta u(k) = \boldsymbol{F}_0\boldsymbol{X}_0(k) + \sum_{j=1}^{M_R} F_R(j)\Delta R(k+j) + \sum_{j=0}^{M_d} F_d(j)\Delta d(k+j) \tag{8.48}$$

式中

$$\left.\begin{array}{l} \boldsymbol{F}_0 = -[\boldsymbol{H} + \boldsymbol{G}^{\mathrm{T}}\boldsymbol{PG}]^{-1}\boldsymbol{G}^{\mathrm{T}}\boldsymbol{P\Phi} \\ F_R(j) = -[\boldsymbol{H} + \boldsymbol{G}^{\mathrm{T}}\boldsymbol{PG}]^{-1}\boldsymbol{G}^{\mathrm{T}}(\boldsymbol{\xi}^{\mathrm{T}})^{j-1}\boldsymbol{PG}_R \\ F_d(j) = -[\boldsymbol{H} + \boldsymbol{G}^{\mathrm{T}}\boldsymbol{PG}]^{-1}\boldsymbol{G}^{\mathrm{T}}(\boldsymbol{\xi}^{\mathrm{T}})^{j}\boldsymbol{PG}_d \\ \boldsymbol{\xi} = \boldsymbol{\Phi} + \boldsymbol{GF}_0 \\ \boldsymbol{P} = \boldsymbol{Q} + \boldsymbol{\Phi}^{\mathrm{T}}\boldsymbol{P\Phi} - \boldsymbol{\Phi}^{\mathrm{T}}\boldsymbol{PG}[\boldsymbol{H} + \boldsymbol{G}^{\mathrm{T}}\boldsymbol{PG}]^{-1}\boldsymbol{G}^{\mathrm{T}}\boldsymbol{P\Phi} \end{array}\right\} \tag{8.49}$$

式（8.48）中 M_R 和 M_d 是表示预览步骤的参数，即表示未来用于控制计算的参考步骤。由于存在未知的干扰困难，因此只使用参考预览。图 8.10 所示的是该控制结构框图，包括前馈预览。通过消除前馈预览，可将控制器变为类型 1 的伺服反馈控制器，其能维持闭合环路的稳定性。

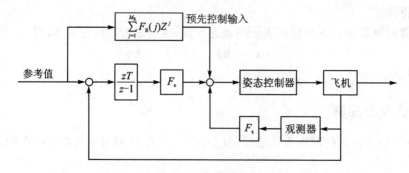

图 8.10　最优预先控制框图

小　　结

　　本章通过使用数学模型,以单旋翼直升机和共轴旋翼直升机分别作为控制对象,分析了其稳定性,并介绍了一种小型无人直升机控制系统的设计方法。通过推导该两种类型直升机的动力学数学模型,并基于推导的数学模型进行了最优控制系统设计。

思考题

1. 单旋翼直升机和共轴旋翼直升机在模型上主要有哪些不同?
2. 单旋翼直升机在稳定性与可控性上有哪些特点?
3. 共轴旋翼直升机在稳定性与可控性上有哪些特点?
4. 无人直升机的飞行控制系统设计有哪些方法?

第9章　多旋翼无人机的基础建模与控制

9.1　多旋翼无人机的基础建模

多旋翼无人机、垂直起降无人机等微型无人机的控制器设计较为复杂,一般需要在建立动力学数学模型的基础上运用控制理论加以分析来设计控制器。实际来看,大多数运用在直升机上的飞机控制系统模型在此不再适用,如舵机和旋翼动力学、机体空气动力学和桨叶的挥舞等。本章主要解决多旋翼无人机的基础建模与控制问题,假设无人机为六自由度(DOF)刚体,简化的模型已经满足多旋翼无人机控制器设计对于精度的要求。

9.1.1　刚体动力学模型

四旋翼飞行器通过调节四个电机转速来改变旋翼转速,实现升力的变化,从而控制飞行器的姿态和位置。四旋翼飞行器是一种六自由度的垂直升降机,但只有四个输入力,同时却有六个状态输出,所以它又是一种欠驱动系统。图9.1所示为四旋翼无人机的一般结构。

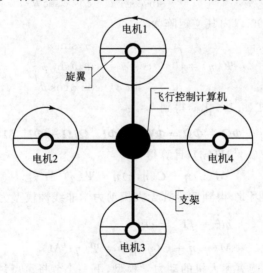

图9.1　四旋翼无人机的一般结构

下面给出其刚体动力学模型:

$$\left.\begin{array}{c} m\dot{\boldsymbol{V}} + \boldsymbol{\Omega} \times m\boldsymbol{V} = \boldsymbol{F} \\ l\dot{\boldsymbol{\Omega}} + \boldsymbol{\Omega} \times l\boldsymbol{\Omega} = \boldsymbol{M} \end{array}\right\} \tag{9.1}$$

式中,$\boldsymbol{V}=(u,v,w)$,$\boldsymbol{\Omega}=(p,q,r)$分别为速度和角速度在体轴系下的分量。力包括电机提供的拉力、无人机重力以及其他空气动力效应带来的力。

采用欧拉角度参数化和 ZYX 坐标转换,利用旋转矩阵 $\boldsymbol{T}$ 将式(9.1)由体轴坐标系向惯性

坐标系转换,转换矩阵如下:

$$T = \begin{pmatrix} \cos\theta\cos\psi & \sin\phi\cos\psi\sin\theta - \cos\phi\sin\psi & \cos\phi\sin\theta\cos\psi + \sin\phi\sin\psi \\ \cos\theta\sin\psi & \sin\phi\sin\psi\sin\theta + \cos\phi\cos\psi & \cos\phi\sin\theta\sin\psi - \sin\phi\cos\psi \\ -\sin\theta & \sin\phi\cos\theta & \cos\phi\cos\theta \end{pmatrix} \quad (9.2)$$

式中,ϕ、θ、ψ 分别为滚转、俯仰和偏航角。

将上述方程从体坐标系投影到惯性坐标系,将重力与其他力分开,得到惯性坐标系下的平动动力学方程如下:

$$\left.\begin{aligned} \dot{\boldsymbol{\xi}} &= \boldsymbol{v} \\ m\dot{\boldsymbol{v}} &= \boldsymbol{TF} - m\boldsymbol{g} \end{aligned}\right\} \quad (9.3)$$

式中,$\boldsymbol{\xi} = (x, y, z)$ 和 $\boldsymbol{v} = (\dot{x}, \dot{y}, \dot{z})$ 为旋翼机在惯性坐标系下的坐标和速度。一般文献中给出的描述旋翼旋转动力学的有很多种模型,如有基于四元数的动力学方程、基于欧拉角的方程。在此,我们使用欧拉角参数化来得到适用于控制设计的旋翼旋转动力学方程。

求出欧拉角与角速度之间的关系:

$$\dot{\boldsymbol{\eta}} = \boldsymbol{\Phi}(\eta)\boldsymbol{\Omega} \quad (9.4)$$

其中欧拉变换矩阵为

$$\boldsymbol{\Phi}(\eta) = \begin{pmatrix} 1 & \sin\phi\tan\theta & \cos\phi\tan\theta \\ 0 & \cos\phi & -\sin\theta \\ 0 & \sin\phi\sec\theta & \cos\phi\sec\theta \end{pmatrix} \quad (9.5)$$

在 90° 时存在奇异点,在 90° 以内其逆矩阵为

$$\boldsymbol{\Psi}(\eta) = \begin{pmatrix} 1 & 0 & -\sin\theta \\ 0 & \cos\phi & \cos\theta\sin\phi \\ 0 & -\sin\phi & \cos\phi\cos\theta \end{pmatrix} \quad (9.6)$$

对式(9.4)求导,并联立式(9.1),化简得到

$$\ddot{\boldsymbol{\eta}} = \dot{\boldsymbol{\Phi}}\boldsymbol{\Omega} + \boldsymbol{\Phi}\dot{\boldsymbol{\Omega}} = \dot{\boldsymbol{\Phi}}\boldsymbol{\Psi}\dot{\boldsymbol{\eta}} - \boldsymbol{\Phi}\boldsymbol{I}^{-1}\tilde{\boldsymbol{\Omega}}\boldsymbol{I}\boldsymbol{\Omega} + \boldsymbol{\Phi}\boldsymbol{I}^{-1}\boldsymbol{M}^{b} \quad (9.7)$$

左右两边同乘 $\boldsymbol{M}(\eta) = \boldsymbol{\Psi}(\eta)^{\mathrm{T}}\boldsymbol{I}\boldsymbol{\Psi}(\eta)$,计算得

$$\boldsymbol{M}(\eta)\ddot{\boldsymbol{\eta}} + \boldsymbol{C}(\eta, \dot{\eta})\dot{\boldsymbol{\eta}} = \boldsymbol{\Psi}(\eta)^{\mathrm{T}}\boldsymbol{M}^{b}$$

式中,$\boldsymbol{C}(\eta, \dot{\eta})$ 为科式项,因此,得到四旋翼无人机动力学非线性模型为

$$\left.\begin{aligned} m\ddot{\boldsymbol{\xi}} &= \boldsymbol{TF}^{b} - m\boldsymbol{g} \\ \boldsymbol{M}(\eta)\ddot{\boldsymbol{\eta}} + \boldsymbol{C}(\eta, \dot{\eta})\dot{\boldsymbol{\eta}} &= \boldsymbol{\Psi}(\eta)^{\mathrm{T}}\boldsymbol{M}^{b} \end{aligned}\right\} \quad (9.8)$$

至此,我们得到了四旋翼无人机的动力学模型,下一小节将重点讨论无人机受到的力和力矩的作用。

9.1.2 气动力和扭矩

对于四旋翼无人机而言,通过旋翼和螺旋桨来产生垂直于旋翼旋转平面的拉力。机身上产生的主拉力平行于垂直轴,用于抵消重力,并控制机身在垂直方向上沿 x 轴和 y 轴方向的水平运动。因此,旋翼机的水平运动取决于控制机身方向的控制扭矩。

根据旋翼机的结构和类型不同,产生该控制扭矩的方式也各不相同,比如在传统的直升机中,控制扭矩主要是通过采用尾旋翼和自动倾斜器来改变主旋翼桨叶角度而产生。而大多数

四旋翼无人机是具有六个自由度和四个主要控制输入的欠驱动机械系统。在此,忽略了其他附加力和力矩,如气动效应、旋翼动力学及陀螺仪效应等,它们对于旋翼机动力学的影响很小。

以四旋翼直升机为例,控制力和扭矩较容易获得,控制运动的方式如下:

① 方位运动:同时增加四个电机的输出功率,旋翼转速增加使得总的拉力增大,当总拉力足以克服整机的重量时,四旋翼飞行器便离地垂直上升;反之,同时减小四个电机的输出功率,四旋翼飞行器则垂直下降,直至平衡落地,实现了沿 z 轴的垂直运动。当外界扰动量为零,在旋翼产生的升力等于飞行器的自重时,飞行器便保持悬停状态;前进和左右运动类似。

② 姿态运动:在图 9.1 中,电机 1 的转速上升,电机 3 的转速下降(改变量大小应相等),电机 2、电机 4 的转速保持不变。由于旋翼 1 的升力上升,旋翼 3 的升力下降,产生的不平衡力矩使机身绕 y 轴旋转;同理,当电机 1 的转速下降、电机 3 的转速上升时,机身便绕 y 轴向另一个方向旋转,实现飞行器的俯仰运动。滚转和偏航运动类似。

总升力 u 是四个旋翼产生的拉力之和,则

$$u = \sum_{i=1}^{4} f_i \tag{9.9}$$

由旋翼产生的机身扭矩如下[7]:

$$\left.\begin{aligned} \tau_\phi &= l(f_2 - f_4) \\ \tau_\theta &= l(f_3 - f_1) \\ \tau_\psi &= Q_1 + Q_1 - Q_2 - Q_4 \end{aligned}\right\} \tag{9.10}$$

式中,l 为旋翼到机体重心的距离;Q 为由空气阻力产生的挥舞扭矩。

通常假设桨叶的拉力和扭矩与旋翼角速度 ω 的平方成正比,用如下数学关系表示力和控制扭矩:

$$\begin{bmatrix} u \\ \tau_\phi \\ \tau_\theta \\ \tau_\psi \end{bmatrix} = \begin{bmatrix} \rho & \rho & \rho & \rho \\ 0 & -l\rho & 0 & l\rho \\ -l\rho & 0 & l\rho & 0 \\ \kappa & -\kappa & \kappa & -\kappa \end{bmatrix} \begin{bmatrix} \omega_1^2 \\ \omega_2^2 \\ \omega_3^2 \\ \omega_4^2 \end{bmatrix} \tag{9.11}$$

式中,u、κ 为正常数,表示桨叶气动力。式(9.11)在用于悬停或低速飞行时能够有效估算出结果。大多数类型旋翼无人机用于控制设计的动态模型由以下等式给出:

$$\left.\begin{aligned} m\ddot{\xi} &= Tu - mg \\ M(\eta)\ddot{\eta} + C(\eta,\dot{\eta})\dot{\eta} &= \Psi(\eta)^{\mathrm{T}}\tau \end{aligned}\right\} \tag{9.12}$$

9.2　多旋翼无人机的控制系统设计

本节主要描述飞行控制器设计,该控制器是基于上一小节所推导的旋翼机的非线性模型。我们的目标是设计一个三维飞行控制器,确保良好飞行品质以及利于实现和调节。同时,闭环系统的稳定性分析也很重要。将旋翼机模型分成两个相关联的子系统。动态响应快的内环系统用以进行姿态跟踪,并产生所需的扭矩。动态响应慢的外环系统用于提供拉力和参考角度,以跟踪目标位移轨迹。整体系统的渐近稳定性由级联系统理论来论证。

非线性系统的控制器设计面临着理论和实践的双重挑战。本节的四旋翼无人机的控制设计是通过将非线性模型式(9.12)转换成两个耦合的线性子系统来实现。

$$\tau = I \Psi(\eta) \tilde{\tau} + \Psi^{-1} C(\eta, \dot{\eta}) \dot{\eta} \tag{9.13}$$

利用转换矩阵,式(9.12)变换得到

$$\left. \begin{aligned} \ddot{x} &= \frac{1}{m} u (\cos\phi \sin\theta \cos\psi + \sin\phi \sin\psi), \quad \ddot{\varphi} = \tilde{\tau}_\phi \\ \ddot{y} &= \frac{1}{m} u (\cos\phi \sin\theta \cos\psi - \sin\phi \sin\psi), \quad \ddot{\theta} = \tilde{\tau}_\theta \\ \ddot{z} &= \frac{1}{m} u \cos\theta \cos\phi - g, \quad \ddot{\psi} = \tilde{\tau}_\psi \end{aligned} \right\} \tag{9.14}$$

现在,利用反推法将系统(9.14)转化成两个串联的子系统,对比标准反推法的复杂性,这里所运用的控制方法是较简单和容易的。首先定义一个虚拟的控制向量:

$$\mu = f(u, \phi_d, \theta_d, \psi_d) = \frac{1}{m} u T(\phi_d, \theta_d, \psi_d) - g \tag{9.15}$$

式中,f 是连续可逆函数,物理上,控制向量 μ 相当于所需力向量,其大小等于桨叶所产生的总拉力 u,其方向由机体姿态滚转、俯仰和偏航角确定。

通过式(9.15),μ 的各分量可表示为

$$\left. \begin{aligned} \mu_x &= \frac{1}{m} u (\cos\phi_d \sin\theta_d \cos\psi_d + \sin\phi_d \sin\psi_d) \\ \mu_y &= \frac{1}{m} u (\cos\phi_d \sin\theta_d \sin\psi_d - \sin\phi_d \sin\psi_d) \\ \mu_z &= \frac{1}{m} u \cos\theta_d \cos\phi_d - g \end{aligned} \right\} \tag{9.16}$$

根据轨迹跟踪需要,(u_x, u_y, u_z) 是沿着体轴的力向量。期望控制输入由外环控制器计算获得。已知这些,则可计算所需力向量的大小和姿态,即

$$\left. \begin{aligned} u &= m \sqrt{\mu_x^2 + \mu_y^2 + (\mu_z + g)^2} \\ \phi_d &= \arcsin\left(m \frac{\mu_x \sin\psi_d - \mu_y \cos\psi_d}{u} \right) \\ \theta_d &= \arctan\left(m \frac{\mu_x \cos\psi_d + \mu_y \sin\psi_d}{\mu_z + g} \right) \end{aligned} \right\} \tag{9.17}$$

因为期望角度是定向子系统的输出,不能瞬时得到,所以,可以作为内环控制器的参考轨迹,故定义跟踪误差向量 $e = (e_\eta, e_{\dot{\eta}})^T$。其中 $e_\eta = \eta - \eta_d$,$e_{\dot{\eta}} = \dot{\eta} - \dot{\eta}_d$,用 $\phi_d + e_\phi, \theta_d + e_\theta$, $\psi_d + e_{\dot{\psi}}$ 替换式(9.14)中的 (ϕ, θ, ψ),采用以下三角函数变换:

$$\left. \begin{aligned} \sin(a+b) &= \sin a + \sin(b/2)\cos(a+b/2) \\ \cos(a+b) &= \cos a - \sin(b/2)\sin(a+b/2) \end{aligned} \right\} \tag{9.18}$$

旋翼机位移动力学方程式(9.14)可以写成如下形式:

$$
\left.
\begin{aligned}
\ddot{x} &= \frac{1}{m}u\big[(\cos\phi_d\sin\theta_d\cos\psi_d + \sin\phi_d\sin\psi_d) + h_x(\phi_d,\theta_d,\psi_d,e_\phi,e_\theta,e_\psi)\big] \\
&= \mu_x + \frac{1}{m}uh_x(\cdot) \\
\ddot{y} &= \frac{1}{m}u\big[(\cos\phi_d\sin\theta_d\cos\psi_d - \sin\phi_d\sin\psi_d) + h_y(\phi_d,\theta_d,\psi_d,e_\phi,e_\theta,e_\psi)\big] \\
&= \mu_y + \frac{1}{m}uh_y(\cdot) \\
\ddot{z} &= \frac{1}{m}u\big[\cos\phi_d\cos\theta_d + h_z(\phi_d,\theta_d,e_\phi,e_\theta)\big] - g = \mu_z + \frac{1}{m}uh_z(\cdot)
\end{aligned}
\right\} \tag{9.19}
$$

其中的关联向量 h 包含多项正弦和余弦的乘积与加和,可以用参考文献[8]中同样的方法得到其精确表达式,通过定义坐标速度跟踪误差 $\boldsymbol{\chi} = (\xi - \xi_d, v - v_d)^{\mathrm{T}}$,并同时引用式(9.14)和式(9.19),可得

$$
\left.
\begin{aligned}
\dot{\boldsymbol{\chi}} &= \underbrace{\boldsymbol{A}_1\boldsymbol{\chi} + \boldsymbol{B}_1(u - \dot{\xi}_d)}_{f(\chi,u,\xi_d)} + \underbrace{\frac{1}{m}u\boldsymbol{H}(\eta_d,e_\eta)}_{\Delta(u,\eta_d,e_\eta)} \\
\dot{e} &= \boldsymbol{A}_2 e + \boldsymbol{B}_2(\tilde{\tau} - \ddot{\eta}_d) \\
\tilde{\tau} &= \beta(e,\tilde{\eta}_d)
\end{aligned}
\right\} \tag{9.20}
$$

式中,$\boldsymbol{H}(\eta_d,e_\eta) = (0,0,0,h_x,h_y h_z)^{\mathrm{T}}$,矩阵 $\boldsymbol{A}_1 \in \boldsymbol{R}^{6\times6}$,$\boldsymbol{B}_1 \in \boldsymbol{R}^{6\times3}$,$\boldsymbol{A}_2 \in \boldsymbol{R}^{6\times6}$,$\boldsymbol{B}_2 \in \boldsymbol{R}^{6\times3}$ 定义如下:

$$
\boldsymbol{A}_1 = \boldsymbol{A}_2 =
\begin{bmatrix}
0 & 0 & 0 & 1 & 0 & 0 \\
0 & 0 & 0 & 0 & 1 & 0 \\
0 & 0 & 0 & 0 & 0 & 1 \\
0 & 0 & 0 & 0 & 0 & 0 \\
0 & 0 & 0 & 0 & 0 & 0 \\
0 & 0 & 0 & 0 & 0 & 0
\end{bmatrix},
\quad
\boldsymbol{B}_1 = \boldsymbol{B}_2 =
\begin{bmatrix}
0 & 0 & 0 \\
0 & 0 & 0 \\
0 & 0 & 0 \\
1 & 0 & 0 \\
0 & 1 & 0 \\
0 & 0 & 1
\end{bmatrix}
\tag{9.21}
$$

因此旋翼机的控制问题可以归结为通过一个非线性项 $\Delta(u,\eta_d,e_\eta)$ 耦合的两个线性子系统的控制问题,而其又可以采用局部或全钝化的控制设计。

在局部状态反馈设计中,所运用的两个线性子系统由

$$
\begin{cases}
\boldsymbol{\mu} = \alpha(\boldsymbol{\chi},\xi_d) \\
\dot{\boldsymbol{\chi}} = f(\boldsymbol{\chi}(t),e(t)) = (0,0),\alpha(\boldsymbol{\chi},\dot{\xi}_d)\xi_d)
\end{cases}
\quad\text{和}\quad
\begin{cases}
\tilde{\tau} = \beta(e,\ddot{\eta}_d) \\
t \to \infty
\end{cases}
$$

单独控制。在这种情况下,关联项 $\Delta(u,\eta_d,e_\eta)$ 相当于 $\boldsymbol{\chi}$ 子系统的扰动,必须将其控制到 0,这种局部状态反馈设计由于其在物理结构上易于实现,故具备一定的优越性,但是,其整个系统的稳定性难以保证。

在全状态反馈控制中,关联项在 $\boldsymbol{\chi}$ 子系统的控制中起到了积极作用。在这种情况下,误差向量 e 被作为 $\boldsymbol{\chi}$ 子系统的附加输入。该方法能够进行较简单的稳定性分析,但是要以控制规律的复杂性为代价。

在本研究中,主要研究局部状态的反馈设计。因此,控制目标是综合控制规律使得跟踪误差 $\boldsymbol{\chi}$ 和 e 渐近收敛于 0。

定理 9.1 如果存在反馈 $\boldsymbol{\mu}=\alpha(\boldsymbol{\chi},\dot{\boldsymbol{\xi}}_d)$，使得 $\boldsymbol{\chi}=\boldsymbol{0}$ 是 $\dot{\boldsymbol{\chi}}=f(\boldsymbol{\chi},\alpha(\boldsymbol{\chi},\ddot{\boldsymbol{\xi}}_d)\boldsymbol{\xi}_d)$ 的一个渐近稳定平衡点，则任何局部状态反馈控制 $\tilde{\tau}=\beta(e,\ddot{\eta}_d)$ 使得 e 子系统在平衡点 $e=0$ 处渐近稳定，同时在 $(\boldsymbol{\chi},e)=(\boldsymbol{0},\boldsymbol{0})$ 处也渐近稳定。此外，如果两个子系统都是全局渐近稳定系统（GAS），则由于 $t\rightarrow\infty$，每一个解 $(\boldsymbol{\chi}(t),e(t))$ 收敛于 $(\boldsymbol{\chi},e)=(\boldsymbol{0},\boldsymbol{0})$（GAS），或者无界。

因此，选择稳定反馈 $\boldsymbol{\mu}=\alpha(\boldsymbol{\chi},\dot{\boldsymbol{\xi}}_d)$，$\tilde{\tau}=\beta(e,\ddot{\eta}_d)$ 可以确保式（9.20）中关联系统的稳定性，同时可以证明 $(\boldsymbol{\chi}(t),e(t))$ 都是有界的。

由于式（9.20）中 $\boldsymbol{\chi}$ 子系统和 e 子系统是线性的，故可以用简单的线性控制器，如 PD 或者 PID。综合两个控制律为

$$\left.\begin{aligned}\boldsymbol{\mu}&=-\boldsymbol{K}_\chi\boldsymbol{\chi}+\ddot{\boldsymbol{\xi}}_d,\quad \boldsymbol{K}_\chi\in\boldsymbol{R}^{3\times6}\\ \tilde{\tau}&=-\boldsymbol{K}_e e+\ddot{\boldsymbol{\eta}}_d,\quad \boldsymbol{K}_e\in\boldsymbol{R}^{3\times6}\end{aligned}\right\}\tag{9.22}$$

矩阵 $\boldsymbol{A}_\chi=\boldsymbol{A}_1-\boldsymbol{B}_1\boldsymbol{K}_\chi$ 和 $\boldsymbol{A}_e=\boldsymbol{A}_2-\boldsymbol{B}_2\boldsymbol{K}_e$ 是霍尔维兹稳定的。

将式（9.22）代入式（9.20）中，闭环系统动力学可由下式给出：

$$\left.\begin{aligned}\dot{\boldsymbol{\chi}}&=\boldsymbol{A}_\chi\boldsymbol{\chi}+\boldsymbol{\Delta}(\boldsymbol{\chi},e_\eta)\\ \dot{e}&=\boldsymbol{A}_e e\end{aligned}\right\}\tag{9.23}$$

尽管 $\boldsymbol{A}_\chi$、$\boldsymbol{A}_e$ 是霍尔维兹稳定的，但闭环系统（9.23）的全局渐近稳定性由于有关联项 $\boldsymbol{\Delta}(\boldsymbol{\chi},e_\eta)$，故不能直接进行推导。

9.3　多旋翼无人机的稳定性分析

参考文献[8]提出了一个定理，用来对一类不太复杂的关联系统进行稳定性分析。下面引用该定理。

定理 9.2 令 $\tilde{\tau}=\beta(e,\ddot{\eta}_d)$ 为任意 $\boldsymbol{C}^{-1}$ 的局部状态反馈，使得平衡点 $e=0$ 是 GAS（全局渐近稳定）和 LES（局部指数稳定）的。假设存在一个正常数 c_1 和集合 $-\chi$ 的函数 $\gamma(\cdot)$，在 $e=0$ 处可微，有下式成立：

$$\|\boldsymbol{\chi}\|\geqslant c_1\Rightarrow\|\boldsymbol{\Delta}(\boldsymbol{\chi},e_\eta)\|\leqslant\gamma(\|e_\eta\|)\|\boldsymbol{\chi}\|\tag{9.24}$$

如果存在一个无界的半正定函数 $V(x)$ 和正常数 c_2、c_3，对于 $\|\boldsymbol{\chi}\|\geqslant c_2$ 有

$$\left.\begin{aligned}\frac{\partial V}{\partial\chi}&=f(\boldsymbol{\chi},\alpha(\boldsymbol{\chi},\boldsymbol{\xi}_d),\boldsymbol{\xi}_d)\leqslant0\\ \left\|\frac{\partial V}{\partial\chi}\right\|\|\boldsymbol{\chi}\|&\leqslant c_3 V(\boldsymbol{\chi})\end{aligned}\right\}\tag{9.25}$$

则反馈 $\tilde{\tau}=\beta(e,\ddot{\eta}_d)$ 确保了式（9.20）的有解有界，如果 $\dot{\boldsymbol{\chi}}=f(\boldsymbol{\chi},\alpha(\boldsymbol{\chi},\ddot{\boldsymbol{\xi}}_d),\boldsymbol{\xi}_d)$ 是 GAS 的，则平衡点 $(\boldsymbol{\chi},e)=(\boldsymbol{0},\boldsymbol{0})$ 也是 GAS 的。

这里，引入定理 9.2，用以证明该关联闭环系统式（9.23）的全局渐近稳定性。因为 $\boldsymbol{A}_\chi$、$\boldsymbol{A}_e$ 是霍尔维兹稳定的，χ 子系统（没有关联项）和 e 子系统是 GES（全局指数稳定）的，故相对于 GAS 稳定性更好。χ 子系统的 GES（全局指数稳定性）表明存在一个正定的径向无界函数 $V_{(\lambda)}$ 以及正常量 c_2、c_3 对式（9.25）成立。

同时，其也说明了关联项 $\boldsymbol{\Delta}(\boldsymbol{\chi},e_\eta)$ 满足定理 9.2 中约束（9.24）的增长，这也是证明该多级控制器稳定性的主要难题。

关联项 $\Delta(\chi, e_\eta)$ 可以描述如下:

$$\|\Delta(\chi, e_\eta)\| = \frac{1}{m}|u(\chi)| \|H(\chi, e_\eta)\| = \frac{1}{m}|u(\chi)|\sqrt{h_x^2 + h_y^2 + h_z^3} \qquad (9.26)$$

式中

$$|u(\chi)| = m\|u(\chi) + g\| = \sqrt{u_x^2 + u_y^2 + (u_z + g)^2}$$

在证明关联项的边界性之前,需要引入以下两个辅助定理。

引理 9.1 假设期望轨迹 $\xi_d(t)$ 和时间微分有界,定义 $L_d = \|\ddot{\xi}_d\|_\infty$。若存在正常量 r 和 k_1,则使得 $u(\chi)$ 满足如下特性:

$$|u(\chi)| \leqslant \begin{cases} k_1\|\chi\|, & \|\chi\| \geqslant r \\ k_1 r, & \|\chi\| < r \end{cases} \qquad (9.27)$$

引理 9.2 存在一个正的常量 k_2,使得耦合项 $H(\chi, e_\eta)$ 满足如下不等式:

$$\|H(\chi, e_\eta)\| \leqslant k_2\|e_\eta\| \qquad (9.28)$$

从引理 9.1 和引理 9.2 中 $\|\chi\| \geqslant r$,可以得到

$$\|uH(\cdot)\| \leqslant k_1\|\chi\|k_2\|e_\eta\| = k\|e_\eta\|\|\chi\| \qquad (9.29)$$

最终,可以得到以下不等式:

$$\|\Delta\| = \frac{1}{m}\|uH\| \leqslant \gamma(\|e_\eta\|)\|\chi\|, \quad \|\chi\| \geqslant r \qquad (9.30)$$

式中,$\gamma(\cdot) = \frac{k}{m}\|e_\eta\|$,为一个实数类函数,且在 $e_\eta = 0$ 处可微。

由上,定理 9.2 中的所有条件均满足了,平衡点 $(\chi, e) = (0, 0)$ 处的 GAS(全局渐近稳定性)也有了保证。

备注 9.1 应用式(9.13)和式(9.17)计算最终控制输入 $(u, \tau_\phi, \tau_\theta, \tau_\psi)$,其中模型是非线性的,并考虑状态变量间的耦合。

$$\left. \begin{aligned} u &= m\|\boldsymbol{\mu}(\chi, \ddot{\xi}_d)\| + g\| = m\| - K_\chi\chi + \ddot{\xi}_d + g\| \\ \tau &= \boldsymbol{I}\boldsymbol{\Psi}(\eta)\tilde{\tau} + \boldsymbol{\Psi}^{-1}\boldsymbol{C}(\eta, \dot{\eta})\dot{\eta} = \boldsymbol{I}\boldsymbol{\Psi}(\eta)(-K_e e + \ddot{\eta}_d) + \boldsymbol{\Psi}^{-1}\boldsymbol{C}(\eta, \dot{\eta})\dot{\eta} \end{aligned} \right\} \qquad (9.31)$$

注意,上式中的非线性姿态控制器,在接近悬停的状态下,其表现类似于线性控制器,适用于姿态角很小的情况。但是,其在非最小相位状态下无法提供良好的飞行性能,上式中的非线性项在大角度飞行时对姿态控制的地位变得尤为突出,且即使是在相对更大的角度下,也能提供更高的跟踪精度及鲁棒性。

备注 9.2 实际上,式(9.31)控制器的实现需要一些特定条件。首先,中间控制规律式(9.22)通过一个积分项进行轻微的修正,因此,在不破坏系统 GAS(全局稳定性)的前提下提高了闭环系统的跟踪精度。其次,参考角度 $(\phi_d(t), \theta_d(t), \psi_d(t))$ 是通过二阶低通滤波器来减少噪声,并计算一阶导数和二阶导数。为使在大多数情况下对系统进行有效的鲁棒控制,需要注意飞行器在起飞前和降落后的积分项重置等问题。

备注 9.3 式(9.31)中的增益矩阵 $(\boldsymbol{K}_\chi, \boldsymbol{K}_e)$ 可在试验测试过程中根据飞行性能进行经验性调节。因为控制器增益出现在控制器的线性部分,所以尽管缺乏飞行器参数的精确值,其增益值也非常容易调节。

整个控制器结构框图如图 9.2 所示。

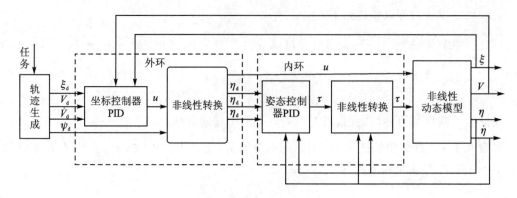

图 9.2　控制器结构框图

小　结

本章简要介绍了四旋翼飞行器的数学模型,其控制器的设计是通过将非线性模型式转换成两个耦合的线性子系统来实现的。对于关联系统控制器的设计感兴趣的同学可以查阅有关方法,当然还存在其他一些工程上更为简单的控制器设计方法,比如传统的 PID 控制、自适应控制、滑膜控制等,在此限于篇幅,不再赘述。通过本章的例子,介绍了建模和控制器的设计思路,为其他部分的学习和实现打下了基础。

思考题

1. 简述多旋翼无人机的基本建模过程。
2. 简述气动力和扭矩的常用表示方法和形式。
3. 简述控制器设计的基本过程。
4. 简述常用的控制器设计方法。
5. 什么是稳定性? 为什么要进行稳定性分析?
6. 简述什么是全局稳定,一般如何保证全局渐进稳定。
7. 简单画出本章所述设计控制系统的结构框图。

第 10 章　旋翼飞行器的制导与导航系统

随着无人机在民用和军用领域的应用逐渐增加,需要无人机在缺乏连续人为控制的情况下在复杂环境中通过制导-导航-控制系统自主完成任务。制导和导航系统最初应用于运载火箭,后来逐渐在导弹、无人机等领域得到了广泛的应用。其中制导系统的目的是控制无人机达到一个预期状态;导航系统可以感知目前位置和姿态;控制回路接受制导命令并利用导航数据产生实际的执行信号使无人机按预定轨迹运动。本章将分别从旋翼无人机的制导系统、传统导航系统和视觉导航系统三个方面进行介绍。

10.1　引　言

制导系统:制导系统可以看作是飞行器的"驾驶员",在保证安全的前提下使飞行器完成一定的任务。将导航信息(飞行器在哪里)作为输入,并将目标坐标信息发送给控制系统,可使得飞行器在操纵约束的条件下到达目的地。因此,制导系统必须完成飞行路线的规划,以及所需要跟踪的期望状态向量(坐标、速度、航向和高度)的生成。

目前,无人机主要是通过地面控制站人为操控,或使用已有的制导系统,如跟随预先规划、手动提供的导航点或参考轨迹操控。该操控方式可满足无人机执行高空侦察和各项探测任务。然而,无人机还需要更多先进的制导性能以完成更复杂的任务,在更加复杂的环境中运动,因此,在探测障碍物、绘制环境地图和规划飞行路线时更需要先进的制导和导航能力。

无人机飞行路线或轨迹的规划是自主无人机部署面临的首要问题。主要难点包括:① 部分已知和随时变化的环境;② 外界因素;③ 计算复杂性,因为解决轨迹规划问题通常需要应用计算要求苛刻的数学最优方法。为了解决上述难点,可以根据既定应用和飞行器的要求来简化制导问题。在无人机路线规划运用的方法中,可列出如下内容:想定路线图、MILP、进化算法、滚动时域控制、占据网格等。

导航系统:广义上理解,导航是决定你在哪里的技术。对于机器人和无人机这样的自主装置,导航可以定义为提取装置自身运动和周围环境信息的过程。信息可以是可度量的(例如距离),可以是拓扑结构的(例如地标)和/或任何其他的有助于完成任务和确保安全的提示,例如使用光流技术来避开障碍物。

导航系统在飞行器系统中更关键。典型地,标准导航算法通过汇合来自许多传感器(复合传感器、预先绘制的地图等)的信息来估算飞行器的姿态、角速度、高度、速度和相对一些固定参考点或者目标的位置。先进的导航系统也包括测绘、障碍物探测、定位等。为了完成自主飞行和任务,无人机的大量工作要依靠惯性测量装置和全球定位系统,应用最多的导航系统是姿态航向参考系统(AHRS)和全球定位系统/惯性导航系统。AHRS 汇合来自三个陀螺仪、三个加速度计和三个磁航向仪的数据来估算飞行器的姿态和角速度。惯性导航系统也使用相同的传感器来估算飞行器的速度和相对于起始点的坐标。所有的惯性导航系统都存在"累积偏差",导致速度和坐标估算值存在累积误差。因此,惯性导航通常作为其他导航系统的补充,可以提供比使用任何单一系统更高的精确度。实际上,无人机通常依靠惯性导航系统和全球导航卫星系统(CNSS)(例如 GPS)来提供导航的坐标和速度信息。对于全球导航卫星系统失效的环境(例如室内),通常应用视觉信息来解决导航问题。将来,越来越多的自动装置的任务都将在这样的环境中进行,为完成这些任务,相对地形导航是必需的。可以通过运用主动传感器(例如雷达、激光雷达、激光测距仪、超声波传感器和红外传感器)和被动成像传感器(例如单个摄像机、立体摄像机、感光器、仿生视觉仪等)来绘制地图和探测障碍物。

10.2　旋翼飞行器的嵌入式制导系统

本节将主要介绍一种能为微型旋翼无人机提供某些自主能力的制导系统,其赋予飞行器可以跟随航点和执行其他预编程机动的能力,比如自主起飞和着陆、悬停和路径跟踪。这里构建的总体系统结构包括 6 层:① 用于任务定义和高水平决策的地面控制站;② 用于路径规划和路径产生的制导;③ 用于估算飞行器状态向量的导航;④ 用于稳定性和路径跟踪的非线性控制器;⑤ 飞行器和地面控制站之间的通信以及自动驾驶仪与飞行器之间的接口;⑥ 微型无人机平台。该系统所使用的制导方法是比较简单的,可以完成选择最佳的飞行模式和生成相应的参考路径。其由 4 个主要部分组成:① 路径规划;② 模式转换管理;③ 故障检测和自动防故装置;④ 轨迹生成。虽然该方法简单,但是它能够满足微型旋翼无人机在大多数应用中的任务需求。

10.2.1　任务定义和路径规划

飞行计划或者任务由操作员通过地面控制站界面定义。该计划由预期的 3D 路径点和其他机动动作(例如:悬停、着陆、路径跟踪、目标跟踪等)来表示。在任务执行过程中,飞行计划能够实时地修改和更新。修改和更新指令通过 2.4 GHz 的 WiFi 连接,从地面控制站传输到机载航空电子设备单元。

我们所提出的制导方法很简单,其能够选择最佳的飞行模式和生成相应的参考路径。其由 3 个主要部分组成:① 路径规划;② 模式转换管理;③ 路径生成。尽管该方法简单,但却可以满足旋翼 MAV 在大多数应用中的任务需求。

从地面控制站传进来的航点以大地测量学 LLA(Ceudetic LLA)(纬度-经度高度)坐标表示,然后再转换为相对参考出发点以米为单位表示的 NED(北—东—下)当地坐标。路径规划程序所生成的路径,由连接航点 wpt_i 和 wpt_{i+1} 的路径段 S_i 上的一系列 N 个期望航点及期望速度值来定义。为了转换到下一航点(wpt_{i+1}),路径规划程序也要求具有能检测出飞行器何时到达航点 wpt_i 的能力。该制导方法,最初尝试制导飞行器在纵横向 10 m 的精确度下到达坐标点,满足上述约束的飞行路径,认为其已到达了目标航点,导航系统接下来将会引导无人机到达下一个航点。如此,便保证了飞行器基本的性能。

10.2.2　飞行模式管理

模式转换管理器主要用于管理三个自动飞行模式(基于 GPS 的飞行模式、基于视觉的飞行模式和目标跟踪的飞行模式)和多种飞行动作(着陆、悬停和路径跟踪等)。这些不同的飞行模式和飞行动作既可由操作员通过地面控制站选择,也可以由自动防故系统来选择,该内容将在 10.2.3 小节中予以详细介绍。为了减少失误和降低风险,每种飞行模式和飞行动作的先决条件都必须得到满足,否则任务将会被取消。例如,当 CPS 信号微弱或者丢失时,系统自动转换到基于视觉的飞行,等待一段时间后,着陆程序被激活以实现安全的基于视觉的着陆。此外,某些动作不能并行执行,例如紧急着陆和起飞。如果两个不相容的任务面对选择时,那么拥有较高优先级的动作将被执行,而另一个则会被放弃。

10.2.3　安全程序和飞行终止系统

当研发民用自主无人机和微型无人机时,必须确保其有一定的安全级别。因此,在旋翼飞行器上运行了几个安全程序以避免单一失效导致对人群和飞行器自身的灾难性后果。

1. 自动防故预编程

先进的自动驾驶仪具有许多的自动防故预编程,当发生一些意料之外的问题时,仍能够指示飞行器完成特定任务。这里简要介绍几个:

① WIFI 通信:如果飞行器丢失地面控制站信号超过 5 s,将自动激活悬停模式。如果通信不能在 20 s 内恢复,则飞行器将转换为"返航模式",并自动导航回预指定位置(基地)。

② 飞行区域:当飞行器飞离飞行区域外时,激活悬停模式,等待从地面控制站传来新指令纠正路径或者重新初始化飞行器。

③ GPS 单元失效:当 GPS 停用或故障时,飞行器将通过视觉评估实现悬停。在此情况下,操作员可以通过视觉系统继续执行任务,或者激活紧急着陆程序。

④ 惯性测量装置单元失效:如果惯性测量装置数据无效,飞行器将通过逐渐减少升力来完成紧急着陆。

⑤ 非期望行为:如果飞行器遇到反常的动作,可能是由于传感器数据错误、控制器问题、机械问题,或者其他问题所导致的,此时若飞行器位于 RC 无线电通信范围内,飞行员将切换为手动飞行并重新控制飞行器;否则,操作员可通过地面控制站终止飞行。

2. 飞行终止系统

安全程序主要用于主飞行控制计算机,由于某些软件缺陷或硬件问题,飞行器可能会发生故障。在这种情况下,安全程序无法被执行,而采用一种简单的独立飞行终止系统(FTS)来实现软着陆。

飞行终止程序可以由三种不同方式激活:在任务的任何节点,操作员能够通过按下地面控制站界面上的"紧急"按钮来终止飞行;如果因为一些原因主飞行控制计算机停止工作,则自动激活飞行终止程序;RC 接收机的某个通道直接与飞行终止系统连接,假如飞行器处于无线电通信范围内,则飞行员可以使用该通道在任何时候中断飞行。

上述安全措施是非常重要的,尤其是在自动驾驶仪的研发和测试阶段,由于程序错误、控制器调谐异常等,此时系统非常脆弱。

10.2.4　参考轨迹的实时生成

该程序的目标是根据模式转换管理器选择的飞行动作,生成一个具体的切实可行的轨迹。例如,在航点导航的情况下,该轨迹生成程序使用直线段表示,生成可行的以时间为参数的期望轨迹,该轨迹用期望 3D 位置坐标 $(x_d(t), y_d(t), z_d(t), \psi_d(t))$ 及它们对时间的导数 $(\dot{x}_d(t), \dot{y}_d(t), \dot{z}_d(t), \dot{\psi}_d(t))$ 来表示。用于轨迹生成的运动模型是对飞行器在机动飞行时可以达到的最大速度和加速度进行明确限制得出的。实际上,参考轨迹的生成分为两步:首先,期望的速度轨迹可以根据前飞阶段确定的加速度和期望最大速度计算得到;其次,参考轨迹的位置点可以通过速度对时间的积分得到。当飞行器逼近某个期望航点时,为了到达该航点时速度为 0,飞行器需要开始减速。该简单却有效的方法可以实现飞行器在尖锐拐点处,能够精确平滑地从一个航点转到下一个航点,而不会有超越现象。此外,所获得的坐标和速度轨迹对时间是可微的,这一点对某些控制设计很有必要。

为了实现缓步起飞和软着陆,我们基于期望的飞行器爬升/下降速度和实际高度,沿着垂直轴实时生成了平滑参考轨迹 $z_d(t)$。对于搜索飞行,需要实时生成盘旋路径来使旋翼飞行器探测一些目标区域。此外,该盘旋路径在将来可用于评估跟踪非直线和任意轨迹的先进飞行控制器的性能,其也可以很容易地嵌入其他飞行轨迹。

生成的轨迹没有必要是最优的,因为对路径生成器而言,较低的计算负担能够确保其适用于小型机载微处理器。

轨迹生成器有如下形式:

$$\begin{cases} \dot{x}_d(t) = V_d(t)\cos(\psi_d(t)) \\ \dot{y}_d(t) = V_d(t)\sin(\psi_d(t)) \\ \dot{z}_d(t) = Vz_d(t) \end{cases}, \quad \dot{V}_d(t) = \begin{cases} a_d, & \text{开始} \\ 0, & \text{达到 } U_{max} \text{ 时} \\ -a_d, & \text{结束} \end{cases}$$

式中,$V_d(t)$ 为沿轨迹的线性速度,$Vz_d(t)$ 为期望垂直速度,a_d 为期望加速度。

在生成盘旋轨迹时,为了在连续转向之间得到等分段的螺旋线,同时保持恒定切向速度,需要修正阿基米德螺旋线。在极坐标 (r, ψ) 下,可用下式描述:

$$\begin{cases} r_d(t) = c_1 + c_2\psi_d \\ \dot{\psi}_d(t) = \dfrac{V_d(t)}{r_d(t)} \end{cases}, \quad \dot{V}_d(t) = \begin{cases} a_d, & \text{开始} \\ 0, & \text{达到 } U_{max} \text{ 时} \\ -a_d, & \text{结束} \end{cases}$$

在直角坐标系中为

$$\begin{cases} x_d(t) = r_d(t)\cos(\psi_d(t)) \\ y_d(t) = r_d(t)\sin(\psi_d(t)) \\ Vx_d = \dfrac{c_2 V_d(t)}{r_d(t)}\cos(\psi_d(t)) - V_d(t)\sin(\psi_d(t)) \\ Vy_d = \dfrac{c_2 V_d(t)}{r_d(t)}\sin(\psi_d(t)) + V_d(t)\cos(\psi_d(t)) \end{cases}$$

该制导系统已经应用于某小型四旋翼无人机,并在实时飞行测试时得到了验证。

10.3　旋翼飞行器的传统导航系统

利用敏感器测量飞行器运动参数,将测量的信息直接或经过变换计算表示成飞行器在某一种坐标系的速度和位置等状态量,这个过程就称导航。导航系统由测量、传递、变换、计算几个环节组成并给出飞行器初始状态和飞行运动参数。

位置、高度和方向测定这些数据通常已足够用于控制飞行在高空或无障碍物环境中的无人机。因此,对于飞行控制和航点导航,包含全球定位系统惯性测量装置和气压高度计在内的传统航空电子设备已足够。

四旋翼平台的导航系统包括：用于姿态估算的姿态航向参考系统、用于惯性位置和速度估算的全球定位系统/惯性导航系统，以及用于高程计算的压力传感(PS)/惯性导航系统。

10.3.1　姿态和航向参考系统

根据惯性测量装置原始数据并运用广义卡尔曼滤波来提供关于飞行器姿态、航向和角速度的估算。

上述基于以下的非线性模型：

$$\begin{cases} \dot{\boldsymbol{X}}_1 = f_1(\boldsymbol{X}_1, \boldsymbol{\Omega}) + \boldsymbol{W}_1 \\ \boldsymbol{Y}_1 = h_1(\boldsymbol{X}_1) + \boldsymbol{V}_1 \end{cases}$$

式中，$\boldsymbol{X}_1 = \begin{bmatrix} q & b_\Omega \end{bmatrix}^{\mathrm{T}}$ 为系统矩阵，由列阵 $\boldsymbol{q} = \begin{bmatrix} q_0 & q \end{bmatrix}^{\mathrm{T}} \in \boldsymbol{R}^{4 \times 1}$ 和速度陀螺偏差 $b_\Omega \in \boldsymbol{R}^{3 \times 1}$ 组成；$\boldsymbol{\Omega} \in \boldsymbol{R}^{3 \times 1}$ 为角速度。$\boldsymbol{Y}_1 = \begin{bmatrix} a & \psi \end{bmatrix}^{\mathrm{T}} \in \boldsymbol{R}^{4 \times 1}$ 由机体坐标系加速度测量值 $a \in \boldsymbol{R}^{3 \times 1}$ 列阵和磁航向角 $\boldsymbol{\psi}$ 列阵组成。(W_1, V_1) 分别是进程和测量噪声。非线性方程 $f_1(\boldsymbol{X}_1, \boldsymbol{\Omega})$ 和 $h_1(\boldsymbol{X}_1)$ 如下：

$$f_1(\boldsymbol{X}_1, \boldsymbol{\Omega}) = \begin{bmatrix} \dfrac{1}{2} \begin{bmatrix} -q_1 & -q_2 & -q_3 \\ q_0 & -q_3 & q_2 \\ q_3 & q_0 & -q_1 \\ -q_2 & q_1 & q_0 \end{bmatrix} \begin{bmatrix} p - b_p \\ q - b_q \\ r - b_r \end{bmatrix} \\ \boldsymbol{0}^{3 \times 1} \end{bmatrix}$$

$$h_1(\boldsymbol{X}_1) = \begin{bmatrix} 2g(q_1 q_3 - q_0 q_2) \\ 2g(q_2 q_3 + q_0 q_1) \\ g(q_0^2 - q_1^2 - q_2^2 + q_3^2) \\ \arctan\left[\dfrac{2(q_1 q_2 + q_0 q_3)}{q_0^2 + q_1^2 - q_2^2 - q_3^2} \right] \end{bmatrix}$$

10.3.2　坐标和速度估算

使用卡尔曼滤波器将 GPS 数据与惯性导航系统数据合并，并以 10 Hz 的频率过滤和保留有用的坐标和速度估算值。

卡尔曼滤波器的非线性模型如下：

$$\begin{cases} \dot{\boldsymbol{X}}_2 = f_2(\boldsymbol{X}_2, \boldsymbol{a}') + \boldsymbol{W}_2 \\ \boldsymbol{Y}_2 = h_2(\boldsymbol{X}_2) + \boldsymbol{V}_2 \end{cases}$$

状态向量 $\boldsymbol{X}_2 = \begin{bmatrix} p & v & b_a \end{bmatrix}^{\mathrm{T}} \in \boldsymbol{R}^{9 \times 1}$ 由 LLA 坐标下的向量坐标 $\boldsymbol{P} = \begin{bmatrix} \lambda & \Phi & h \end{bmatrix}^{\mathrm{T}}$、本地 NED 坐标系下的速度向量 $\boldsymbol{v} = \begin{bmatrix} v_N & v_E & v_D \end{bmatrix}^{\mathrm{T}}$ 和加速度偏差 b_a 组成。$\boldsymbol{a}' = \begin{bmatrix} a_N' & a_E' & a' \end{bmatrix}$ 是 NED 坐标系下的加速度。测量数据向量包括了 GPS 数据 $\boldsymbol{Y}_2 = \begin{bmatrix} p & v \end{bmatrix}^{\mathrm{T}} \in \boldsymbol{R}^{6 \times 1}$。非线性方程 $f_2(\boldsymbol{X}_2, \boldsymbol{a}')$ 和 $h_2(\boldsymbol{X}_2)$ 表示如下：

$$f_2(\boldsymbol{X}_2,\boldsymbol{a}') = \begin{bmatrix} \dfrac{v_N}{R_\lambda + h} \\[2mm] \dfrac{v_E}{(R_\Phi + h)\cos\lambda} \\[2mm] \dfrac{-v_E^2 \sin\lambda}{(R_\Phi + h)\cos\lambda} + \dfrac{v_E v_D}{R_\lambda + h} + a_N - b_{a_N} \\[2mm] \dfrac{v_E v_N \sin\lambda}{(R_\Phi + h)\cos\lambda} + \dfrac{v_E + v_D}{R_\lambda + h} + a_E - b_{a_E} \\[2mm] -\dfrac{v_E^2}{(R_\Phi + h)} - \dfrac{v_N^2}{R_\lambda + h} + g + a_D - b_{a_D} \\[2mm] 0 \in \boldsymbol{R}^{3\times1} \end{bmatrix}$$

和
$$h_2(\boldsymbol{X}_2) = [\boldsymbol{I}^{6\times6} \,|\, \boldsymbol{0}^{6\times3}]\boldsymbol{X}_2$$

10.3.3 运用压力传感器和惯性导航系统的高度估算

运用全球定位系统/惯性导航系统做出的高速估算不够精确(有 5~10 m 的误差),无法保证良好的高度控制。因此,选择使用动力学卡尔曼滤波器将静压力传感器数据与垂向加速度合并估算出的高度来设计高度控制器。

10.4 视觉导航系统在小型旋翼无人机中的应用

以往,无人机主要依靠惯性导航系统(Inertial Navigation System,INS)和全球定位系统(Global Position System,GPS)进行导航,然而,导航过程中惯性器件具有累积误差,对初始值过于敏感,而 GPS 并不总是可获取的,并且即使可以获取 GPS,其精度也往往满足不了无人机导航的需要[9]。小型和微型无人机要在低空混乱等复杂的环境中完成实际任务,飞行控制器需要精确地估算飞行器姿态及其周围的环境。用于环境测绘和障碍物探测的传感器主要有超声波传感器、激光测距仪(LRF)、雷达和视觉系统,它们在应用于无人机时有其各自的优点。

计算机视觉技术得益于图像处理技术以及摄像机硬件的发展,它已经在无人机导航中得到了一定的发展,同时也有其独有的一些优势。首先,依靠视觉所提供的实时信息可以与惯性导航和 GPS 信息进行融合,弥补后两者的缺陷,可以提高导航精度[10]。其次摄像机更善于捕捉运动信息,传统的传感器则较吃力,从应用的角度来看,视觉信号的抗干扰性能很好,而无线电和 GPS 信号易受阻塞[11]。最后,摄像机属于被动传感器,包含了关于飞行器运动和环境结构的丰富信息,并且因为利用的是可见光或者红外线这种自然信息,在军事隐蔽侦察上表现突出[12]。图 10.1 为清华大学研制的基于视觉导航系统的无人机。

然而在应用视觉技术时也存在重重困难,比如摄像机获得的初始信息以图像的形式存在,其中伴随大量的冗余信息,需要采用图像处理技术来提取有效信息,这就带来了算法实时性问题[13]。另外,视觉导航依靠参照物,只能获得相对运动状态信息,又由于单个 UAV 高空飞行过程中难以寻找合适的固定参照物,所以应用较少。不过其在单个 UAV 起飞和降落过程以及 UAV 地面低空飞行时具有广泛应用前景。本节第一部分侧重于视觉导航中的图像处理、分析与理解问题,第二部分则把侧重点放在数据融合和状态估计上,最后给出总结。

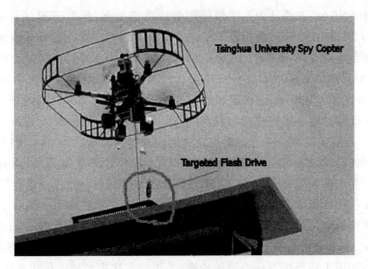

图 10.1 清华大学研制的无人机

10.4.1 导航中的视觉处理

在 UAV 视觉导航中,计算机视觉处理技术用于从图像中获取导航有效信息,实现对图像中运动或静止目标的提取。

1. 图像预处理

从视觉传感器获得的图像或视频易受到噪声或者是背景的影响,往往需要先进行图像的预处理,它包括图像的去噪、灰度化、二值化等。典型的去噪方法是滤波,其中中值滤波能有效抑制噪声,较好地保留边缘信息,是用于边缘跟踪的一种实用去噪方法[14]。

图像二值化用于区分标志物与背景。C. S. Sharp 和 O. Shakernia 在降落地点设计了矩形框图标识物,通过对机载摄像机获取的图像进行二值化,将标识物与其余背景区分开[15]。G. Xu 和 Y. Zhang 用类似方法实现了甲板上降落区域 T 形标识物的识别[16]。B. Ludington 和 E. Johnson 等人进行门窗标志的识别和分类时,先利用 Halcon 形状匹配滤波器来识别候选的标志物,接着又采用了一个颜色过滤器,使得待识别的图像只有黑色和白色构成,为下一步的轮廓提取提供条件[17]。

2. 静止目标特征提取

在导引无人机小范围飞行或起降时,常利用静止的标志物,它们既可以是专门设计的诸如定点降落时常常在降落点事先放置特殊形状或颜色的标志物,也可以是本来就有的道路、楼房、门窗、电线甚至地平线等。其提取方法包括角点提取、边提取、不变矩、Hough 变换、贪婪算法等。

角点提取是一种典型的几何特征提取方法。J. Z. Sasiadek 和 M. J. Walker 通过实验对 Harris、SUSAN 和 phase congruence 三种角点检测算法进行了比较,Harris 算法的准确度仅次于 phase congruence,但实时性占优;phase congruence 算法可检测多目标,准确度最高,但它需要对噪声进行估计,计算量大,实时性差;SUSAN 算法能够保证实时性的要求,但是准确度差[18]。刁灿和王英勋等人基于角点处各个方向上灰度差变化较大的特征,依据 SUSAN 算法和角点几何结构分析,提出了一种改进的角点特征提取算法[19]。潘翔和马德强等人利用

Hough 变换和 RANSAC 方法从单目图像序列中计算消失点,利用了 Harris 来提取角点[20]。C. S. Sharp 和 O. Shakernia 通过分析提取的角点序列实现对矩形标识物的检测[15]。

直线等几何形状被变换到特定坐标系中可以用点来表示,可采用霍夫变换进行提取。柴洪林、李红等人根据机场跑道指示灯具有明显线性的特点,采用霍夫变换实现了对跑道的检测[21]。赵亮和韩波等人采用改进的随机霍夫变换方法实现多个圆形的识别[22]。Z. Li 和 Y. Liu 应用霍夫变换对输电线路进行检测,并利用基于先验知识的直线聚类方法进一步改善检测的准确性[23]。不变矩算法也是一类很经典的特征提取算法。徐贵力、倪立学等人又提出了基于方向链码的合作目标识别算法,该方法的耗时为不变距的 96%,识别的可靠性比前者有显著提高[9]。张广军和周富强设计了新型双圆图案着陆平面靶标,并提出了在复杂背景中全自动双圆特征的图像提取新方法及标记特征点的方案[24]。S. M. Ettinger 和 M. C. Nechyb 等人通过优化算法提取出水平线方程,考虑到天空和地面的实时变化,优化函数中的特征也是实时变化的。G. Xu 和 Y. Zhang 等人则应用了仿射瞬时不变量的方法对 T 标志进行识别[16]。

还有一些方法用于精确提取标志物的轮廓,采用的方法多类似于优化算法。例如方挺、杨忠等人通过双差分图像操作和多分辨率连通分支标记算法确定算法的运动区域后,提出了改进的贪婪算法来进行精确轮廓的提取[25]。耿明志和戎亚新采用 2 个图像采集分系统的双摄像机视觉导航系统在图像中锁定无人机,采用边缘跟踪算法,获取运动物体的外部轮廓特征。边缘跟踪算法对目标的旋转和变形较敏感,为使目标检测对旋转和变形有较好的适应性,需引入仿射变换[14]。B. Ludington 和 E. Johnson 等人对门窗进行识别分类,先将彩色图像通过颜色过滤器转变成黑白图像,然后用贪婪算法提取轮廓,最后将提取的轮廓用于分类[17]。

3. 运动目标特征提取

无人机大范围长时间地飞行时,所利用的特征标志物多是运动的,例如,将地面的运动车辆或是编队飞行队列中的其他无人机作为标志物等。对运动目标的特征提取可以采用与静止标志物的特征提取相同的方法,也可以采用特定的运动物体检测方法,例如光流法、背景差法、帧差法等。

采用静止特征的提取方法来检测运动物体时,往往需要在图像序列中进行特征匹配,进而进行运动估计,最后对不同的运动估计聚类,提取运动物体,如 K. Kâaniche 和 B. Champion 提出的一种对地面载具进行检测的视觉算法[26]。

更多的运动目标检测方法直接对连续图像作处理,例如,背景差法、帧差法以及差分法。方挺、杨忠等人采用差分法得到运动区域的二值图像,并用连通标记法对二值图像分割,得到不同运动区域[25]。

光流法在运动目标检测中也有重要的应用。A. E. Ortiz 和 N. Neogi 对基于彩色图像的光流法进行了研究,将彩色图像分解为三个灰度图像,得到三个光流方程,采用最小二乘法求解平面上两个自由度的运动速度分量[27]。

10.4.2 实时视觉导航算法

图像中提取出的特征目标可结合一些先验知识用于无人机自身运动状态的估计。当这些状态得到准确、实时的估计时,无人机的定位和导航问题也就迎刃而解了。如果将视觉传感器与 GPS、惯性传感器融合,则可以得到更准确的估计。

实时视觉算法由三个主要阶段组成:特征选择和跟踪、按像素估算伪速度/坐标和旋转效应补偿。实时视觉算法框图如图 10.2 所示。

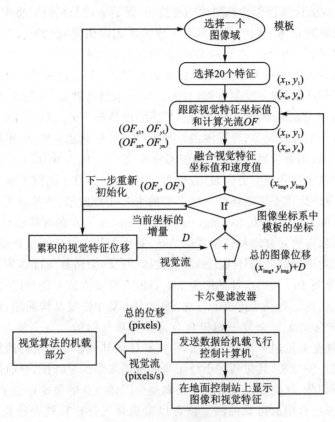

图 10.2　实时视觉算法框图

1. 特征选择和跟踪

特征提取和选择在 10.4.1 小节中已经详细介绍过。跟踪算法由 Lucas – Kanade(LK)跟踪系统组成,该系统基于梯度的视觉流计算。在实际应用中,使用了包含有效 Shi – Tomasil 算法的 OpenCV 库来进行特征选择,并运用金字塔 LK[28] 算法来进行特征跟踪。

2. 飞行器运动的估计

这里的状态估计指的是仅根据图像特征得到无人机自身状态的实时估计,不涉及其他传感器。现有方法包括基于几何关系或基于灰度和颜色信息的算法以及滤波算法。

利用几何关系估计状态的方法很多。潘翔和马德强等人利用消失点几何模型计算无人机着陆的俯仰角,基于双目图像序列,提取 Harris 角点进行特征点匹配,获取无人机的深度信息,再联合无人机的俯仰角与深度信息,基于三维重建方法获得无人机的高度参数,最后采用自适应卡尔曼滤波进一步提高无人机高度估计的精度[15]。Najib Metni 和 T. Hamel 等人提出从多幅图像中估计单应性矩阵,得到不同视角的相对位置信息,同时利用自适应控制律来估计相对深度信息并确定无人机的平移向量,接着将单应性矩阵解耦出旋转分量和平移分量[29]。C. S. Sharp 和 O. Shakernia 对编号后的角点所反映的几何信息进行分析,利用优化算法得到 UAV 相对于标识物的距离、方向和姿态[15]。G. Xu 和 Y. Zhang 等人利用类似方法分析了 T 标志的几何形状,估计了 UAV 的相对偏航角[16]。S. M. Ettinger 和 M. C. Nechyb 等人利用提取的地平线来估计飞行器的俯仰角和滚动角。

利用灰度或颜色信息实现状态估计多指光流法。王睿和张广军等人提出了一种光流分层方法：采用 Lucas 方法计算相邻两帧图像的光流场，而后通过分层模型将由光流场进行 3D 运动检测的非线性问题转化为了两个线性问题。该方法无需图像间的特征匹配，可线性解算出着舰靶标区域相对于无人机的三维运动参数，进而得到位姿信息[28]。

更多的状态估计方法采用了滤波算法，如卡尔曼滤波、粒子滤波等。王睿、阎鹏等人由靶标角点的提取和帧间匹配，建立观测方程，代入扩展卡尔曼滤波器，估测出舰机的相对运动参数[30]。D. Tang 和 H. Zhang 考虑了缺少姿态传感器的情况下无人机的导航着陆问题，利用图像中跑道照明设备中心线的斜率，光亮度的某种平均值等信息建立模型，用扩展卡尔曼滤波得到无人机的相对位置、相对速度、姿态角和姿态角速度[31]。R. J. Sattigeri 和 E. Johnson 等人利用实时图像处理技术得到相对方向角（方位角和俯仰角）和对于图像平面中被跟踪物体最大视角的测量，该测量值应用于更新神经网络扩展的卡尔曼滤波器，该滤波器产生对目标 UAV 位置、速度、加速度的估计[32]。B. Ludington 和 E. Johnson 等人在对移动目标进行跟踪时，利用粒子滤波器来获取需要对移动物体位置的估计，其中用到了颜色测量和运动测量[17]。

视觉系统可以通过跟踪周围环境中的静止物体（特征）来估算飞行器的伪运动。随着飞行器的运动，特征被分列于一系列连续的图像上。目前有许多方法来诠释这些视觉估算，从而能提取到有用的导航信息。有一个传统的方法，被称为运动中恢复结构问题，包括运用相应的跟踪特征[20]或计算的视觉流[21]来复原相机自身运动和场景结构。另一种方法，是从生物学得到的启发，直接将视觉流运用于反应式导航，不需要任何其他运动和结构的重建。

本节提出了另一种方法，其包括在小型图像区域内跟踪少量特征，并通过在空间和时间上对这些测量值进行积分，以便提供关于视觉流和整个图像位移的鲁棒性估值。事实上，采用该方法，是因为只有少数有用的可靠的测量值可以被机载飞行计算机进行处理，从而减少计算时间。

开始时，在某个给定的 50×50 的图像区域中选择约 20 个特征，该区域可以认为是一个"目标模板"，且该模板最初选择在图像中心。然后，在连续图像中跟踪这些特征，通过计算被跟踪特征坐标的平均值，可以简单计算出"目标模板"的坐标。"目标模板"的速度或视觉流也可以通过被跟踪特征的坐标平均值计算得出。随着飞行器的移动，旧视觉特征离开视域，新视觉特征进入。因此，需要一个有效的机制来处理视觉特征的消失和出现，并连续地进行运动估算。所提出的方法中，包含下列条件中之一：

① 目标模板位于图像边界：当目标模板将要离开视域导致特征消失时，在图像中心选择一个新的目标模板，并在模板中选择新特征。为了能够估算相对于初始微型无人机位置的伪坐标位置，位移偏移量增加，并被添加到图像坐标系下测得的模板坐标中。

② 特征离散：在理想的跟踪过程中，被跟踪特征的几何结构应该是几乎不变的。然而，由于图像噪声所造成的大姿态改变、劣质匹配和错误通信，特征可能会分散，离开模板。为了解决该问题，需计算特征坐标的变化，当这种变化超过一定的阈值时，在同一模板中重新选择新特征。

③ 不稳定的特征通信：在实时试验过程中，注意到，时不时有由于图像质量和视频传输导致的虚假特征通信产生。因此，需采取一项简单的措施，当之前的和实际坐标（或视觉流）之间的差值超过某个阈值时，停止视觉特征匹配。该项措施在实践中非常有效，其显著改善了视觉里程仪的性能。

④ 地面控制站操作员的任意目标选择：研发的地面控制站软件允许操作员选择图像中的任意目标或区域，只需单击想要的位置。因此，新的特征在该区域产生，并随时间被跟踪。

获得的视觉测量值经滤波后，通过 WiFi 发送到机载飞行控制计算机进行进一步处理。更精确地说，有 6 个数据被发送给飞行控制计算机：视觉流$(\dot{x}, \dot{y})$[像素/s]的 2 个数据、图像坐标系中目标模板的坐标(x_{img}, y_{img})[像素]的 2 个数据，以及总位移(x, y)[像素]的 2 个数据。

3. 数据融合

无人机除了有视觉传感器之外，往往还有惯性导航系统和 GPS，惯性器件具有累积误差，GPS 获取受限。为了弥补以上的缺陷，依靠视觉所提供的实时信息可以与惯性导航和 GPS 导航信息进行融合，提高导航精度。

一种思路是利用惯性导航和 GPS 来减小图像处理的计算量，保证实时性的要求。D. Krys 和 H. Najjaran 针对未知环境的导航问题提出先利用惯性导航系统预先估计出其下一时刻的运动状态，根据估计的位置信息缩小拼接图像时的搜索窗口，从而减小了算法的计算量；同时，图像的拼接使得位置信息得以更新，从而抑制了累积误差[33]。

卡尔曼滤波同样是很常用的数据融合手段，它将所有的传感器测量归到一个测量方程中去，通过公式迭代，得到融合后的估计。A. D. Wu 和 E. N. Johnson 等人采用了标准的扩展卡尔曼滤波算法，将图像中得到的无人机相对于目标的距离和方向同 GPS 和 INS 融合，得到最终的方位[10]。

当然，还有很多其他的融合算法。R. Karlssont 等人将 FastSLAM(SimultaneousLocalization and Mapping)与边际粒子滤波器(Marginalized Particle Filter，MPF)或 Rao - Blackwellized 粒子滤波器相结合以解决环境未知的 SLAM 问题，解决了标准 FastSLAM 算法面对较大维数无人机模型时的计算不可行问题[34]。

4. 旋转效应补偿

随着飞行器的平移和转动，图像产生了位移。因此，为了感知飞行器的平移(这对飞行控制非常重要)，必须从测量的图像位移和视觉流中消除旋转效应。此外，这种平移—旋转的不明确性在旋翼无人机中更明显，因为飞行器平移是其姿态改变的一种直接结果。为了解决该问题，并补偿视觉流和图像位移的旋转分量，使用机载惯性测量装置数据(欧拉角(θ, ϕ))和角速度数据(w_x, w_y, w_z))。

$$\begin{cases} x_t = x - (-f\tan\theta) \\ y_t = y - (f\tan\theta) \end{cases}$$

$$\begin{cases} \dot{x}_t = \dot{x} - \left(\dfrac{x_{img} y_{img}}{f}\omega_x - \dfrac{f^2 + x_{img}^2}{f}\omega_y + y_{img}\omega_z \right) \\ \dot{y}_t = \dot{y} - \left(\dfrac{f^2 + y_{img}^2}{f}\omega_x - \dfrac{x_{img} y_{img}}{f}\omega_y - x_{img}\omega_z \right) \end{cases}$$

式中，f 为相机的焦距，(x_t, y_t) 和 $(\dot{x}_t, \dot{y}_t)$ 分别为图像位移和视觉流的平移分量。

为了有效补偿选择所造成的图像位移，应注意到惯性测量装置测量值和视觉估算之间的潜在问题。从试验测试中，已经确定了惯性测量装置和视觉数据之间存在一个约 0.25 s 的时间延迟。该延迟主要是由于图像是在地面站处理，而视觉数据则是被送回嵌入式微处理器进一步处理所造成的。为了解决这一问题，在处理惯性测量装置数据时采用了低通滤波器，从噪声中过滤出测量值,也同时在惯性测量装置数据中引入了一个 0.25 s 的延迟。通过使用该方法,对于纯旋转运动,过滤后(或延迟)的惯性测量装置测量值几乎与视觉估算值一致,从而有效补偿了旋转效应。

在这一阶段,获得了飞行器坐标和速度的视觉信息$(x_t,y_t,\dot{x}_t,\dot{y}_t)$,分别是以像素为单位的图像位移增量,以及以像素/秒为单位的视觉流来表示。因为范围的不确定性,不能直接推导出真实的无人机坐标和速度。事实上,平移图像的位移同时取决于飞行器的平移和相对于被探测对象的距离(范围)。

小　结

本章介绍了一款嵌入式制导系统和几个导航系统,它们均基于成本低、质量轻的传感器,以满足小型空中平台的有限载荷。它们为小型无人机提供了完成多种任务和飞行机动的一定程度的自主性,如航点导航、悬停、自主起飞和着陆、基于视觉的目标跟踪等。为了完成更为复杂的任务,人们正积极研究可以支持更高级功能的制导、导航和控制系统的设计,如自动决策、避障、目标捕获、人工视觉,以及与其他有人和无人系统的交互。

其中嵌入式制导系统主要由三个部分组成:① 路径规划;② 模式转换管理;③ 路径生成。它可以赋予飞行器跟随航点和执行其他预编程机动的能力,比如自主起飞和着陆、悬停和路径跟踪。

传统的导航系统主要包括:用于姿态估算的姿态航向参考系统、用于惯性位置和速度估算的全球定位系统/惯性导航系统,以及用于高程计算的压力传感(PS)/惯性导航系统。导航系统由测量、传递、变换、计算几个环节组成并给出飞行器初始状态和飞行运动参数。

视觉导航主要包括视觉图像预处理、目标提取、目标跟踪、数据融合等问题。其中,运动目标检测可采用背景差法、帧差法、光流法等;固定标志物检测可用到角点提取、边提取、不变矩、Hough 变换、贪婪算法等;目标跟踪可以分析特征并进行状态估计,且与其他传感器融合。用到的方法有卡尔曼滤波、粒子滤波器和人工神经网络等。

思考题

1. 嵌入式制导系统总体结构包括哪几层?
2. 飞行终止系统可由哪几种方式激活?
3. 简述传统导航系统的用途及特点。
4. 简述基于视觉的导航系统的用途及特点。
5. 简述如何根据视觉信息估算飞行器的状态。

第 11 章　小型四旋翼无人机系统的搭建实例

本章介绍微型四旋翼无人机最小系统的搭建、调试和飞行,帮助初学读者快速入门和上手实践。按照介绍的流程和方法,并遵守安全准则,将一架无人机亲手送飞到蓝天是一件很有乐趣而又不十分困难的事情。

11.1　安全常识

在实际操作之前,要强调一些安全问题。无人机在飞行过程中可能导致受伤,在组装时也可能导致各种伤害。

首先,要选择一个合适的工作场地,最好在没有孩子和动物的房间工作,因为螺丝、锋利的工具、各种颜色的电子配件、胶,都会吸引孩子的注意,引发危险。切记不要让孩子把这些东西放入口中。

其次,一定特别注意电烙铁的使用:400 ℃时,可能导致多种原料起火,当然也可能导致严重的烫伤。在使用电烙铁之前,必须把工作台清理干净。电烙铁在不用的时候,要放在防火架上,必须杜绝电烙铁加电却无人看管的情况。

在加热时,锡作为焊接原料会呈现液状。液体锡可能会四处溅落,如果进入眼中会十分危险,建议佩戴护目镜。此外,锡散发出的烟有毒性,工作间必须保持通风良好。

为电路通电之前,应该先弄清楚工作电压,检查插头方向。无人机的电压通常为 5 V,这是控制器输出的标准电压。伺服插头有 3 根电线:黑色电线是零线,中间的红色电线是电源线,浅色电线是信号线。为了给电路通电,红色电线与黑色电线就足够用了;如果要发出信号,则需要浅色电线。红色电线被放置在插头中间,即使方向插反也不会导致电路烧焦。飞行电池(比如 12 V 的飞行电池)插在配电板上,配电板把电力配送给各个引擎,另有 5 V 电压的出口,为无人机上的电子元件供电。该输出能够承受的电流足够供给接收器或发射器。如果想了解电池能否承受更大的电流,则需要查询说明书。比如为自动稳定吊舱的伺服供电,如果有需要的话,应该绕过自动驾驶仪,使用配备稳压器的单独电源负责供电。

为防止火灾,还要时刻小心电池和绝缘不良的电路。聚合锂电池组具有一定的危险性,建议在不用的时候把电池组从无人机内取出,放在防火袋里。

需要单独强调的是,无论是在工作间内还是在外执行任务,都应始终准备好急救箱,以防万一。

11.2　四旋翼系统工具及零部件准备

11.2.1　需要的工具及相关使用方法

1. 机架组装

组装无人机时,通常需要直径为 2、3、4 mm 的螺丝,标准螺丝刀和内六角扳手。在此推荐买一套螺丝刀套装,如图11.1所示,其配备有各种型号和尺寸的螺丝刀头,可以方便替换,既满足要求又不会占用太多空间。

图11.1　螺丝刀套装

无人机的机架强度和稳固性十分重要。在无人机飞行或降落时,巨大的振动都不可避免,我们甚至要考虑在摔机的情况下,无人机的整体结构需要尽量确保完整。因此,如果要把金属螺丝拧到金属材料上的话,防松螺丝胶的使用十分必要。防松螺丝胶一般选择中等强度的产品,不要使用强力防松螺丝胶,否则在维修时会很难拆卸。

除此之外,还需要各种钳子和刀具,包括:偏口钳,用来剪断铁丝、扎带等强硬的固定工具或传递连杆;虎钳,用来在固定时夹住某些零件;剪刀、美工刀等。

同时,还需要双面胶、泡沫胶、魔术贴、扎带等固定工具,它们在电池、飞控板等部件的固定过程中会发挥非常大的作用。

图11.2所示为机架组装工具。

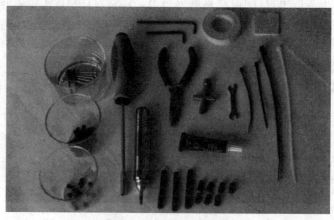

图11.2　机架组装工具

2. 接线与焊接

提到接线与焊接主要涉及到的工具,离不开接线与焊接的主要原料部件:电线和插头。

在组装一架四旋翼无人机的过程当中,主要涉及两种线:舵机线和硅胶线(电源线)。

舵机线顾名思义是用来连接舵机及飞控等电子元件的,它通常由黑、红、白三根细线并排组合而成:黑线是电源地线;红线是电源线;白线是信号线,用来传递信号。

硅胶线(电源线)一般比较粗,因为与电子元器件之间毫安级别的电流不同,硅胶线一般用来传输动力电流,例如连接电池、引擎或配电盘等,而这些动力电流常常高达几十 A 甚至超过100 A。

同样,插头根据电线的类别和通过电流的大小也有不同种类,舵机插头十分轻巧,用来连接舵机线;连接硅胶线通常有 T 形插头、XT60 等,它们一般能够允许更大的电流通过,绝缘性、导通性、防松特性都十分良好,其中 XT60 尤其显著。

图 11.3 所示为各种电线和插头。

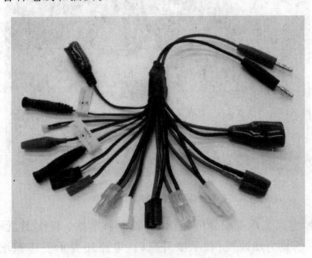

图 11.3　各种电线和插头

在制作这些带插头的电线过程中,我们需要用到很多专业的工具。

首先,需要剥线钳来切割粗细不一的电线以及对它们的端头进行剥线操作,使其露出金属导线来与插头进行连接。

夹线钳是一款粗大的钳子,有点类似网线钳,但它的虎口端有许多很小的矩形槽,夹线钳是用来制作舵机线插头的重要工具,它可以将金属插针固定在每根舵机线的金属导线上,将每根带有金属插针的舵机线按一定方向并排插入指定插头,舵机线接头就做好了。

在连接硅胶线的插头时,由于较大电流的关系,仅仅靠夹紧固定方法无法满足要求,焊接工具的使用不可避免。焊接的核心工具当然是电烙铁,电烙铁一般分为可调温和不可调温的,当然一台不可调温的电烙铁在大多数情况下已足够使用,不过可调温的电烙铁则具有更灵活的使用性能,价格自然也稍微贵一些。需要强调的是,电烙铁的焊头是最容易损耗的部分;此外,根据不同的焊接需求,往往需要形状各异的焊接头来满足要求,所以一定要准备好替换件。

在焊接工作过程中,还要用到:焊锡,它是用来焊接的原料,是连接两个部件的有效导体;焊接松香,一种常温下呈固态,遇热则气化的非晶体,它的作用主要是辅助焊接,有助于增加焊接部位的粘性,有助于锡的分布,利于电子流动,但需要注意的是,气态的松香具有毒性,所以在焊接工作时,要保证室内通风良好;焊架,顾名思义,带有夹子的支架,用来夹紧需要焊接的部件以方便操作;热缩套,它是热敏材料制作的空心薄管,热缩套像硅胶线一样具有不同尺寸,它们遇热收缩,用来包裹住电线或接头处的焊点以起到保护作用,类似电工常用到的绝缘胶带。但需要强调一点,绝缘胶带是事后缠上某处,而热缩套必须在焊接之前套进电线,否则焊上接头后就无法再套进去了,相信新手亲自实践时一定会深有感触。

此外,还有一些非核心工具也很有必要:电流表,可以测量做好的导线或插头是否导通;打火机,用来给热缩套加热从而使其收缩;镊子,可以单手协助固定夹住的焊接部件以方便焊接;护目眼镜,确保焊锡和松香液滴不会溅到眼睛里,保证安全。

图 11.4 所示为各种焊接工具。

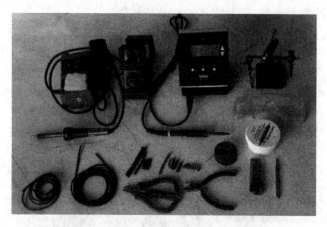

图 11.4　各种焊接工具

在无人机飞行时,电路要承受引擎的振动(一般频率为 200 Hz),在无人机突然降落时,电路更是要承受几个 g 的重力加速度;在温度升高时,电路还要承受体积增大的变化。如果焊接质量不过关,就会导致短路或电力供应切断,不可避免地引起坠机。比如,电流应该从电线之间的接触表面通过(通过电线彼此交织),而不是仅仅通过焊接处(仅是粘合剂)。

焊接成功后,焊接的部位应明亮光滑;如果焊接部位颜色灰暗、质地酥脆,则说明焊接部位退火了,必须重新焊接。同时,在焊接完成后,使劲儿拽一下,测试焊接是否坚固。如果不确定焊接是否成功,建议用放大镜仔细观察,或用万用表测量电阻。如果我们想保证相邻的两个焊接点没有连接,则必须使用万用表测量两点间导通与否来确定。另外,每次使用后,电烙铁的尖部都要用潮湿的电工海绵擦拭清理,或者用清洁器——一种含有金属屑的小盒子清理。

如上所述,无人机的线路焊接十分重要,需要万分的严谨,否则可能造成毁灭性事故。建议第一次焊接无人机零件前,先练习一下,以确保没有隐患。

11.2.2　四旋翼无人机的组件

我们选择的无人机是配备了新型开源自动驾驶仪的 3DR Quad D 四旋翼无人机。组装完成后,无人机总质量大约为 1 kg。这种无人机设计简单,元部件数量只有 40 多个,而且容易改装。图 11.5 所示为无人机组件。

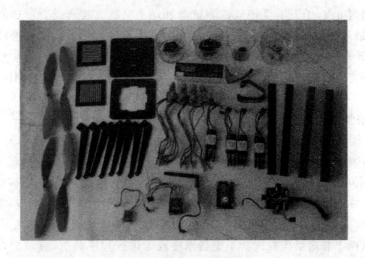

图 11.5 无人机组件

图 11.5 中组件如下:

- 无线电接收机;
- 数传模块;
- 自动驾驶仪(飞控板);
- 配电盘;
- 电池;
- 螺旋桨;
- 电子调速器;
- 引擎;
- 其余部分为机架组件。

另外,还需要一个至少 5 通道的遥控器(4 个通道控制飞机姿态、1 个通道控制飞行模式切换)。遥控器上要有几个选项开关。这里采用的是 7 通道 2.4 GHz 的 Spektrum 7S 无线遥控器。

数传模块可以避免地面调节 USB 电线的过度使用,而且对于在线航路规划和修改来说,无线数传的连接必不可少。

11.3 四旋翼系统结构装配

11.3.1 动力系统和飞控系统预调试

在动力系统(电机和电调)和飞控系统安装固定到无人机上之前,先对其进行预调试十分必要,因为这样可确保其工作正常,避免损坏或失效而带来的麻烦。同时,装机之前对飞控系统进行预先固件下载和初始化设置也是必不可少的。

1. 动力系统的预调试

动力系统预调试实际上就是在装机之前,先把电机、电调、电池和控制器整个动力控制系统连接起来测试,但要注意电机千万不要安装螺旋桨。具体操作步骤和方法是:电子调速器的信号输入端和舵机测试器(一种简易伺服信号发生装置,常用来测试舵机的好坏,因此通俗地叫作舵机测试器)输出端相连,并把舵机测试器的旋钮归零;然后将电机的三相电输入端与电子调速器的输出端相连接;接着把舵机测试器接上 5 V 电源,这里要注意的是舵机测试器的工作电压不能超过 6 V,千万不要把舵机测试器和动力电池直接连接,12 V 的高压会直接烧掉舵机测试器;最后将动力电接入电子调速器的电源输入端,此时,可以慢慢转动舵机测试器的旋钮,电机旋转均匀连续,不会有杂音,而且会随着所给信号的大小改变转速,这样可以初步确定电机和电调是正常的。按照此方法,分别对四组电机和电调做这样的测试,确保它们正常工作。

2. 飞控系统预调试

(1) 飞控系统固件下载

无人机制造商和无人机社团每年会几次推出程序和计算机固件。这些程序可在网络上免费获得,里面会有功能的更新或者修正了前一版本程序中的错误。因此,更新使用最新版本的程序非常重要。在这里推荐 github 开源项目网站,全世界大部分开源项目都在其上分享自己的项目代码,下载或分享都十分方便,甚至你可以参与到这个开源项目中来。当然,也可以通过地面站软件联网下载最新固件。为了更新固件或者进行程序调试,应该把自动驾驶仪和计算机相连,多数情况下用的是 Windows 系统,也可以使用 Linux 系统。如果进行开发,在 Linux 系统下会更加方便。在 Windows 系统下向飞控板中下载程序,首先要安装地面站软件,Windows 系统下使用的 Mission Planner 地面站或 pixhawk 飞控系统对应的 Qgroundcontrol 地面站都可以免费下载到,本次以 Mission Planner 为例(见图 11.6)。

图 11.6 Mission Planner 地面站下载及安装

通常只能通过 USB 接口进行固件下载。USB 接口不但能够提供数据通道,还能够为集成电路供电,因此,一般情况下不需要额外插上飞行电池组。

(2) 飞控系统初始校准

飞控板下载了飞控固件以后,需要进行初始化设置,主要对飞控板内的传感器进行校准。初始化设置内容包括磁罗盘校准、陀螺仪校准、加速度计校准、GPS 通信连接、遥控器设置等。这些初始化设置十分重要,它们能确保飞控系统传感器的输出有绝对参考,并在空中能够输出准确有效的数据。

图 11.7 所示为自动驾驶仪初始化设置界面。

具体设置过程在很多开源飞控使用说明中都有介绍,因此这里不再赘述。

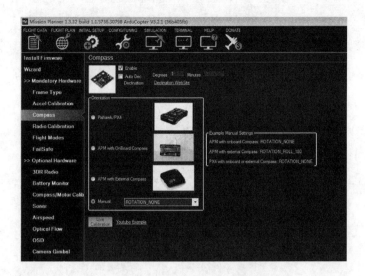

图 11.7　自动驾驶仪初始化设置界面

11.3.2　机体组装

第 1 步：组装支架和引擎(见图 11.8)。

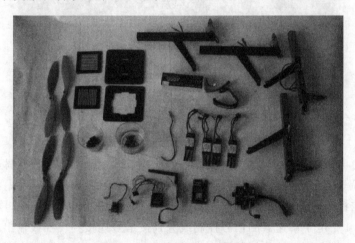

图 11.8　组装支架,固定引擎

引擎固定在无人机臂处,用两个螺丝钉拧紧,再加上一点防松螺丝胶。引擎的电线长达 40 多 cm,可以截短到 20 cm,这样不但减轻了无人机质量,而且还可节省空间。

第 2 步：安装自动驾驶仪和配电盘(见图 11.9)。

首先要找到指明无人机前方方向的箭头。组装者也可以自己做标记。

第 3 步：四旋翼主支架成型(见图 11.10)。

无人机整体在这一步最终成型：螺栓固定两片平板,将无人机臂夹在中间,下层平板承载配电盘。一定要让自动驾驶仪的前方、分线板的前方、底座的前方保持一致。无人机的蓝色臂指示的那个方向是底座的前部。

第 4 步：接线。

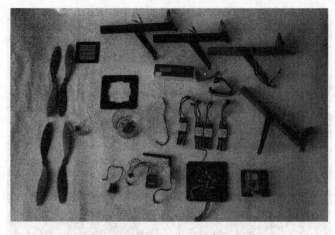

图 11.9 安装好的自动驾驶仪和配电盘

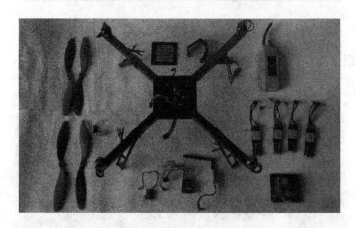

图 11.10 四旋翼主支架成型

① 连接动力电源线。把 4 个电机的各自 3 条交流电线和对应的电子调速器输出动力线相连,并把电子调速器的电源输入线与机架上的分线板相连接或焊接。

② 连接飞控板。一般飞控板按照安装方向会对 4 个电机和电调进行编号(参考不同飞控的使用说明),将 4 个电子调速器的信号控制线分别按编号连接到飞控板输出端的对应位置。

飞控板的输入端分别和接收机的输出端连接,一般至少对应连接 5 个通道,1~4 通道分别控制四旋翼滚转、俯仰、油门、偏航,第 5 通道控制四旋翼飞行模式切换。如果你的接收机支持 S-BUS 功能,则可以省去连接 5 根舵机线的麻烦,只需 1 根舵机线连接接收机的 S-BUS 输出端到飞控板输入端的 RC 接口即可。

此外,还需要将无线数传、GPS、外置罗盘等传感器或信号收发装置连接到飞控板的指定接口。

这里需要强调一下飞控系统及其他电子元件的供电连接,有些电子调速器带有内置 BEC (降压模块),可以将电子调速器上连接的动力电部分转化为 5~6 V 低压电给飞控系统供电,但往往电调内置 BEC 功率有限,难以承担一整套飞控系统及各种电子元件的电能消耗,所以一般安装一个大功率外置 BEC 单独给飞控系统供电,该外置 BEC 的输入端连接在配电盘上动力电池的输出端(建议直接焊接,这样更为牢固,避免振动导致插接接头脱落造成事故),外置 BEC 的输出端直接制作成舵机插头,插入飞控板输入端任意一个闲置通道上即可。

接线完毕后,首先目测检查,保证所有连线正负极没有接反,没有其他接线错误,然后插上电源,测试所有电子元件都能得到供电(电子元件指示灯是否正常亮起或闪烁),电机是否发出嘟嘟声。此时,打开遥控器,测试飞控板是否可解锁,解锁后推动油门,观察电机是否正常旋转。需要注意的是,一定要确保电机上没有螺旋桨,以免造成人身伤害。

图 11.11 所示为四旋翼完成接线。

图 11.11　四旋翼完成接线

11.4　整机调试及飞行

11.4.1　飞行准备

1. 飞控系统再校准和参数设置

在试飞前,在室外通过无线数传和计算机上地面站相连接,进行最后校准和检查。虽然之前飞控板在装机前进行过传感器和遥控器校准,但那只是预校准,更多的是检测飞控系统功能的正常与否,但由于将飞控系统装机后,飞控系统在飞机上不一定处于绝对水平位置,所以需要进行二次校准,这次校准才是飞行前的初始化设置。具体校准方法和之前相同,只是此次是翻动整个飞机使之水平或垂直来校准各传感器,所以还要注意准备个矩形箱子作参考,保证校准精度。

参数设置一般指的是飞控系统各通道的 PID 参数设置,PID 参数设置的不同直接影响飞行品质。一般初次试飞 PID 参数采取默认值即可,然后根据首飞的效果来进一步调整。

初次试飞建议采取自稳模式,即手动操纵飞行模式,在不确定整套系统工作是否稳定的情况下,不建议直接尝试航线自主飞行等其他模式。

2. 最后检查

解锁飞控板,在怠速状态检查引擎是否朝正确的方向旋转。

为了避免无人机在不恰当的时候启动,无人机配备了安全装置,只有发射器手柄在立轴方向最右侧扳动,而且在动力最小的情况下持续 5 s,引擎才会启动。引擎启动后,自动驾驶仪的二极管停止闪烁,保持始终点亮的状态。增强一挡动力,引擎发出嗡嗡声。如果引擎转动方向不对,只要把引擎和控制器连接的两根电线互换即可。接下来要做的只剩下安装螺旋桨了,注意保证桨距符合旋转方向。

图 11.12 所示为最后测试。

图 11.12 最后测试

11.4.2 试 飞

1. 安全提示

无人机首次飞行时,应该选择一个至少和足球场大小相仿的场地,不能有障碍物和大量观众,因为旋翼可能向任何方向飞出。等到风力很弱或者没有风的天气再进行处女航——如果无人机偏离航向,就意味着有调试问题,而不是由于刮风所致。通常来说,上午是最佳的飞行时间。尤其在你亲自指挥处女航的时候,最好请一位助手帮忙,让好奇的人群保持距离。如果独自在空无一人的场地上,最好携带急救包。

2. 学习操作无人机

下面将解释如何进行无人机飞行操作,让你从中感受到飞行的乐趣。

① 逆风放置无人机,这样无论发生任何状况,无人机都会朝你的方向飞回来。

② 慢慢增加无人机的油门,但不要让无人机起飞。移动手柄,你会感觉到打杆后无人机的运动趋势是否正确。如果不正确,应该在遥控器上调转伺服的方向。

③ 增大油门,让无人机起飞并悬停在 2 m 的高度。这是防止无人机受到螺旋桨刮起涡流影响的最低高度。首先需要找到油门的平衡点,让无人机保持高度,最理想的是达到最大油门

的一半。必要时,在遥控器上调整动力曲线;调整好的无人机在松开控制杆时,应该可以保持平衡。

④ 首先通过手柄操纵让无人机尽量悬停不动,然后进行微调操作,使操纵杆归中后无人机依然保持相对稳定。当无人机稍微偏离稳定悬停位置时,尝试通过操纵杆不断调整,使其尽量保持在原位置悬停;如果偏离过大无法调整,则降低油门让无人机降落,取回无人机后重新开始。经过几次尝试之后,你就能够掌握无人机空中的悬停技术了。

⑤ 此时,可以进行一些平移运动尝试,在偏航角度不变的情况下,侧面倾斜飞行或向前倾斜飞行,最终回到中心位置。

⑥ 尝试让无人机交替进行左侧飞、右侧飞,然后在侧飞的同时让无人机前进。尝试让无人机在你面前沿着平行线飞行。

⑦ 在无人机面对你飞行时,尝试同样的操作。这时操作变得非常复杂,因为你的操作均变为反向操作。你慢慢能感受到无人机惯性的作用:无人机在达到一定速度后,把操纵杆置于中立位,无人机需要继续滑行一段距离才能减速,达到悬停状态。把控制杆拉向相反位置会让无人机减速,继而向后倒退飞行。因此,操纵无人机飞行时需要考虑无人机的运动趋势及控制的提前量。

⑧ 在飞行几次之后,你可以尝试转弯飞行操作。转弯操作可以单纯通过偏航来实现,也可以通过俯仰方向和滚转方向组合实现。上面几种操作练习熟练后,相信实现转弯操作已经不难了。

图 11.13 所示为无人机在飞行。

图 11.13　无人机在飞行

3. 模式切换

在经过了十几次飞行之后,你就能够得心应手地控制自己的无人机了。此时,就可以尝试不同飞行模式了。下面介绍几种比较常见的飞行模式。

(1) 定高模式

这是为了减轻操控人员的操作负担、不用时刻调整油门大小而设计的模式。定高模式通过飞控系统中的传感器实时测量无人机的高度,从而自动调控油门大小来维持无人机在一定的高度。在这种模式下,操纵人员既可以享受操纵无人机的乐趣,又可以最大程度地保证无人机的安全,是十分理想的娱乐操纵或跟随拍摄模式。

（2）定点悬停模式

在风比较大的环境下，如果需要无人机尽量稳定悬停在某一位置，或者操纵者不想时刻操纵无人机，那么定点悬停模式是一个不错的选择。在这种模式下，飞控系统会通过传感器测量自身位置的相对偏移，通过内部算法自动控制无人机运动来抵偿这种偏移从而尽量保持无人机在某一位置，而不需要操纵手时刻干预。这种模式是定点拍摄的理想模式。

（3）返航模式

有时无人机会意外地飞离视线使操纵人员无法有效控制其返航，或者在进行超视距飞行时找不到回家的航线，这时通过返航模式可以方便、安全地使无人机自动返回并降落。无人机在每次起飞时，都会自动记下起飞点的 GPS 坐标，以备在紧急情况开启返航模式时，无人机都可以顺利找"回家"。这种模式有效避免了绝大部分无人机"飞丢"的意外情况，是自动驾驶仪必备的飞行模式。

小　　结

本章通过实践介绍了小型四旋翼无人机从组装到飞行的整个过程，强调了一些无人机爱好者初始阶段需要注意的事项。相信初学者通过本章的学习能够快速了解无人机的初级组装及飞行操作，在无人机学习之旅上有一个好的开端。

思考题

1. 为什么焊接时需要保持室内空气流通？
2. 为什么飞控板校准需要两次？
3. 螺旋桨在什么时候安装？为什么？
4. 为什么需要外置 BEC（降压模块）来给飞控系统供电？

第三部分　新构型无人机系统简介

第 12 章　旋翼固定翼复合无人机

随着飞行性能的不断提高,航空飞行器发展出了不同的型式和布局,总体而言,主要分为两大分支——固定翼飞机和直升机。固定翼飞机以快速机动见长,且具有优异的巡航性能,但是起飞降落需要长距离滑跑,对起降场地依赖性很强。而直升机则胜在可垂直起降和悬停、低空低速;但是由于旋翼气流不对称、局部激波、气流分离及桨盘前倾等因素的限制,其前飞速度较低,常规直升机的最大巡航速度通常在 300 km/h,航程也较短,巡航性能无法与固定翼飞机相比。长期以来,为了适应军用和民用航空发展的需要,工程师们致力于使飞机综合固定翼飞机的高速巡航优势和直升机的垂直起降性能,因而一种将旋翼与固定翼相结合的混合布局飞行器应运而生,逐渐受到工程师们的青睐。

12.1　旋翼固定翼复合无人机应用需求及性能特点

旋翼固定翼复合无人机具有广阔的应用前景和迫切的应用需求。

在军用方面,它具有在非陆路机场如狭小的舰船甲板或在战地条件恶劣的机场起飞降落的能力,因此,它对未来多元化战争具有极强的适应能力;

在民用方面,它可以迅速处理海上救援、抗震救灾等需要快速到达却没有机场的突发事件;

现代城市的交通堵塞越来越严重,因而对城市飞行器的发展和应用提出了需求,而城市高楼林立的特殊环境要求城市飞行器兼具高速性能和低速性能,城市飞行器可以作为旋翼固定翼复合无人机的一个发展趋势。

旋翼固定翼复合无人机在起飞、降落阶段使用旋翼提供升力,实现短距或垂直起降。随着前飞速度的提升,固定翼产生升力并使旋翼慢慢卸载。当固定翼的升力与飞行器自身重力平衡时,旋翼完全卸载并由自转慢慢停止转动而与机身锁定或做自转运动,由于桨叶翼尖速度不再受限,飞行器可以以固定翼方式做高速巡航飞行。因此,旋翼固定翼复合无人机具有结构简单、可维护性好以及综合性能优良等特性。

12.2　国内外研究概况和发展趋势

研究者们发现,要想设计出一款既能垂直起降和悬停,又能高速巡航,同时能保证飞行效率且造价成本合理的飞行器是非常具有挑战性的。研究发现,常规直升机具有最优秀的悬停性能,但是巡航速度受到很大限制;固定翼飞机具有最优秀的高速巡航性能,但是不具备悬停能力。可见悬停性能与高速前飞性能两者是矛盾的,要想设计新的垂直/短距起降高度飞行器,需要对飞行速度、悬停效率、生产成本以及工艺复杂性等进行折中考虑。

人类用垂直起落飞行器飞行的设想先于常规起落的固定翼飞机,但在 20 世纪 40 年代以后,垂直起降高速飞机的研究才开始逐渐展开。为解决飞机的速度与起降距离之间的矛盾,提高飞机的作战和地面生存能力,二战后,许多国家纷纷着手研究垂直/短距起降飞机。20 世纪 40 年代进行了垂直起降固定翼飞机的可行性验证工作,并做了气动布局、操纵性及稳定性方面的研究。20 世纪 50 年代,主要寻求合理的气动布局以解决操纵性和稳定性的问题,并研制出了一批试验机,如 XFY - 1、XFV - 1、X - 14、英国的 SC - 1 等。20 世纪 60 年代垂直起降高速飞行器技术开始投入使用,垂直起降固定翼飞机开始装备部队,短距起降技术也获得了广泛应用。其间出现了十几种垂直/短距起降验证机,如美国的 XV - 4、XV - 5、X - 22,英国的鹞式以及联邦德国的 VJ - 101、DO - 31 等。到 20 世纪 80 年代,美国等国家曾进行超声速短距起降飞机的研究。

旋翼固定翼复合无人机经过多年的发展,研究人员研制出了种类繁多的飞行器。按推力(拉力)的实现方式,目前的旋翼固定翼复合无人机可以分为两大类:推力定向类和推力换向类。

12.2.1　推力定向类旋翼固定翼复合无人机

推力定向类旋翼固定翼复合无人机其推力固定用作飞行器的升力或拉力,主要有两种:

① 复合式直升机(Compound Helicopter)。它是指一类在直升机基础上加装带有襟副翼的机翼和可调推力的水平推进装置的飞行器,水平推进装置用以平衡旋翼反扭矩。复合直升机的核心设计思想在于通过旋翼、机翼和水平推进装置的组合,在飞行加速过程中逐渐为旋翼卸载。复合式直升机的旋翼悬停效率较高,但在高速飞行时,其旋翼转速降低,后行桨叶的反流区将变得非常大,旋翼的气动环境也将变得非常恶劣,这也限制了复合式直升机的最大前飞速度难以超过 500~550 km/h。复合式直升机的代表机型有美国的 Dragon Warrior 无人机和 X - 49A“速度鹰”(见图 12.1)。前者在起降时,升力由旋翼提供;巡航飞行时,升力由机翼产生,由一对推进式螺旋桨提供推力。后者是由西科斯基公司的 YSH - 60F 直升机改装而成,安装了机翼及尾部的涵道风扇矢量推进系统。复合式直升机由于垂直、水平的拉力/推力分别由不同的动力装置提供,因此在飞行过程中必有一套推进装置成为废重,质量效率较低。由于复合式直升机是在传统直升机基础上加装机翼及水平推进装置得到的,因此具有结构简单、维护方便的特点。图 12.2 为一种复合构型式无人机。

② 旋翼/机翼转换式(垂直类)(Rotor/Wing)。其方案最早由原麦道直升机公司于 1992 年提出,其核心设计思想是通过在前飞时使旋翼停转来消除飞行器的气流不对称。主要代表机型是美国 DARPA 与波音公司合作研制的 X - 50“蜻蜓”(见图 12.3),该机的旋翼/机翼采用短翼展、宽翼弦对称翼型,并固定在机背顶端,由翼梢喷气驱动。其飞行原理是,当旋翼在翼梢喷气的驱动下旋转时,无人机以直升机方式飞行,当旋翼逐渐卸载并锁死时,能以固定翼方式飞行,由尾部喷管提供推力。旋翼/机翼转换式飞行器是一种没有尾桨的直升机和固定翼飞机的组合,过渡飞行十分方便,全部推力由常规涡扇发动机提供,是一半直升机、一半飞机的完美结合。旋翼/机翼转换式飞行器发展的关键技术在于翼型气动性能、桨叶控制技术、旋翼驱动系统以及旋翼停转等,若能在这些方面取得突破,则旋翼/机翼转换式飞行器的发展将会进入更高阶段。

图 12.1　复合直升机 X-49"速度鹰"

图 12.2　一种复合构型式无人机

图 12.3　旋翼/机翼无人机 X-50"蜻蜓"

12.2.2　推力换向类旋翼固定翼复合无人机

推力换向类是目前垂直起降无人机应用最广泛的形式,其推力可以在推力和升力间转换。其特点是在起飞时推力向上用作升力,以直升机方式垂直起降;转入水平飞行时推力方向逐渐转为向前,由机翼产生升力。推力换向类旋翼固定翼复合无人机主要有以下几种形式:

① 倾转旋翼式(Tilt-Rotor)。将两副旋翼连同可倾转的发动机安装在机翼两端,悬停及低速时升力由旋翼提供,以直升机模式飞行。随着速度增高,旋翼轴逐渐由发送机短舱带动倾转至水平位置提供前向拉力,升力由机翼提供,实现固定翼飞机模式飞行,大大提高了飞行速度。因此,其兼备直升机和固定翼飞机的优点,起降灵活不受机场限制,航程远,速度快,被誉为21世纪最具潜力的飞行器。代表机型是美国的V-22"鱼鹰"(见图12.4),该机以飞机方式飞行的最大速度可达565 km/h。采用类似布局的还有俄罗斯的信天翁。但它也有一些缺点:倾转机构复杂,控制困难,在设计制造成本和技术难度上都远比传统的直升机要高,安全性和可靠性方面也存在不足;垂直飞行模式下旋翼滑流正面吹在机翼翼面之上,压差阻力损失较大,并迫使机翼结构强度增加,进而导致质量增加,且会形成一个向下的载荷,减少了倾转旋翼飞行器的有效载荷;倾转旋翼飞行器安装了直升机和固定翼飞机两套操纵机构,这样会增加飞行器的结构复杂性以及维护和生产成本。倾转旋翼飞行器垂直起降时所需升力和巡航时所需推力大小差距悬殊,这造成了悬停时和巡航时所需桨盘面积差距较大的矛盾,因此,研究人员提出了变直径倾转旋翼飞行器的概念。垂直起降和悬停时需用升力较大,旋翼采用大直径可降低桨盘载荷,提高悬停效率,降低耗油率;固定翼模式下做巡航飞行时,需用推力较小,为适应桨盘载荷的变化,将旋翼直径收缩为常规螺旋桨大小,即可实现倾转旋翼飞行器旋翼系统在悬停和巡航时所需拉力的合理匹配,并且由于前飞时旋翼直径较小,桨尖速度也较小,因此不需要减速器来降低旋翼转速,减轻了结构质量。图12.5为一种倾旋转翼式无人机。

图 12.4　倾转旋翼机 V-22"鱼鹰"

② 倾转机翼式(Tilt-Wing)。它与倾转旋翼式类似,不同之处是前者的机翼连同旋翼一起旋转以实现推力换向,即机翼始终是顺着旋翼滑流方向的。与倾转旋翼式相比,倾转机翼式具有如下优势:倾转机翼式飞行器的推进装置是螺旋桨而非旋翼,因此其在固定翼飞机模式下具有更快的飞行速度和更远的航程;由于倾转机翼式飞行器其螺旋桨与机翼一起倾转,因此机翼翼面总是顺着螺旋桨尾流方向,直升机模式下垂向阻力较小,飞行器有效载荷较大;由于采用螺旋桨,倾转机翼式飞行器没有旋翼操纵系统,使其结构简化,质量减轻,成本降低;由于

图 12.5　一种倾旋转翼式无人机

倾转旋翼尺寸过大,倾转旋翼飞行器不能以固定翼飞机模式进行滑跑起降,因此倾转旋翼飞行器必须安装三冗余度的倾转系统来保证倾转过程的安全,这使得结构质量增加,成本增大,而倾转机翼安装的是常规螺旋桨,尺寸小,可以以任意倾斜角度进行起飞和降落。倾转机翼式飞行器的缺点在于其俯仰操纵全部须由升降舵完成,因此在低速状态下其俯仰操纵效率很低,机动性有限。采用此方案的飞行器有 VZ - 2 倾转机翼试验机、XC - 142 倾转机翼试验机以及 CL - 84 倾转机翼飞行器(见图 12.6),其中 CL - 84 曾成功进行了上百次搜救、运输、监视任务的飞行试验,目前尚无采用此方案的无人机。

图 12.6　倾转机翼飞行器 CL - 84

由于无人机不必考虑空乘人员的生理极限,因此相比有人机具有更大的设计自由度,垂直起降技术在无人机上将获得前所未有的应用和创造活力。

12.3　两类常见的旋翼固定翼复合飞行器及其控制

旋翼固定翼复合飞行器经过半个多世纪的发展已经设计出多种结构和布局各异、具有不同优缺点的形式,其中尤以复合式高速直升机和倾转旋翼机最为常见,都已经投入生产和使用且具有广阔的应用前景。前者有欧洲直升机公司的 X3 高速直升机,后者则有著名的 V－22。下面对复合式高速直升机和倾转旋翼机进行介绍并设计其飞行控制系统。

12.3.1　复合式高速直升机

常规直升机(单旋翼带尾桨)最大平飞速度受到很大限制。一方面,在高速情况下,旋翼存在左右气流不对称的问题,桨盘平面内前行桨叶来流流速较大,动压较大,过大的前飞速度会使前行桨叶产生激波而失速;桨盘平面内后行桨叶来流流速较小,气流迎角较大,前飞速度过大会带来因气流分离而失速的问题。另一方面,直升机的前飞拉力需要通过施加纵向周期变距使桨盘前倾来获得,桨盘前倾会带来直升机机身低头,因而增大废阻,使速度提升有限。常规直升机的尾桨的作用是平衡旋翼反扭矩和实现航向操纵,但其产生的拉力(推力)会产生作用于机身的侧向力,航向姿态和侧向运动存在耦合。

与常规单旋翼带尾桨式直升机相比,复合式高速直升机在旋翼下方增加了机翼,取消了尾桨,而由机翼两侧的矢量推进系统来替代其作用;在高速巡航阶段,矢量推进系统还要提供前飞的拉力。由于引入了机翼和矢量推进系统,复合式高速直升机存在控制冗余问题。升力可以由旋翼和机翼共同提供,推力可由旋翼和矢量推进系统共同提供,滚转力矩可由旋翼横向周期变距和副翼偏转共同提供,俯仰力矩可由旋翼纵向周期变距和升降舵偏转共同提供,偏航力矩可由机翼两侧矢量推力系统差动和方向舵偏转共同提供。由于多重操纵的存在,复合式高速直升机稳态飞行配平时姿态角不再像常规直升机那样依赖于飞行速度。例如直升机的加速飞行,常规直升机(不只包括单旋翼带尾桨直升机)必须通过增大旋翼桨盘前倾量来实现,旋翼前倾形成的前向力矩增量则会带动整机姿态前倾,具体表现为机身低头。而复合式高速直升机因为有矢量推进装置,实现加速只需增加螺旋桨拉力,并不会改变机身的姿态,即多重操纵使得复合式高速直升机稳态飞行的姿态与速度解耦。通过协调控制翼面系统和旋翼系统,将控制量进行合理的分配,可以保证复合式高速直升机具有良好的稳定性和操纵性。

在机体轴系下,复合式高速直升机的六自由度飞行力学模型为

$$
\left.
\begin{aligned}
\dot{V}_x &= (X_{sum} - G\sin\theta)g/G + rV_y - qV_z \\
\dot{V}_y &= (Y_{sum} - G\cos\theta\sin\gamma)g/G + pV_z - rV_x \\
\dot{V}_z &= (Z_{sum} + G\cos\theta\cos\gamma)g/G + qV_x - pV_y \\
\dot{p} &= \frac{I_Z}{I_X I_Z - I_{XZ}^2}[L_{sum} - (I_Z - I_Y)qr + I_{XZ}pq] + \\
&\quad \frac{I_{XZ}}{I_X I_Z - I_{XZ}^2}[N_{sum} - (I_Y - I_X)pq + I_{XZ}rp] \\
\dot{q} &= \frac{1}{I_Y}[M_{sum} - (I_X - I_Z)pr + I_{XY}(r^2 - p^2)] \\
\dot{r} &= \frac{I_X}{I_X I_Z - I_{XZ}^2}[N_{sum} - (I_Y - I_X)pq - I_{XZ}rq] + \\
&\quad \frac{I_{XZ}}{I_X I_Z - I_{XZ}^2}[L_{sum} - (I_Z - I_Y)qr + I_{XZ}pq]
\end{aligned}
\right\}
\tag{12.1}
$$

直升机运动参数之间还满足下式所示的运动学方程:

$$\dot{\gamma} = \omega_x - \tan\theta(\omega_y\cos\gamma - \omega_z\sin\gamma)$$
$$\dot{\theta} = \omega_y\sin\gamma + \omega_z\cos\gamma$$
$$\dot{\psi} = \frac{1}{\cos\theta}(\omega_y\cos\gamma - \omega_z\sin\gamma)$$

$$(12.2)$$

　　复合式高速直升机可采用如下操纵方案:由起飞开始,旋翼总距操纵,矢量推力装置差动,实现悬停飞行;随后矢量推力装置推力增大,同时旋翼桨盘前倾,复合式高速直升机得以加速前飞,机翼产生的升力逐渐增大,旋翼减小转速以配平升力,随着飞行速度的不断提高,旋翼最终锁定或做自转飞行。由平飞模式过渡到垂直起降模式,首先平飞减速,当平飞速度降低到旋翼前行桨叶桨尖速度低于其激波临界速度时,旋翼开始加速旋转,逐渐给机翼卸载,最终由旋翼承受主要升力,复合式直升机进入垂直起降模式。

　　由于存在控制冗余问题,复合式高速直升机的飞行控制系统可采用如图 12.7 所示结构进行设计。考虑分层模块化设计,即将控制器设计分为上层控制律设计和下层控制分配设计。其中控制律设计模块接收期望的高度、速度等指令和复合式高速直升机的实时状态,输出伪控制指令,通常情况下为三轴广义力或力矩,并作为下层控制分配模块的输入,通过控制分配方法,将力和力矩分配到每个控制机构上,形成实际的执行机构偏转量并作用于直升机。

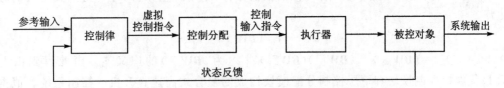

图 12.7　复合式高速直升机飞行控制系统结构

　　将复合式高速直升机的六自由度非线性运动方程通过小扰动线性化方法得到平衡点处的线性方程:

$$\dot{x} = Ax(t) + B_u u(t)$$
$$y(t) = Cx(t) + Du(t)$$

$$(12.3)$$

式中,$x \in \mathbf{R}^n$, $u \in \mathbf{R}^m$ 分别为状态变量和控制输入,根据复合式高速直升机控制冗余的特性可知,$\mathrm{rank}(B_u) = k < m$,即控制矩阵 B_u 不是列满秩。对于复合式高速直升机,$m = 8$,通常情况下,偏转量 u 存在位置约束 $u_{i\min} \leqslant u_i \leqslant u_{i\max}$,其中 $u_{i\min}$、$u_{i\max}$ 分别表示第 i 个操纵面位置偏转的上下限。故此时线性系统式(12.3)可变为

$$\dot{x} = Ax + B_v v$$

$$(12.4)$$

$$B_v v = B_v Bu = B_u u$$

$$(12.5)$$

$$u_{\min} \leqslant u \leqslant u_{\max}$$

$$(12.6)$$

　　故将线性系统分为伪被控对象式(12.4),即控制律设计问题和奇偶方程(12.5),实际就是控制分配问题,式(12.6)表示操纵面所受约束。针对式(12.4)所示系统,本书使用 LQR 控制理论设计控制律部分,控制律的输出即为虚拟控制指令 v,因此选择线性系统性能指标函数为

$$J = \int_0^\infty (x^\mathrm{T}Qx + v^\mathrm{T}Rv)\,\mathrm{d}t$$

$$(12.7)$$

式中,加权矩阵 Q 为对称非负定矩阵,R 为正定对称矩阵。即得到一典型 LQR 问题,通过求解 Riccati 方程 $A^\mathrm{T}P + PA + Q - PB_v R^{-1}B_v^\mathrm{T}P = 0$ 可得最优反馈增益矩阵 $K_x = -R^{-1}B_v^\mathrm{T}P$,此

时可设计虚拟控制律 $v(t)$ 为

$$v(t) = K_r r(t) + K_x x(t) \tag{12.8}$$

式中,$r(t)$ 为指令输入信号,引入前馈增益 $K_r = -\left[C(B_v K_x + A)^{-1} B_v \right]^+$ 来保证系统输出对输入指令信号的跟踪能力。现在考虑控制分配问题 $B_v v(t) = B_u u(t)$,即在虚拟控制指令 v 已知的情况下对操纵机构的偏转量 u 进行求解。对于控制分配,可以应用的方法主要有广义逆方法、链式递增方法(Daisy Chaining)、直接分配方法(Direct Allocation)、数学规划方法(主要包括线性规划和二次规划)和智能分配方法。下面应用广义逆控制分配方法求解操纵机构的偏转量 u。

广义逆法将控制分配问题转化为最小二范数问题:

$$\left. \begin{aligned} \min \quad & J = \frac{1}{2} \| W_u u \|_2^2 \\ \text{s. t.} \quad & Bu = v \end{aligned} \right\} \tag{12.9}$$

式中,W_u 表示各操纵机构的权重调节矩阵。用拉格朗日乘数法构造新的目标函数:

$$H = \frac{1}{2} (W_u u)^T (W_u u) + \lambda (Bu - v) \tag{12.10}$$

对目标函数求偏导数,可得目标函数的极值条件,求解极值条件,即可得广义逆法的分配结果为

$$u^* = W_u^{-1} (B W_u^{-1})^+ v_d \tag{12.11}$$

式中,$(B W_u^{-1})^+ = (B W_u^{-1})^T \left[(B W_u^{-1})(B W_u^{-1})^T \right]^{-1}$ 为 $(B W_u^{-1})$ 的广义逆。由此得到由上层 LQR 最优虚拟控制模块和下层控制分配模块构成的复合式高速直升机的控制系统。值得注意的是,加权矩阵 W_u 的权值选择需要根据其对应操纵机构当前状态的操纵效率进行调节,如在低速情况下,则旋翼横向周期变距、纵向周期变距以及矢量推进系统对应的权值可取得较大,而升降舵、方向舵、副翼对应的权值取得较小;高速时情况则相反。

12.3.2 倾转旋翼式飞行器

倾转旋翼式飞行器具有很好的垂直飞行性能,其旋翼设计为具有大的负扭转的桨叶,因此可以在较大的轴向入流状态下正常工作。当进行垂直起降时,所需升力由旋翼提供;而当进行高速飞行时,所需升力全部由机翼提供,旋翼则主要用于克服飞行器的前飞阻力。倾转旋翼飞行器的最大前飞速度可达常规直升机的 2 倍,航程也比常规直升机大得多,因此,其相对直升机和螺旋桨固定翼飞机大大地扩展了飞行包线。倾转旋翼飞行器相比其他构型的旋翼固定翼复合飞行器更适合民用领域的应用,由于采用旋翼作为前飞时的推进装置,因此在巡航时其转速较低,和直升机与螺旋桨固定翼飞机相比更加安静;由于旋翼尺寸较小,因此其振动水平比一般直升机低得多。低噪声、低振动水平可以保证飞行器的结构疲劳强度,从而保证飞行器的安全性和可靠性。另外,倾转旋翼飞行器可应用于商务运输,代替部分固定翼客机。

倾转旋翼飞行器随前飞速度通常可分为三种飞行模态,即直升机模态、固定翼模态和过渡模态。通过对其各飞行模态的稳定性分析可知,在直升机模态和过渡模态,系统是不稳定的,而且各通道间存在耦合,飞机模态虽然是稳定的,但是具有二阶振荡的响应特性,因此需要对其设计控制系统,使其各通道能够解耦并且可以对指令信号快速跟踪,满足飞行控制律设计的要求。倾转旋翼飞行器的控制方法可采用经典控制方法,如 PID 和最优控制方法,也可采用

诸如鲁棒、自适应、神经网络等控制方法。下面介绍倾转旋翼飞行器的最优控制方法。

根据各部件的力和力矩组成的非线性方程组即全量方程如下所示。方程由三个力的方程、三个力矩方程以及三个姿态角方程组成。

$$\left.\begin{aligned}
X &= m(\dot{u} + qw - rv) + mg\sin\theta \\
Y &= m(\dot{v} + ru - pw) - mg\cos\theta\sin\varphi \\
Z &= m(\dot{w} + pv - qu) - mg\cos\theta\cos\varphi \\
L &= I_{xx}\dot{p} - (I_{yy} - I_{zz})qr - I_{xz}(pq + \dot{r}) \\
M &= I_{yy}\dot{q} - (I_{zz} - I_{xx})pr + I_{xz}(p^2 - r^2) \\
N &= I_{zz}\dot{r} - (I_{xx} - I_{yy})pq + I_{xz}(qr - \dot{p}) \\
p &= \dot{\varphi} - \dot{\psi}\sin\theta \\
q &= \dot{\theta}\cos\varphi + \dot{\psi}\sin\varphi\cos\theta \\
r &= -\dot{\theta}\sin\varphi + \dot{\psi}\cos\varphi\cos\theta
\end{aligned}\right\} \tag{12.12}$$

式中，p、q、r、u、v、w 分别为在体轴系上三轴的三个速度分量和角速度分量。X、Y、Z 为所有机体部件在飞行器质心气动力之和分别在体轴系上三轴的分量。L、M、N 为所有机体部件在飞行器质心启动力矩之和分别在体轴系上三轴的力矩分量。θ、ψ、φ 分别为机体俯仰角、偏航角和滚转角。

倾转旋翼飞行器的飞行控制系统可分为纵向控制器和横航向控制器，应分别设计。下面介绍纵向最优控制器的设计方法，横航向控制器可进行类似的设计，在此不再赘述。倾转旋翼飞行器在速度轴系下的纵向动力学方程可表示如下：

$$\left.\begin{aligned}
mV\dot{\gamma} &= L_{\text{total}} - mg\cos\gamma + T\sin(\eta + \theta - \gamma) + H\cos(\eta + \theta - \gamma) \\
-mV &= D_{\text{total}} + mg\sin\gamma - T\cos(\eta + \theta - \gamma) + H\sin(\eta + \theta - \gamma) \\
M_{\text{total}} &= I_y\ddot{\theta}
\end{aligned}\right\} \tag{12.13}$$

式中，L_{total}、D_{total}、M_{total} 为倾转旋翼机除旋翼外各部件在速度轴系下总的升力、阻力和对中心的俯仰力矩。θ、γ 分别为俯仰角和航迹倾角，η 为旋翼轴与机体纵轴的夹角。

在直升机模式，倾转旋翼飞行器通过旋翼总距同向联动、旋翼总距反向差动 δ_{cc}、纵向周期变距同向联动 δ_{ec} 和纵向周期变距反向差动 δ_{pd} 分别实现变拉力、滚转、俯仰、航向操纵。在固定翼模式，上述操纵则分别由旋翼总距同向联动、副翼 δ_{ail}、升降舵 δ_{ele} 和方向舵 δ_{rud} 实现。在倾转过渡模式，飞行器的操纵由直升机模式和固定翼模式时的操纵机构共同完成，因此带来了控制冗余。考虑 4 个广义系统操纵量：δ_θ 俯仰操纵（由升降舵和旋翼纵向周期变距同向联动完成）、δ_η 航向操纵（由纵向周期变距反向差动和方向舵完成）、δ_T 旋翼拉力增量（由旋翼总距同向联动完成）、δ_F 滚转操纵（由旋翼总距反向差动和副翼完成）。对于操纵量的分配问题，可采用线性叠加方法，即

$$\begin{bmatrix} \Delta\delta_F \\ \Delta\delta_\theta \\ \Delta\delta_\eta \end{bmatrix} = (1-k)\begin{bmatrix} \Delta\delta_{cc} \\ \Delta\delta_{ec} \\ \Delta\delta_{pd} \end{bmatrix} + k\begin{bmatrix} \Delta\delta_{ail} \\ \Delta\delta_{ele} \\ \Delta\delta_{rud} \end{bmatrix} \tag{12.14}$$

式中，$k = \dfrac{\beta_M}{90°}$，β_M 为短舱倾角。针对倾转旋翼飞行器的轨迹选择平衡点，采用小扰动方法建立

线性化模型,考虑飞行器的白噪声模型 $\dot{w}=Ew+\text{whitenoise}$,则纵向线性模型表示为

$$\dot{Z}_w = F_w(x)Z_w + G_w(x)u \tag{12.15}$$

式中,$u = \begin{bmatrix} \delta V_g & \delta\gamma_g & \delta h & w \end{bmatrix}^T$ 为地速、航迹倾斜角、高度的小扰动量及白噪声,$u = \begin{bmatrix} \delta_\theta & \delta_\eta & \delta_T & \delta_F \end{bmatrix}^T$。下面采用二次型最优状态调节器来实现飞行控制,其性能指标函数为

$$J = \frac{1}{2}Z_w^T(x_f)S_{x_f}Z_w(x_f) + \frac{1}{2}\int_{x_0}^{x_f}\left[Z_w^T(x)A(x)Z_w(x) + u^T(x)B(x)u(x)\right]dx \tag{12.16}$$

式中,加权矩阵 S_{x_f}、$A(x)$、$B(x)$ 为对称非负定矩阵,x_0 和 x_f 为初始和终端水平距离。二次型性能指标的物理意义是:使系统控制过程中的误差和消耗控制能量以及终端误差综合最优。为使性能指标值最小,解得最优控制器

$$u^*(x) = -B^{-1}G_w^T S Z_w \tag{12.17}$$

此时性能指标为

$$J^* = \frac{1}{2}Z_w^T(x_0)S(x_0)Z_w(x_0) \tag{12.18}$$

式中,$S(x_0)$ 为适维对称非负定矩阵且可通过反向积分求解满足 Riccati 方程 $\dot{S}+SF_w+F_w^T S +A-SG_wB^{-1}G_w^T S=0$ 得到。

最优控制器的设计解决了倾转旋翼飞行器的控制问题,保证了当飞机飞行偏离给定轨迹时,系统能够在有限的时间内回到给定状态,并使消耗的控制能量较小。在控制器设计时有两个问题需要注意:第一是倾转旋翼飞行器模型是非定常和非线性的,其精确度状态空间模型很难获取;第二是加权矩阵的选取并没有统一的标准,加权矩阵选择得合理与否,对控制器性能有巨大的影响。

小　结

本章主要介绍了旋翼、固定翼复合的新型布局无人机。首先介绍了旋翼固定翼复合无人机的应用需求及性能特点;随后介绍了其发展历史、研究现状及未来的发展趋势,按照推力的方向特性将旋翼固定翼复合无人机分为两大类:推力定向类和推力换向类,并分别介绍了其典型机型;最后针对两种最有代表性和应用前景的机型——复合式高速直升机和倾转旋翼机,具体介绍了各自的气动布局形式、飞行原理、操纵方式以及飞行力学模型,并分别进行了控制系统设计。针对复合式高速直升机的控制冗余问题,将控制系统分为上层 LQR 虚拟控制模块设计和下层广义逆控制分配模块设计。倾转旋翼机则采用线性叠加方法解决控制分配问题,并采用二次型最优状态调节器来实现飞行控制,选择能保证系统控制过程中的误差和消耗控制能量以及终端误差综合最优的二次型性能指标。

思考题

1. 旋翼固定翼复合无人机相比传统直升机和固定翼飞机都有哪些优势?
2. 旋翼固定翼复合无人机有哪些类型?其分类依据是什么?各类型都有哪些代表机型?
3. 简述复合式高速直升机和倾转旋翼机的布局形式、飞行原理和操纵方式。

参考文献

［1］ Kensaku H，Jinok S，Daigo F，et al. Autonomous flight control of hobby-class small unmanned helicopter （modeling based on experimental identification and autonomous flight control experiment）. Trans Jpn Soc Mech Eng Ser C，2004，70(691)：720-727.

［2］ Kensaku H，Kenzo N. Analysis of transition model of hobby-class small unmanned helicopter. Trans Jpn Soc Mech Eng Ser C，2006，72(723)：3540-3547.

［3］ Alfred Gessow，Garry Myers. Aerodynamics of the helicopter. （An introductory text），Macmillan，New York ，1952.

［4］ Bramwell A R S，Done G，Balmford D. Bramwell's Helicopter Dynamics. （More advanced reading）Butterworth-Heinemann，1976.

［5］ Padfield Gareth D. Helicopter Flight Dynamics. 2rd ed. Blackwell Pubishing，2007.

［6］ Eduard Petrosyan. Aerodynamic Features of Coaxial Configuration Helicopter. Deputy Chief Designer，Kamov Company，2009.

［7］ Hoffmann G，Rajnarayan D G，Waslander S L，et al. The Stan-ford testbed of autonomous rotorcraft for multi agent control （STARMAC）//Proceedings of the 23rd digital avionics systems conference. Salt Lake City，UT November，2004.

［8］ Herisse B，Russotto F X，Hamel T，et al. Hovering flight and vertical landing con-trol of a VTOL unmanned aerial vehicle using optical flow//Proceedings of the IEEE/RSJ international conference on intelligent robots and systems. Nice，France，September，2008：801-806.

［9］ 徐贵力，倪立学，程月华. 基于合作目标和视觉的无人飞行器全天候自动着陆导引关键技术. 航空学报，2008，29(2)：437-442.

［10］ Wu A D，Johnson E N，Proctor A. Vision-aided Inertial Navigation for Flight Contro. AIAA Guidance，Navigation and Control Conference，San Francisco，CA，August 2005：348-360.

［11］ 杨忠，方挺，樊琼剑，等. 基于视觉传感器的 UAV 编队飞行. 第 27 届中国控制会议，2008：592-597.

［12］ 周立伟，刘玉岩. 口标探测与识别. 北京：北京理工大学出版社，2002.

［13］ Li Shuang，Cui Pingyuan，Cui Hutao. Vision-aided inertial navigation for pinpoint planetary landing. Aerospace Science and Technology(S1270-9638)，2007，11(6)：499-506.

［14］ 耿明志，戎亚新. 图像跟踪技术在无人机自主着陆导航中的应用. 兵工自动化，2007，26(1)：1-2.

［15］ Sharp Courtney S，Shakernia Orriid，Sastry S Shankar. A Vision System for Landing an Unmanned Aerial Vehicle//IEEE International Conference on Robotics and Automation. Seoul，Korea. May 21-26，2001：1720-1727.

［16］ Xu Guili，Zhang Yong，Ji Shengyu，et al. Yupeng Tian. Research on Computer Vision-based for UAV autonomous Landing on a Ship. Pattern Recognition Letters （2009），doi：10. 1016/ j. patrec，2008，12(11).

［17］ Ludington Ben，Johnson Eric，Vachtsevanos George. Augmenting UAV autonomy. Robotics & Automation Magazine，IEEE，Sept （S1070-9932），2006 (13)：63-71.

［18］ 潘翔，马德强，吴贻军，等. 基于视觉着陆的无人机俯仰角与高度估计. 浙江大学学报(工学版)，2009，43(4)：692-696.

［19］ 刁灿，王英勋，王金提，等. 无人机自动着陆中的机器视觉辅助技术. 航空学报，2008，29(S1)：79-84.

［20］ Sasiadek Jurek Z，Walker Mark J. Vision-Based UAV Navigation. AIAA Guidance，Navigation and Control Conference and Exhibit，Honolulu，Hawaii，August 18 - 21，2008.

［21］ 柴洪林，李红，彭嘉雄. 基于视觉的夜间无人机导航特征的提取. 计算机工程，2007，33(22)：217-219.

[22] 赵亮，韩波，李平. 基于 DSP 平台的微型 UAV 视觉系统. 机电工程，2007，24(2)：70-73.

[23] Li Zhengrong, Liu Yuee, Hayward Ross, et al. Knowledge-based Power Line Detection for UAVSurveillance and Inspection Systems//Image and Vision Computing New Zealand. 23rd International Conference，26-28 Nov. 2008：1-6.

[24] 张广军，周富强. 基于双圆特征的无人机着陆位置姿态视觉测量方法. 航空学报，2005，26(3)：344-348.

[25] 方挺，杨忠，沈春林. 无人机编队视频序列中的多目标精确跟踪. 山东大学学报(工学版)，2008，38(4)：1-6.

[26] Khaled Kâaniche, Benjamin Champion, Claude P'egard, et al. A Vision Algorithm for Dynamic Detection of Moving Vehicles with a UAV//Proceedings of the 2005 IEEE, International Conference on Robotics and Automation. Barcelona, Spain, April 2005：1878-1883.

[27] 耿明志，戎亚新. 图像跟踪技术在无人机自主着陆导航中的应用. 兵工自动化，2007，26(1)：1-7.

[28] Metni Najib, Hamel Tarek, Derkx François. Visual Tracking Control of Aerial Robotic Systems with Adaptive Depth Estimation//Decision and Control，2005 and 2005 European Control Conference. CDC-ECC'05. 44th IEEE Conference on, 12-15 Dec. 2005：6078-6084.

[29] Ortiz Andres E, Neogi Natasha. Color Optic Flow：A Computer Vision Approach for Object Detection on UAVs//25th Digital Avionics Systems Conference. 2006 IEEE/AIAA, 15-19 Oct, 2006：1-12.

[30] 王睿，张广军，阎鹏. 基于光流分层方法的平面 3D 运动估测. 光学技术，2007，33(1)：102-109.

[31] 王睿，阎鹏，刘红英，等. 基于扩展卡尔曼滤波的舰机相对位姿估测. 北京航空航天大学学报，2006，32(11)：1349-1353.

[32] Tang Daquan, Zhang Hongyue. Vision Based Navigation Algorithm for Autonomic Landing of UAV without Heading & Attitude Sensors. 3th International IEEE Conference on Signal-Image Technologies and Internet-Based System, 2008：972-978.

[33] Sattigeri Ramachandra J, Johnson Eric, Calise Anthony J, et al. Vision-based Target Tracking with Adaptive Target State Estimator//AIAA Guidance, Navigation and Control Conference and Exhibit. Hilton Head, South Carolina, 20-23 August, 2007.

[34] Roberts Peter J, Walker Rodney A, Peter O'Shea. Fixed Wing UAV Navigation and Control through Integrated GNSS and Vision//AIAA Guidance, Navigation, and Control Conference and Exhibit. San Francisco, California, 15-18 August，2005.

[35] Ettinger Scott M, Nechyba Michael C, Ifju Peter G, et al. Towards Flight Autonomy：Vision-Based Horizon Detection forMicro Air Vehicles. Florida Conference on Recent Advanced in Robotics, 2002.

[36] Newman S. The compound helicopter configuration and the helicopter speed trap. Aircraft Engineering and Aerospace Technology, 1997，69(5)：407-413.

[37] Jenkins D R, Landis T, Miller J. American X-vehicles：an inventory, X-1 to X-50. NASA SP-2003-4531, Washington, D. C. , June, 2003.

[38] 张呈林，郭才根. 直升机总体设计. 北京：国防工业出版社，2006.

[39] 孔卫红. 复合式高速直升机若干关键技术研究. 南京：南京航空航天大学，2011.

[40] Calise A J, Rysdyk R T. Research in Nonlinear Flight Control for Tiltrotor Aircraft Operating in the Terminal Area. NASA NCC 2-922, 1996(11).

[41] 高正，陈仁良. 直升机飞行动力学. 北京：科学出版社，2003.